대학 전기응용(하)

– 정전기 이용 · 전기철도편 –

신백균, 이봉주, 이선우, 지승한, 최충석 공저
이덕출 감수

동일출판사

머리말

인류가 생활하는 지구상에는 수력, 화력, 풍력, 원자력, 핵 융합력, 조력, 파력, 지열, 태양열 및 태양광 등 다양한 에너지가 존재하고 있다. 이들을 이용하여 신속하고 편리한 에너지로 변환한 전력(전기에너지, 전기)은 고도로 다양화된 산업분야와 가정에 폭 넓게 이용되고 있으며, 해마다 그 수요는 급격히 증가하고 있다. 전기의 수요량이 그 나라의 문화척도라 할 만큼, 전기는 인류의 삶을 풍요롭고 편리하게 만들어 주는 에너지이므로 전기응용의 학습은 한층 중요하게 되었다.

전기를 이용하는 분야는 매우 다양하므로, 전 분야를 학습하기는 4년제와 2년제 대학의 교과목 사정상 어렵기 때문에, **전기응용 상권과 하권으로 나누고**, **본서 전기응용 하권**은 대학에서 전기공학을 전공하고 산업계에 진출하는 기술자가 최소한 알아야 할 -전기를 "**산업기술에 응용**"**(3편)** 그리고 "**철도운전에 응용**"**(4편)**의 분야에 초점을 맞추어서 집필하였다.

본서의 내용이 충실히 집필되도록 노력하였지만, 저자의 천학비재의 탓으로 내용상 미흡한 점이 많으리라 사료된다. 그래서 전기응용분야에 종사하거나, 연구하려는 기술자는 국내·외로 출판된 전문서적인 조명공학이나, 전열공학을 접하여 주시기 바란다.

끝으로 근래 출판계의 어려운 여건에서도 이 책 "전기응용(하)"의 출판을 쾌히 맡아준 동일출판사 임직원제위께 심심한 감사를 드리는 바이다.

저자 일동

차 례

제 3 편 산업기술에 응용 (정전기 이용)

제 1 장 정전기 일반

정전기(static electricity)는 단어 자체에 이미 '전기'라는 이름이 붙어 있으므로 전기의 일종임을 알 수 있을 것이다. 전기란 물질이 갖고 있는 고유의 성질이다. 물질의 최소 단위는 원자이다. 원자에는 중심에 (+) 전기를 갖는 원자핵 중 양성자(proton)가 있고 그 주위를 원자핵중 양성자의 수와 같은 양의 (−) 전기를 띄는 전자가 돌고 있다. 원자핵의 (+) 전기와 전자가 갖는 (−) 전기는 서로 상쇄되어서 0이 되므로 보통 원자 즉 보통의 물체는 중성으로 전기적 성질을 전혀 나타내지 않는다.

그러나 어떤 방법으로든 전자를 원자핵으로 부터 떼어내면(분리) 전자는 본래 갖고 있는 (−) 전기의 성질을, 원자핵은 (+)전기의 성질을 나타내게 된다. 즉 물질이 (+) 나 (−)의 전기를 띄게 되는 것이다. 이러한 현상을 대전(帶電)이라한다. (이는 1−2−4항에 상술한다)

전기를 이동시키기 어려운 물질인 부도체 또는 절연체를 마찰해서 대전시키면, 그 전기는 어느 곳으로도 이동하지 않으므로 그대로 정전기가 되어 축적된다. 움직이지 않는 정전기가 있다면 움직이는 전기 즉 동전기가 있기 마련이다.

동전기란 산업체나 가정에서 쓰여지고 있는바, 즉 우리들에게 익숙한 '전류'로 대표되는 이동하는 전기를 말한다. 일반적으로 동전기를 전기라 부르고 있다. 정전기와 동전기는 형태도 성질도 상당히 다르지만 전기라는 점에서 같다.

이것은 물에 비유하면 이해하기 쉽다. 즉 정전기는 물이 고여 있는 호수나 댐에 해당하며, 동전기는 흐르는 천이나 강에 해당한다. 호수와 강은 그 모습이나 역할은 다르지만 그 자체는 같은 물이다.

1.1 정전기에 대한 기초

두 종류의 물질을 마찰하면 정전기(Static Electricity)가 발생하는 현상, 즉 마찰대전 현상은 지금으로부터 2500년 전에 발견되었다고 알려지고 있지만 이 현상에 대한 고찰은 1730년경쯤부터 영국, 프랑스, 독일 및 네덜란드 등지에서 많이 수행되었다. 다른 두 물체를 마찰해서 대전시킨 경우, 같은 극성의 전하로 대전된 두 대전체를 가까이 하면 반발력을 나타내나, 다른 극성의 전하로 대전된 물체는 서로 흡인력을 나타낸다. 유리봉과 견포를 마찰했을 때 유리봉에 일어나는 전기를 정, 견포 상에 일어나는 전기를 부로하여, 이것을 기준으로 여러 종류의 마찰에 의한 대전서열 (Volta Series)이 정해졌다. 이러한 시도는 실험자에 따라 물질의 조합이 다르며 또한 실험시의 습도 등 기타의 조건이 반드시 타당했는지 어떤지 분명하지는 않다.

정전기 또는 정전하의 발생 및 이동에 대한 고찰은 여러 기준으로 행해지고 있다. 물체가 정전기를 띠는 현상은 다음과 같은 경우로 생각되고 있다.

① 물체 조직 내의 전자, 표면의 부착 이온 및 공기 중의 수분이 흡착해서 발생하는 이온 등, 원래 물체 표면에 전하의 인자가 있는 경우(정전유도, 접촉대전, 전해질의 해리)

② 마찰에 의한 발열, 연소, 파열 혹은 압축 등으로 인한 변질 또는 물체의 변형으로 인하여 전하가 발생하는 경우(제지, 방적, 인쇄, 화학반응, 분쇄, 압전점화, 분무, 분입체 수송)

③ 광, 자기, 열, 등의 에너지 방사를 받아 전하를 발생하는 경우

정전기가 존재하고 있는지는 역학 현상이나 방전 현상에 의해 알 수 있다. 이들 현상을 이해하는데 도움이 되는 기본개념에 대해 요약하여 둔다.

1 전하와 대전(electric charge and electrification)

최소의 전하량을 가진 것은 전자(electron)이며 이의 전하량은 $e \fallingdotseq 1.602 \times 10^{-19}$[C]이다. 전하의 기호는 Q 또는 q로 나타내며 단위는 쿨롱[C]을 사용한다.

전하에는 양전하와 음전하가 있으며 같은 극성의 전하 사이에는 반발력, 다른 극성의 전하 사이에는 흡인력이 작용한다.

일반적으로 물체는 물질 전체로서는 전기적으로 중성이지만 에너지가 물체에 주어지

면 전자가 궤도로부터 튀어나가는 전자의 과부족이 생기게 된다. 이러한 상태를 대전이라고 한다.

즉 물체가 다른 물체와 마찰함에 따라 전기를 띄는 것을 '대전 한다'고 말하며 대전한 물체를 '대전체'라 한다. 대전에 의하여 얻은 전기를 전하라 하며 이동하지 않는 정지한 전하라는 의미로서 일반적으로 정전기 혹은 정전하라 부르고 있다.

다시 말하면 전하의 공간적인 분포가 시간과 더불어 변화하지 않을 경우 그 전하를 **정전하**(static charge) 또는 정전기라고도 한다.

2 쿨롱의 법칙(Coulomb's law)

역학에서 질점과 같이 공간적으로 퍼져 있는 것이 매우 작아서 점으로 볼 수 있는 전하를 점전하(point charge)라 한다.

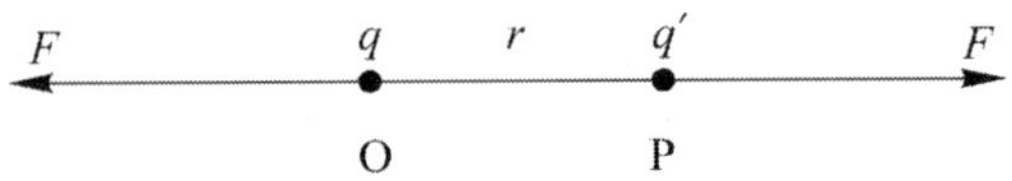

그림 1.1 점전하끼리 작용하는 힘(q, q'가 동부호인 경우)

지금 (그림 1.1)과 같이 어느 매질 속에 전하량 q, q'를 갖는 두 개의 점전하가 거리 r 만큼 떨어져 존재할 때 둘 사이에 작용하는 인력 또는 흡인력 F는 q, q'의 두 점을 통하는 직선상에 있으므로 다음과 같이 표시 된다.

$$F = \frac{1}{4\pi\varepsilon} \cdot \frac{q_1 q_2}{r^2} r_0$$

$$= \frac{1}{4\pi\varepsilon_0\varepsilon_r} \cdot \frac{q_1 q_2}{r^2} r_0 \qquad \cdots\cdots (1.1)$$

즉 전기량 q_1 및 q_2의 점전하가 거리 r[m]만큼 떨어져 존재할 때, 이들 전하 사이에 작용하는 힘 F[N]는 각각의 전하 q_1[C], q_2[C]의 곱에 비례하고 양 전하간의 거리 r[m]의 2승에 반비례한다. 이것을 **쿨롱의 법칙**이라 한다.

여기서 ε은 매질의 유전율이며 $\varepsilon = \varepsilon_0\ \varepsilon_r$[F/m]로 표시되고, ε_0는 진공의 유전율로

$\varepsilon_0 \doteqdot 8.854 \times 10^{-12}$[F/m] 또는 $4\pi\varepsilon_0 \doteqdot (\frac{1}{9}) \times 10^{-9}$[F/m], ε_r은 매질의 비유전율로 진공에서 $\varepsilon_r = 1$, 공기 중에서는 $\varepsilon_r \doteqdot 1$, r_0는 r방향의 단위 벡터이다. q_1과 q_2가 부호가 같을 때 F의 방향은 r_0와 같으며 반발력이 되며, 부호가 다를 때는 r_0와 반대로서 흡인력이 된다.

3 전계(electric field)

대전체(전하) 주위에 전하를 가지고 오면 쿨롱의 법칙에 따른 정전기력이 작용하며 이와 같이 정전기력이 작용하고 있는 공간을 **전계**(혹은 전기장)라 한다.
즉 진공 중 임의의 점에 전기량 q인 점전하가 있을 때 그 점으로부터 r만큼 떨어진 점에 정의 전기량 dq인 미소 점전하를 가져오면 dq에는 쿨롱의 법칙에 따르는 힘 F가 작용한다.
그래서 전하의 주위에는 정전기력이 작용하는 전계가 있다고 생각한다. 전계의 기호는 E이고 단위는 [V/m]를 사용한다.
전계 내에서 전하가 받는 정전기력 F[N]는 (1.2)식으로 나타낸다. 정전기력 F[N]는 전하량 dq[C]에 비례하므로 어느 점의 전계의 세기 E는 단위 전하량당의 정전기력에 의해 나타날 수 있으며,

$$E = \frac{F}{dq} \text{[N/C]} \qquad \cdots\cdots (1.2)$$

이 된다. 정전기력 F는 크기 뿐 만 아니라, 방향까지 갖는 벡터량이고, 전하 dq는 크기만을 가지는 스칼라량이므로 전계의 세기, 즉 전계 강도(field strength)는 벡터량 이다.

4 전기력선(electric lines of force)

벡터량인 전계의 모양은 전기력선을 이용하여 나타내면 편리하다. 전계 내에 있는 점의 위치가 변하면 전계의 세기 E는 일반적으로 방향과 크기가 변화한다. 전계 내에 곡선을 그려, 곡선상의 각 점의 접선 벡터 방향과 전계 방향이 항상 일치하도록 한다. 이러한 곡선을 **전기력선**이라 하며, 전기력선은 다음과 같은 성질을 가지고 있다.

① 정전하로부터 나와 부전하에서 끝난다.
② q[C]의 전하로부터 q/ε[개]가 나온다.
③ 전기력선의 밀도는 전계강도를 나타낸다.
④ 전기력선상 각 점의 접선방향이 각 점의 전계 방향을 나타낸다.

(그림 1.2)는 정, 부의 점전하가 만드는 전계의 모양을 전기력선으로 나타낸 그림이다.

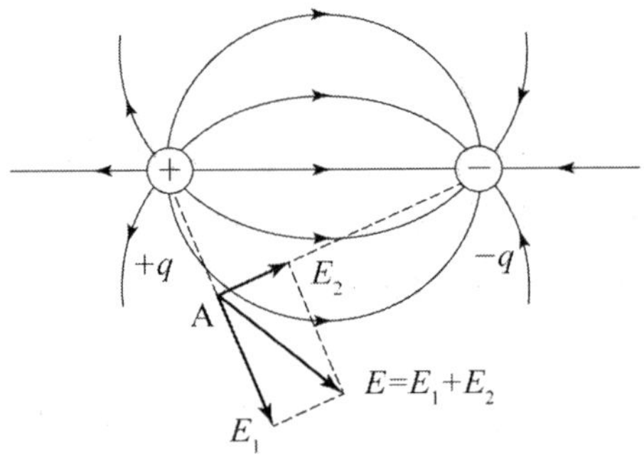

E_1: $+q$에 의한 A점의 전계
E_2: $-q$에 의한 A점의 전계

그림 1.2 전기력선의 예

전기력선에 수직인 단위 면적 즉 1[m^2]당 전속선을 전속 밀도라 하며 기호는 D이고 단위는 [C/m^2]을 쓴다.
전속 밀도 D와 전계 강도 E의 관계는 다음과 같이 된다.

$$D = \frac{Q}{4\pi r^2}$$

$$E = \frac{1}{4\pi\varepsilon_0} \times \frac{Q}{\varepsilon_r r^2} = \frac{D}{\varepsilon_0 \varepsilon_r}$$

$$\therefore D = \varepsilon_0 \varepsilon_r E[\mathrm{C/m^2}] = \varepsilon E \qquad \cdots\cdots (1.3)$$

5 전위(electric potential)

전하를 전계 내에서 이동시키려면 일을 필요로 한다. +1[C]의 전하를 무한원 (전계가 미치지 않는 점)으로부터 전계 내의 임의의 점까지 운반하는데 필요로 하는 일의 양을 그 점에서의 **전위**라 한다. 즉 전계 내의 한 점 A의 전위를 Φ_A[V]라 하면

$$\Phi_A = -\int_{\infty}^{A} E \cdot dl [\mathrm{V}] \quad \cdots\cdots (1.4)$$

여기서 dl은 전하를 운반하는 경로의 미소 선벡터(그림 1.3)이다. 두 점 A 및 B의 전위의 차를 **전위차** 또는 **전압**이라 하고 이것을 V로 나타내면

$$V_{AB} = \Phi_A - \Phi_B = -\int_{B}^{A} E \cdot dl [\mathrm{V}] \quad \cdots\cdots (1.5)$$

이고, 전위, 전위차의 기호는 V, 단위는 볼트[V]를 사용한다. 일반적으로 전위의 기준은 대지로 하며, 대지의 전위는 0[V]로 한다. 전위가 같은 점을 이어서 형성되는 면을 **등전위면**(eguipotential surface)이라 한다.

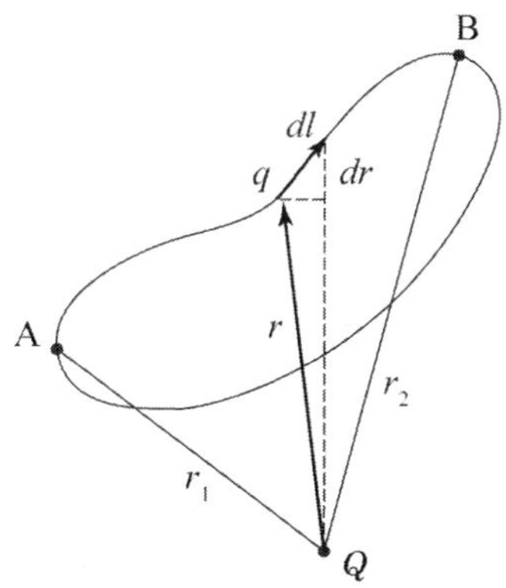

그림 1.3 점전하가 움직이는 경로

6 정전용량(electrostatic capacity)

절연된 두 개의 평행평판 도체에 각각 $+Q$와 $-Q$의 전하를 주면 도체 간에 전위를 갖게 된다. 그리고 그 도체와 그것을 둘러싸는 상태가 변화하지 않으면 도체에 준 전하와 그에 따른 전위 사이에는 일정한 관계가 성립한다. 즉 도체에 전위가 주어지면 거기에 보유되는 전하량이 필연적으로 정해지게 되어 전하와 전위 비율은 항상 일정한 것이다. 이 비율은 절연체가 전하를 축적하는 능력의 정도를 표시하는 것으로, 이 능력의 정도를 **정전용량**이라고 한다. 즉 Q와 V의 비 C[F]를 말한다.
정전용량의 정의에는 다음과 같이 두 가지 경우를 생각할 수 있다.

① **진공 중에 고립된 도체의 정전용량**
진공 중에 놓여진 한 도체에 전하 Q를 주고 이 Q에 의한 전위를 V로 하면 이 도체의 정전용량 C는

$$C = \frac{Q}{V} [\mathrm{F}] \quad \cdots\cdots (1.6)$$

이다 .

② **두 도체 사이의 정전용량**
진공 중에 놓여진 두 도체에 각각 같은 양 다른 극성의 전하$\pm Q$를 주었을 때 도체 사이의 전위차를 V로 하면 도체 사이의 정전용량 C는

$$C = \frac{Q}{V} [\mathrm{F}] \quad \cdots\cdots (1.7)$$

가 된다. ①의 경우도 무한원점에 전하 $-Q$가 주어진 도체가 있다고 가정하면 ②의 경우와 같이 생각 할 수 있다.

7 정전에너지(electrostatic energy)

간격d[m], 면적 S[m^2]인 두 장의 평행 평판 A, B로 된 콘덴서가 있다. 그 한쪽 평판 B로부터 평판 A로 dq씩의 전하를 옮겨 최종적으로 A쪽의 전하를 $+Q$[C], B쪽의 전하를 $-Q$[C]로 하는데 필요한 에너지를 생각하면 식 (1.8)로 된다.

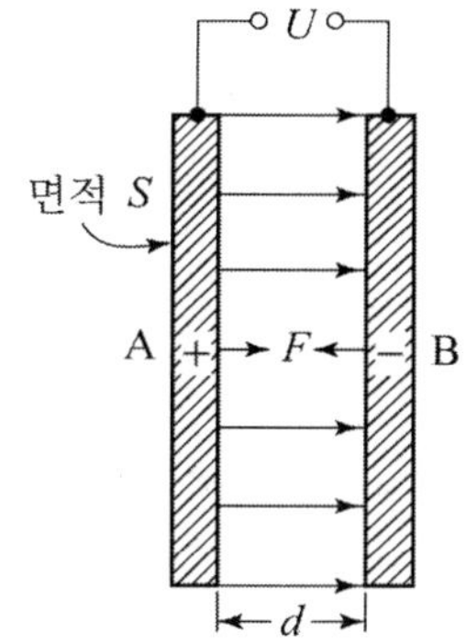

그림 1.4 평행판 도체간 에너지

$$W = \int_0^Q V dq = \frac{1}{C}\int_0^Q q dq = \frac{1}{2} \times \frac{Q^2}{C} = \frac{1}{2} CV^2 \text{[J]} \quad \cdots\cdots (1.8)$$

단 C는 A, B사이의 정전용량, V는 각각 전하가 q 및 Q인 때의 A, B 사이의 전위차이다. W는 전기력에 역행해서 전하를 운반하는데 필요한 역학적 에너지의 총합이며 최종 상태에 있어서는 그것만큼의 에너지가 전기적 에너지로서 콘덴서 A, B에 저장되게 된다. 이때 도체 표면에서의 전하밀도는 $\sigma = Q/S$[C/m^2]이므로 평판도체 A, B 사이에 전계 강도는 $\sigma = \varepsilon_0 \varepsilon_r$, $E = D$로부터 (1.9)식이 얻어진다.

$$E = \frac{\sigma}{\varepsilon_0 \varepsilon_r} = \frac{Q}{\varepsilon_0 \varepsilon_r S} \text{[V/m]} \quad \cdots\cdots (1.9)$$

로 되고 따라서 A, B 사이의 전위차는 [V]는

$$V = \int_0^d E \cdot dl = \frac{d}{\varepsilon_0 \varepsilon_r S} Q \text{[V]} \quad \cdots\cdots (1.10)$$

이 된다. 이로부터 평행 평판 도체 사이의 정전 용량은

$$C = \frac{\varepsilon_0 \varepsilon_r S}{d} \text{[F]} \quad \cdots\cdots (1.11)$$

이 됨을 알 수 있다.
여기서 (1.8)식에 (1.9)식 및 (1.11)식을 대입하면 콘덴서 A, B의 축적 에너지는

$$W=\frac{1}{2}\varepsilon_0\varepsilon_r E^2 \cdot Sd[\mathrm{J}] \qquad \cdots\cdots (1.12)$$

로 되며 A, B 사이의 체적 $\mathrm{Sd}[\mathrm{m}^3]$에 비례하고 단위 체적당 에너지를 보면 다음과 같이 된다.

$$W=\frac{1}{2}\varepsilon_0\varepsilon_r E^2=\frac{1}{2}\frac{D^2}{\varepsilon_0\varepsilon_r}=\frac{1}{2}DE[\mathrm{J/m^3}] \qquad \cdots\cdots (1.13)$$

바꾸어 생각하면 A, B사이의 매질 속에 전계 E가 형성됨에 따라 단위 체적 당 (1.13)식으로 주어지는 에너지가 매질 자신 속에 저장되며 그 결과 전체로써 (1.8)식과 같은 에너지가 콘덴서 A, B에 저장된 것으로 볼 수 있다.

8 정전기력(electrostatic force)

(1) 각종의 정전기력

① **쿨롱력**
전하와 외부 전계와의 사이에 상호 작용으로 생기는 힘을 말한다,

② **영상력**
전하의 자기 전계에 의해 유도되는 영상 전하와의 사이에 작용하는 힘을 말한다.

③ **배향력**
분극전하 (쌍극자 모멘트 m)와 외부 전계 E와의 사이에 작용하는 회전력을 말한다. 회전력 $T[\mathrm{N \cdot m}]$는

$$T=m\times E[\mathrm{N \cdot m}] \qquad \cdots\cdots (1.14)$$

여기서, m은 분극전하 q와 분극전하간의 거리 l($+q$로부터 $-q$로 향하는 벡터) 간의 곱으로 정의된다. 즉

$$m = ql\,[\mathrm{C \cdot m}] \qquad \cdots\cdots (1.15)$$

④ **그래디언트력**

분극전하와 불평등 전계 사이의 상호작용을 일으키는 분극력으로, 물체에는 전계가 강한 장소로 흡인하려 하는 힘이 작용한다. 이 분극력은 전계강도 자체에 구배(gradient)가 생기므로 이것을 **구배력**이라 한다.

⑤ **염주알 형성력**

형성력 분극전하 사이에 작용하는 흡인력을 말하며 분극전하간 상호작용의 결과 염주알을 형성시키려고 하는 적용력을 말한다. 이것은 대전물체가 유전체인 경우에만 분극전하끼리의 인력으로 유지된다.

⑥ **존슨 라벡력(Johnson-Rahbek force)**

분체에 전류를 흘리면 분체입자 간의 접촉저항 때문에 접촉면의 양쪽에 전하가 모여 일종의 커패시터가 형성되므로 입자간에 흡인력이 작용한다.

(2) 정전기력과 다른 힘과의 비교

① **자기력(magnetic force)과의 비교**

자속밀도 $B[\mathrm{Wb/m^2}]$인 자계가 갖는 에너지 밀도 Δ_w는

$$\Delta_w = B^2/2\mu_0\,[\mathrm{J/m^3}] \qquad \cdots\cdots (1.16)$$

로 표시된다. 그러나 자극의 단면적을 $S[\mathrm{m^2}]$라 하면 Δx부분의 총 에너지의 변화 ΔW는

$$\Delta W = S \times \Delta x \times \Delta_w = \left(\frac{B^2 S}{2\mu_0}\right)\Delta x\,[\mathrm{J}] \qquad \cdots\cdots (1.17)$$

이 되므로, 단면에 작용하는 힘 F는 가상변위의 원리로부터

$$F = -\frac{\partial w}{\partial x} = \frac{B^2 S}{2\mu_0}\,[\mathrm{N}] \qquad \cdots\cdots (1.18)$$

이 되며 단위에 면적에 작용하는 힘은 $F_0 = B^2/2_{\mu 0}$[N/m^2]가 되며, 이를 **맥스웰의 응력**이라고도 한다. 여기서, $\mu_0 = 4\pi \times 10^{-7}$[H/m]는 진공의 투자율이다. 일반적인 실용사례에서 자기력은 정전기력보다 3~4 자릿수 정도 크다.

② **질량력과의 비교**

질량력은 물체의 질량에 비례하는 작용력이어서 밀도가 일정하다고 가정하면 체적에 비례하게 된다. 그러나 정전력은 그 힘이 물체의 표면에 작용하는 것이어서 표면적에 비례한다. 일반적으로 정전력은 대기 중에서 겨우 0.4[gf/cm^2]의 장력밖에 발휘할 수 없는 것으로, 표면적이 용적에 비해 현저히 큰 물체에서는 질량력보다 우세하게 되어, 역학현상이 마치 정전력만으로 지배되는 효과가 있다.

③ **점성력과의 비교**

반경 a[m]인 구형 물체에 작용하는 질량력이 a^3(체적), 정전력이 a^2(면적)에 비례하는데 대해서, 점성 매질 중에서 물체가 운동할 때에 받는 저항력으로서의 점성력은 a[m]에 비례한다. 따라서 구가 작아지면 정전기력은 질량력보다 우세하게 될 수 있지만, 너무 작아지면 점성력의 영향이 커지는 것을 알 수 있다. 또한 점성 계수 η[Pa · s]인 매질 속을 속도 v[m/s]로 이동하는 구형 물체 (반경 a)에 작용하는 점성력은 스토크의 법칙에 따라 식(1.15)로 주어진다.

$$F_v = 6\pi\eta a \ v[\mathrm{N}] \qquad \cdots\cdots (1.19)$$

F_v는 물체의 반경 a에 비례함을 알 수 있다,

1.2 정전기 현상

정전기 현상이란 자연계에서 여러 가지 원인으로 정전기가 발생하게 되고 이러한 정전기로 인하여 일어나는 물리 현상을 총칭한 현상이다.
이 현상의 한 예로서 2500년 전에 탈레스(Thales)가 발견한 호박이 먼지를 흡착하는 현상으로부터 최근 LSI에서 정전 파괴현상까지 범위가 넓어지고 있다.

정전기 현상 중에서도 공학적으로 특히 중요한 것은 정전기력에 따른 역학현상, 전계 상승에 따른 방전 현상 및 인체에 대한 감전 등을 들 수 있다.
여기서는 정전기 현상에 대한 기본 개념을 파악하기 위해, 정전기가 어떻게 발생하는지 그리고 주된 정전기 현상이 각각 어떠한 모양을 취하며 나타나는지 살펴보기로 한다.

1 정전기 발생

모든 물질은 원자로 구성되어 있으며, 원자는 (+)전기를 갖는 원자핵과 (−)전기를 갖는 전자로 이루어져 있다.(그림 1.5)
물질 표면에 있는 원자는 내부에 있는 원자와는 다른 상태에 있어서 전자의 이탈 정도가 다르다. 두 물질을 접촉시키면 전자는 떨어지기 쉬운 쪽에서 떨어지기 힘든 쪽으로 이동해서 안정한 상태에 도달한다. 이 상태에서는 접촉한 면을 사이에 두고 전자가 떨어진 물질 표면이 플러스로, 전자를 받아들인 면이 마이너스로 같은 양의 전하가 마주보고 층을 이루게 된다.

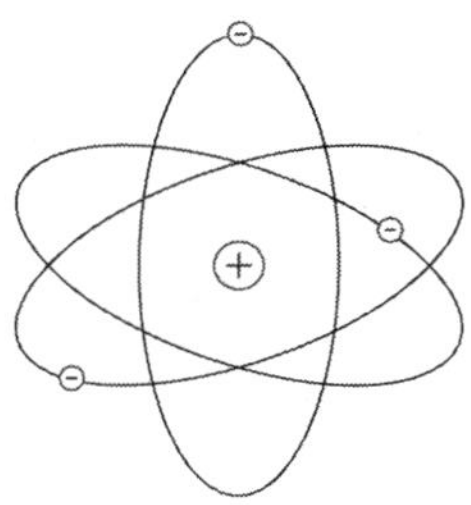

그림 1.5 원자의 구조

접촉시킨 후에 분리하면 전자의 일부는 원래의 궤도로 되돌아가지만 남은 것은 상대의 표면에 머물러 있게 된다.
일반적으로 다른 두 개의 고체끼리나 고체와 액체를 접촉시키면 각종의 원인으로 (그림 1.6(a))와 같이 접촉면의 한쪽에서 다른 쪽으로 전하(electric charge)의 이동이 일어나 한쪽은 플러스로 다른 쪽은 마이너스로 대전한다. 이 현상은 정전기 발생의 기본이며, **전하이동**(charge transfer)이라고 불린다.
그러나 이것만으로는 접촉면의 양쪽에 +전하와 −전하의 층 즉 **전기 이중층**(electric double layer)이 생길 뿐이며 전체적으로 바라보면 효과는 서로 상쇄해서 나타나지 않는 것이 보통이다.

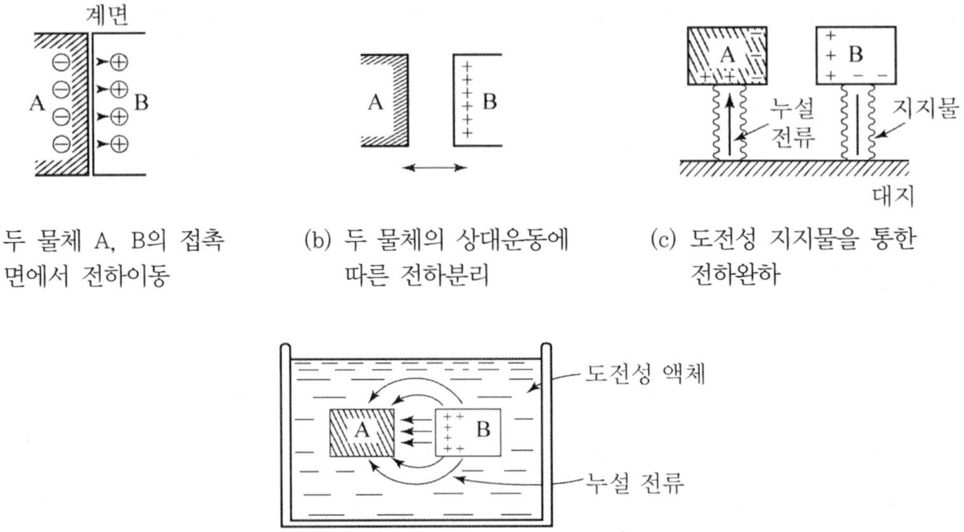

(a) 두 물체 A, B의 접촉 면에서 전하이동

(b) 두 물체의 상대운동에 따른 전하분리

(c) 도전성 지지물을 통한 전하완하

(d) 도전성 연속 매질을 통한 전하완하

그림 1.6 복합 과정으로서의 고체의 대전 현상

다음에 (그림 1.6(a))처럼 양쪽의 물체 A, B가 상대 운동을 하여 그 접촉면이 (그림 1.6(b))와 같이 떨어지면 각 전하는 쌍방의 면에 잔류하고 여기에 양과 음인 한 쌍의 정전기가 발생한다. 이 현상을 **전하분리**(charge seperation)라 부르며 이러한 과정에서 비로소 정전기발생이 일어난다. 그런데 전하 분리가 일어나면 (+)와 (−)전하 사이의 전위가 상승하므로 만약 A, B물체 사이에 (그림(c))와 같이 전기가 통하는 길, 즉 통전로가 있으면, 분리된 전하는 이것을 통하여 서로 중화하며, 시간의 경과와 함께 점차 소실해 간다. 이 현상을 **전하완화**(charge relaxation)라 부른다. 그 속도는 물체 자체 또는 도중에 있는 통전로의 전기저항이 높을수록 완만하게 된다. 물체 A, B사이에 매질이 이를테면, 물 등과 같이 전기를 통하는 성질, 즉 도전성을 가질 때는 전하완화는 (그림(d))와 같이 매질 자체를 통해서도 이루어진다. 또한 전하 분리의 과정에서 방전이 일어나면 도전성이 높은 방전로를 통해서 매우 신속하게 전하가 중화한다. 위에 기술한 바와 같이 정전기의 발생은 항상 전하이동, 전하분리 및 전하완화 등 세 가지 요소과정(elementary process)으로 이루어지며 우리가 관측하는 것은 전하완화 도중 즉 임의의 부분에 있는 전하에 지나지 않는다. 따라서 만약 전하의 완화 속도가 두드러지게 빠르면 정전현상은 우리의 관측시야 속에 들어오지 않게 된다. 접촉에 의한 전하이동이 매우 보편적으로 일어남에도 불구하고, 일상생활에서 우리가 정전현상

을 관찰하기 힘든 것은 바로 이 때문이다. 반대로 플라스틱 등과 같이 물질 자체의 전기 저항이 매우 높은 경우에는 전하완화의 속도가 두드러지게 늦어지므로 각종 정전현상이 나타나는 것이다.

2 전하의 이동기구

(1) 열전자 방출에 의한 이동

금속과 절연물의 양표면이 접촉하면 그 사이의 포텐셜 장벽 높이 U는 (그림 1.7)과 같이 각형 포텐셜 장벽 두께 d의 감소와 더불어 낮아진다. 이는 전자에 작용하는 영상력 때문이다. 금속으로부터 절연물로 전자가 이동할 때 넘어야만 하는 포텐셜 장벽은 영상력의 포텐셜과 $\Phi_M - x$이다. 절대온도 T일 때, 열전자 방출에 의한 전류밀도는 다음 식으로 주어진다.

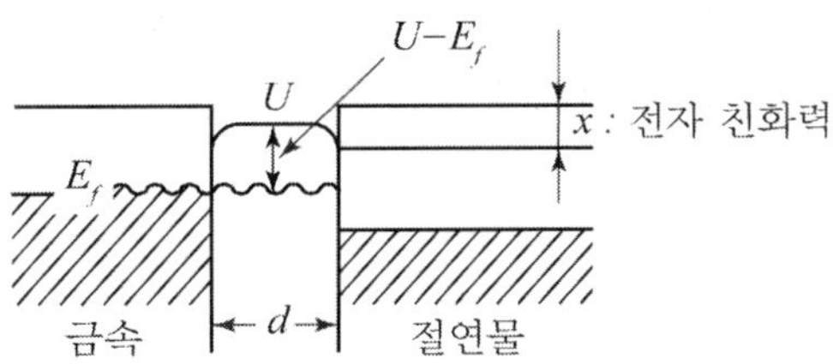

그림 1.7 전자의 터널방출

$$J = (1-R)AT^2\exp\left[-\frac{\Phi_M - x}{kT}\right][\mathrm{A/m^2}] \quad \cdots\cdots (1.20)$$

$$A = 4\pi mek^2/h^3 = 120\times10^4[\mathrm{A/m^2\cdot deg^2}]$$

여기서 R : 포텐셜 장벽에서의 전자파의 반사율,
m : 전자 질량, e : 전자 전하,
h : 플랑크 정수, A : 리처드슨 상수,
k : 볼츠만 정수, Φ_M : 금속의 일함수이다.

(2) 터널방출에 의한 이동

포텐셜 장벽의 높이가 유한하고 두께가 매우 얇을 때 어떤 에너지로 장벽에 부딪히는 전자는 장벽 건너편의 에너지 및 운동량이 이쪽편과 거의 같고 빈 전자상태가 있으면 일정투과율을 갖고 건너편으로 터널효과에 의해 장벽을 뚫고 나가서 이동할 수 있다. 이것은 금속으로부터 절연물의 표면전위로 전자가 이동하는 **터널효과**에 의한 것으로 생각되고 있다.

터널방출에 의한 전류밀도는 다음 식으로 주어진다.

$$J = (1-R)\frac{e(U-E_f)}{2\pi h d^2} exp\left\{-\frac{4\pi d}{h}\sqrt{2m(U-E_f)}\right\}[\mathrm{A/m^2}] \quad \cdots\cdots (1.21)$$

(3) 확산에 의한 이동

대기 중에 있는 물체의 표면에는 다수의 이온이 흡착 되어 있다. (그림 1.8)과 같이 두 개의 물체를 접촉 시켰을 때 이온의 밀도구배 dN/dx에 비례해서 이온의 이동이 생기고 그것에 수반한 확산전류 J_D가 흐른다.

$$J_D = -eD\frac{dN}{dx}[\mathrm{A/m^2}] \quad \cdots\cdots (1.21)$$

이온의 이동에 의해 양 물체 간에 전계(E_s)가 생겨 이온의 확산을 방해한다. 양 물체에는 영상 전하도 유도되므로, 이것에 의한 전계(E_i)에 의해서도 이온의 확산은 방해된다. 이 두 전계에 의한 전류 J_E는 다음과 같다.

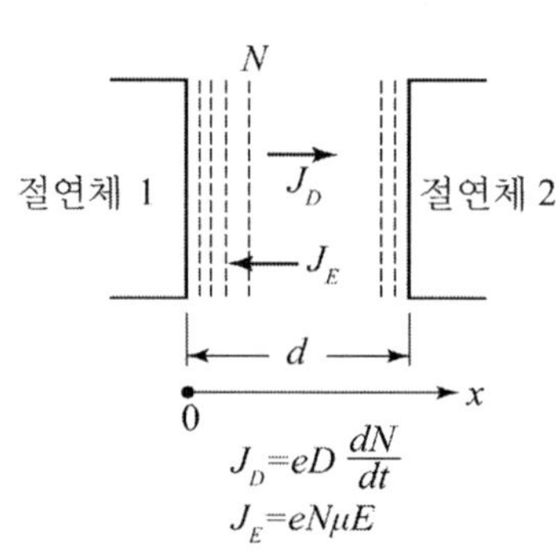

그림 1.8 이온의 확산에 의한 이동

$$J_E = e\mu N(E_s + E_i)[\mathrm{A/m^2}] \qquad \cdots\cdots (1.22)$$

그리고, $J_D = J_E$로 됐을 때 평행상태에 도달한다. 여기서 D, μ는 이온의 확산계수와 이동도이고, 이온의 밀도 N이 볼츠만 분포칙에 따라 분포하는 경우에는 다음의 아인슈타인의 관계가 성립한다.

$$eD = \mu kT \qquad \cdots\cdots (1.23)$$

따라서, 이상의 식(1.21)~식(1.23)으로부터 평행상태에 있어서

$$E_s = -E_i + \frac{kT}{e}\frac{1}{N}\frac{dN}{dt} \qquad \cdots\cdots (1.24)$$

이온의 확산에 의해 물체 간에 생긴 전위차를 V_s라 하면

$$V_s = \int E_s dx = \frac{\Phi_1 - \Phi_2}{e} + \frac{kT}{e}\ln\frac{N_2}{N_1} \qquad \cdots\cdots (1.25)$$

여기서, Φ_1, Φ_2는 양 물체로부터 이온이 떨어질 때 넘어야 하는 영상 포텐셜이고, 전자인 경우의 일함수에 상당한다. N_1, N_2는 평행상태에 있어서의 접촉면 근방의 각 물체의 이온밀도이다.

3 정전기의 완화

(1) 이동도 및 도전율

전류 밀도 J[A/m^2]는 단위 단면을 단위 시간에 흐르는 총전하량으로 정의되며 캐리어(이동하는 전하) 밀도를 n, 단일 캐리어의 전하량을 q, 전계 E에 의한 캐리어의 이동속도를 v라고 하면

$$v = \mu E[\mathrm{m/s}] \qquad \cdots\cdots (1.26)$$

$$J = qnv = qn\mu E = KE \qquad \cdots\cdots (1.27)$$

로 주어진다. 여기서 비례상수 $\mu[\mathrm{m^2/V \cdot s}]$를 캐리어의 이동도라고 하며 K는

$$K = qn\mu[\mathrm{S/m}] \qquad \cdots\cdots (1.28)$$

가 되며 이 K를 이온 전도를 나타내는 매질의 도전율이라 한다.

(2) 전하의 연속 방정식

어느 폐곡면 안에 체적 전하밀도 $\rho[\mathrm{c/m^3}]$로 전하 Q가 분포하고 있을 때 만약 Q가 감소한다면 감소의 비율은 폐곡면으로부터 유출하는 전류와 같다. 즉,

$$-\frac{dQ}{dt} = -\oint_v \frac{\partial\rho}{\partial t}dv = \oint_s J \cdot dS \qquad \cdots\cdots (1.29)$$

여기서, dv, dS는 폐곡면 안의 미소 체적 및 폐곡면의 미소면적 벡터이다. 위 식을 **전하의 연속 방정식**이라 한다. S는 임의로 주어진 것이므로 이 식과 가우스의 발산 정리에 따라 다음과 같이 쓸 수 있다.

$$-\frac{\partial\rho}{\partial t} = \nabla \cdot J \qquad \cdots\cdots (1.30)$$

(3) 전하의 완화

① 지수 완화

도체의 어느 점에 $t=0$에 있어서 전하밀도 ρ_0를 주면 이 점의 전하밀도는 식 (1.30)에 의해 시간적으로 변화한다. 이 식의 J에 $J = KE$를 대입한다. 여기서 E는 공급한 전하에 의해 생기는 것이며 $\rho = \nabla D$, $D = \varepsilon E$를 조합시키면 $\partial\rho/\partial t = -K\rho/\varepsilon$가 되므로, 식 (1.31)의 관계를 얻을 수 있다.

$$\rho = \rho_0 \exp(-t/\tau)[\mathrm{C/m^3}] \qquad \cdots\cdots (1.31)$$

여기서, ρ_0는 $t=0$에 있어서 전하밀도, τ를 전하의 완화 시간이라 하며 맥스웰의 식을 기초로 해서 얻어지고 전하 밀도는 시정수 τ에 따라 지수 함수적으로 감소한다.

$$\tau = \varepsilon / k[\mathrm{s}] \qquad \cdots\cdots (1.32)$$

② **쌍곡선 완화**

양호한 절연물에서 K는 ρ에 비례한다고 생각할 수 있다. 이 경우 (1.30)식은

$$\partial\rho/\partial t + (\mu/\varepsilon)\rho^2 + \mu E \cdot \nabla\rho = 0 \qquad \cdots\cdots (1.33)$$

제 3항이 무시될 수 있는 경우, 예를 들면 전하 분포가 균일한 경우

$$\rho = \frac{\rho_o}{1 + \mu\ \rho_o t/\varepsilon}[\mathrm{c/m^3}] \qquad \cdots\cdots (1.34)$$

의 관계로 된다.

4 물체의 대전

정전기는 접지되어 있지 않은 도체, 접지가 불완전하고 누설 저항이 큰 도체 및 저항률이 큰 부도체와 같은 물체에 대전된다. 물체에 전하가 축적되어 대전되면 물체 주위의 매질 (기체, 액체) 중에 정전계가 형성된다. 이와 같이 대전물체로 인한 전계가, 어느 한계값을 넘으면 매질은 절연파괴를 일으켜 칙- 하는 파괴음이나 청백색의 발광을 수반한 정전기 방전이 발생한다. 이 한계값을 **절연 파괴강도**라 부르며, 기체·액체·고체의 순으로 높다.

고체의 대전은 분체나 액체에 비해 이론적 및 실험적으로 대전 기구가 비교적 많이 규명된 편이다. 그러나 대전을 정량적으로 예견하는 것은 금속끼리의 접촉 대전에 한정되어 있고, 다른 형태의 대전은 아직 정성적으로 규명하는 단계에 있는데, 금속 이외의 물질에 대해서는 대전을 지배하는 **일함수**가 아직 밝혀지지 않은 것이 많기 때문이다.

(1) 접촉대전

① **전자의 에너지 준위**

고체속의 전자는 어떤 에너지 값이나 가질 수 있는 것이 아니고, 몇몇의 허락되는 범위(허용대)와, 허락되지 않는 범위(금지대)가 있다. (그림 1.9)는 절연물 및 금속과 같은 도체의 에너지 대 구조이다.

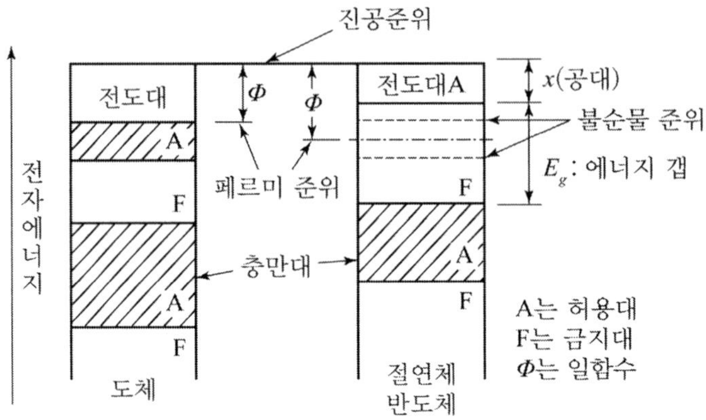

그림 1.9 에너지 대 구조의 예

② **일함수와 페르미 준위**

1개의 전자를 고체속으로부터 진공으로 빼내는 데는 일을 필요로 한다. 예를 들면 도체의 경우, 가장 빼내기 쉬운 것은 전도대의 가장 높은 준위에 있는 전자이다. 이 준위를 **페르미 준위**라고 하며, 페르미 준위와 진공준위의 차를 **일함수**라 한다. 절연체나 반도체의 페르미 준위는 불순물 준위의 종류나 양에 따라 변하지만 통상 에너지 갭의 가운데쯤에 있다. 절연체나 반도체에서는 공대로 되어 있는 전도대의 폭 x에 상당하는 에너지를 **전자친화력**이라 한다.

③ **접촉 전위차**

(그림 1.10)은 2종의 금속을 접촉하기 전후 전자의 에너지 준위도이다. 2종의 금속을 접촉시키면 높은 페르미 준위인 E_{f1}을 갖는 금속으로부터 낮은 쪽의 금속으로 전자가 이동하고, 그 결과 양 금속 간에 전위차가 생긴다. 이 전위차는 전자가 1개 옮길 때마다 커지므로, 결국에는 전자는 이동할 수 없게 되어 평형상태에 달한다. 이렇게 되면 양 금속의 페르미 준위(E_f)는 일치하게 되며 평행상태에 있어서의 전위차를 **접촉 전위차**라고 한다.

양 금속의 일함수를 Φ_1, Φ_2[eV]라 하면 접촉 전위차 V_s는

$$V_s = \frac{\Phi_2 - \Phi_1}{e} [\mathrm{V}] \qquad \cdots\cdots (1.35)$$

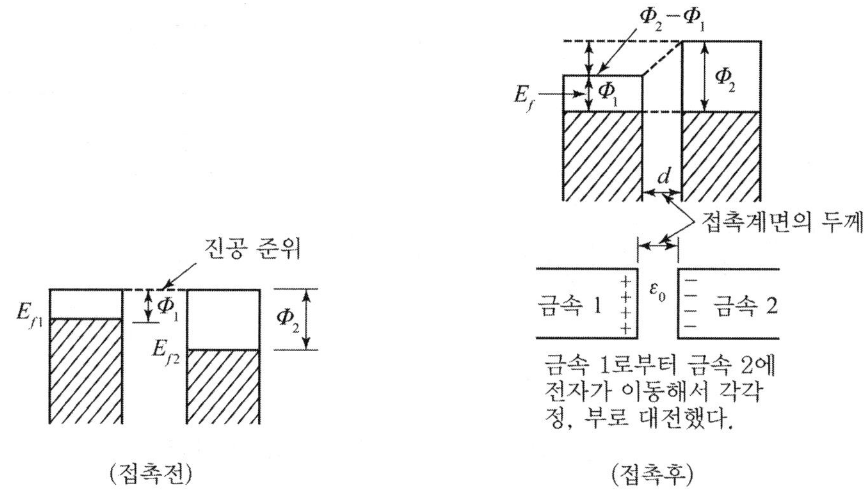

그림 1.10 금속의 접촉대전

④ 금속과 절연물의 접촉

예를 들면, 금속의 일함수가 절연물의 일함수보다 작은 경우, 양자를 접촉시키면 전자는 금속으로부터 절연물의 표면 준위나 불순물 준위로 이동하고, 금속은 정으로, 절연물은 부로 대전한다.

(그림 1.11)은 접촉전후의 양자의 전자 에너지 준위를 나타낸 그림이다.

금속에서는 대전전하는 표면에 존재하고, 전위는 어디서나 같다. 이에 반해 절연물에서는 전하는 표면뿐만이 아니고, 접촉면으로부터 조금 안으로도 들어갈 수 있으며 전위는 접촉면과 안쪽에서 다르다. 그 결과 (그림 1.11)에 나타내듯이 준위도에 구부러짐이 생긴다. 절연물의 접촉면과 안쪽의 전위의 차를 ΔV라 하면, 금속과 절연물과의 접촉면에 걸리는 전압 V_s는

$$V_s = \frac{\Phi_M - \Phi_1}{e} - \Delta V[\mathrm{V}] \quad \cdots\cdots (1.36)$$

여기서, Φ_M, Φ_1는 금속 및 절연물의 일함수이다.

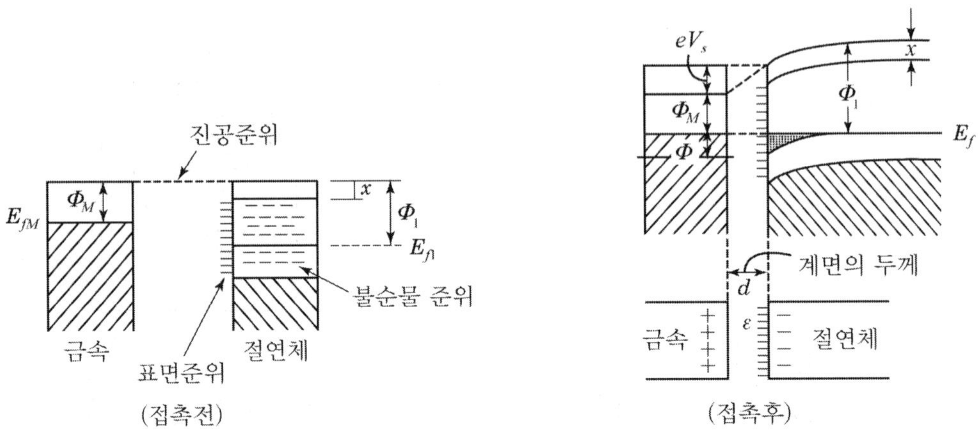

그림 1.11 금속과 절연물의 접촉대전

(2) 마찰대전(Tribo-electrification)

종류가 다른 물체의 접촉으로 인하여 정전기가 발생하는 현상을 **접촉대전**이라 하며, 고체끼리 접촉하는 접촉대전에 의한 발생 전하량은 서로 강하게 마찰시키면 현저하게 크게 된다.

마찰대전이라는 것은 물체가 마찰할 때 일어나는 대전현상이며 서로 마찰하는 두 물체가 접촉 분리에 의해 정전기가 발생한다. 이를테면 벨트와 롤러 및 분체와 슈트 의류는 주로 마찰 대전에 의해 대전한다.

〈표 1-1〉의 대전열에 예시하듯이 접촉 분리하는 두 물체의 종류 및 조합에 따라 발생하는 정전기는 크기 및 극성이 영향을 받는다.

대전열 중에 나타낸 두 물질을 마찰 또는 박리할 때 위쪽에 있는 물질이 양극성(+)으로 대전하고 밑쪽에 있는 물질이 음극성(-)으로 대전한다.

표 1.1 대전열의 예

금속	섬유	천연물질	합성수지
(+)	(+)	(+)	(+)
		아스베스트	
		모피	
		유리	
		운모	
	양모		
	나일론		
	레이온		
납			
	견		
	목면	견	
	마		
		목재	
		사람피부	
	유리 섬유		
아연	아세티이드		
알루미늄			
		종이	
크롬			
			에보나이트
철			
동			
니켈			
금		고무	폴리스틸렌
	비닐론		
백금			
	폴리에스텔		폴리프로필렌
	아크릴		
	폴리염화비닐텐	셀루로이드	폴리에틸렌
		셀로판	염화 비닐
(−)	(−)	(−)	(−)

(3) 박리대전

박리대전은 밀착하고 있는 물체를 잡아뗄 때 일어나는 대전 현상이며 접촉 분리에 의해 정전기가 발생한다. 이를테면 종이, 필름, 시트, 포 등 얇은 것은 밀착하기 쉽기 때문에 박리대전을 일으키기 쉽다. 특히 접착제가 발라진 종이, 필름 등의 박리, 플라스틱 성형 후의 성형 테를 제거할 때 **박리대전**으로 인하여 큰 대전이 나타난다.

박리대전의 양상은 (그림 1.12)와 같다.

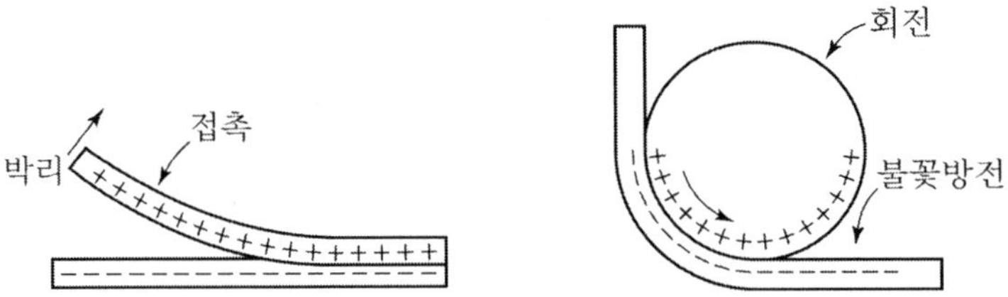

그림 1.12 박리대전에 의한 정전기

우리들이 겨울철에 나일론제 Y셔츠 등을 벗을 때 찍찍하는 소음과 스파크를 발생하는 것은 박리대전이 원인이 되어 생긴 것이다.

(4) 유동대전

고체와 액체 사이의 접촉면에 있어서도 이미 설명한 바와 같이 전하 이동이 일어나며, 고체와 액체는 각각 이종등량의 전하로 대전된다. 그 상태에서 액체가 (그림 1.13)과 같이 유동하여, 전하 분리가 발생하면 액체의 전기 저항이 충분히 높은 경우에는 강력히 대전된 액체가 관내로 흘러나간다. 이 현상을 **유동대전**이라 부르며, 석유계 탄화수

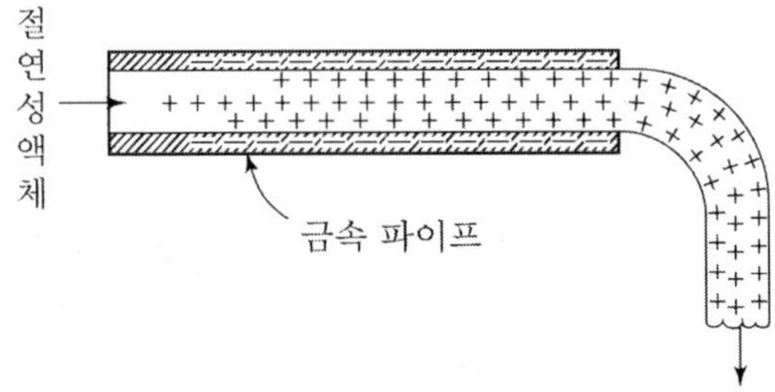

그림 1.13 절연성 액체의 유동대전

소의 파이프 수송 등에 종종 발생한다. 이와 같이 유동대전은 도전율이 낮은 액체를 파이프로 수송할 때 일어나는 대전 현상이다.

이러한 현상이 어떻게 일어나는가 살펴보자.

액체와 배관의 경계에서는 (그림 1.14)와 같이 액체 속에 있는 이온 중에 양 또는 음이온의 어느 한쪽이 다른 쪽보다 많이 벽면에 흡착되는 현상이 일어나 이온 **전기이중층**이 형성된다. 배관의 중심축 방향에 확산한 이온의 일부는 액체의 유동에 수반하여 액체와 함께 운반되어 그 결과로서 액체와 배관의 쌍방에 정전기가 발생한다. 정전기의 발생에 가장 크게 영향을 미치는 요인은 액체의 유동 속도이지만 흐름의 상태(층류나 난류)에도 관계가 있으므로 굴곡, 밸브, 유량계의 오리피스, 스트레이너 등의 형태와 수에도 관계가 깊고 파이프의 재질과도 관계가 있다.

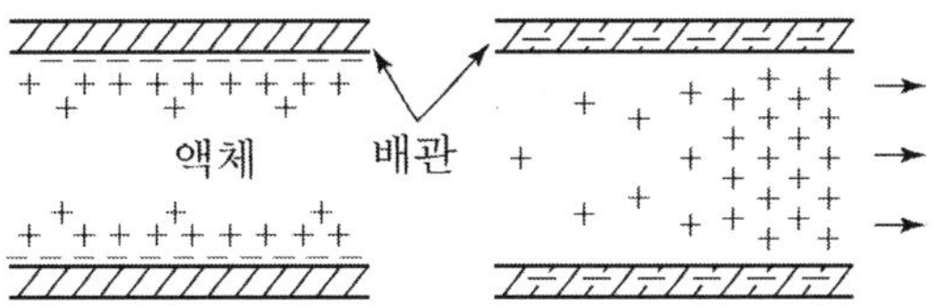

(a) 흡착에 의한 이온 전기 이중층의 형성 (b) 유동으로 인한 전하 분리

그림 1.14 액체의 유동대전 현상

(5) 혼합대전과 교반대전

혼합대전과 교반대전은 액체 상호 또는 액체와 분체 등을 혼합·교반할 때에 일어나는 대전 현상이다. 혼합대전과 교반대전에서는 교반 액체와 용기벽 및 교반 날개와의 유동에 의해 또는 액체와 이것에 용해하지 않는 다른 액적, 액체 입자, 기포 등과의 상대 운동에 의해 정전기가 발생한다. 일반적으로 동종액체 또는 서로 용해하는 액체의 교반 혼합에서는 대전량은 작지만 이종 액적, 분체·기포 등이 존재하는 경우의 혼합·교반에서는 미세 입자가 다수 형성되어 액체 중에 분산하여 있기 때문에 이들의 경계면에서 전하 분리가 일어나 대전량이 커진다.

(6) 분출대전

분출대전은 가압된 액체·기체 등이 노즐, 균열된 틈 등 단면적이 작은 개구부로부터 분출할 때에 일어나는 대전 현상이다. 분출대전에서는 분출물과 개구부의 마찰이나 유동에 의해 또는 분출하는 입자 상호의 충돌, 분출 물체의 분열에 의한 미스트의 생성에 의해 정전기가 발생하는 현상이다. 이중 미스트의 생성에 의한 대전은 파괴에 의한 대전 현상의 일종이어서 대전한 미스트는 공기 속에 널리 분포하여, 이른바 공간 전하운을 형성하는 일이 많다. 공기 속에 부유한 입자는 공기에 의해 절연되기 때문에 물, 유극성 용제, 도전성이 큰 물질이어도 분출대전이 문제가 된다.

그 외 침강대전・부상대전・적하대전・충돌대전・분쇄대전・비말대전 및 동결대전이 있고, 또한 대전 물체의 가까이에 절연된 도체가 있을 때 이것이 정전 유도를 받아 전하의 분포가 균일해져 대전된 물체와 똑같은 현상을 보이는 유도대전도 있다.

5 입자의 하전

정전기력을 산업기술에 적용시키려면 입자를 인공적으로 전기를 띄게 해서 하전 되도록 해야 하며 다음과 같은 하전법이 있다.

(1) 열확산에 의한 하전

코로나 방전에 의해 발생된 이온이 열운동으로 인한 확산 중 입자 표면에 부착해서 하전된다.

이온이 볼츠만 분포에 따라서 분포한다고 하면, 1가인 정 이온의 경우, 이온 밀도 N은 절대온도 T에 있어서 분자운동론으로부터

$$N = N_0 \exp\left[-\frac{e\Phi}{kT}\right] \quad \cdots\cdots (1.37)$$

여기서, Φ는 이온이 존재하는 하전공간의 전위이며, N_0는 정수, k는 볼츠만 정수이다. 이온의 평균 확산속도를 v_i라 하고 dt시간에 입자에 충돌하는 모든 이온이 영상력으로 입자에 부착한다고 하면 입자에 부착한 이온에 의한 전하 dQ는

$$dQ = \pi a^2 e N v_i dt \quad \cdots\cdots (1.38)$$

여기서 a는 입자의 반경이다.

(2) 이온의 충돌 하전

코로나 방전에 의해 이온을 만들고, 이것을 외부 전계에 의해 가속하고, 입자에 충돌시켜 하전하는 방법이다.

이 방법에 의한 하전량의 포화는 구형입자의 경우, 구형입자가 균일 전하 분포를 갖고 균일 전계 E_0속에 놓여 있는 경우 입자에 가까워 오는 전하의 이온은 F되는 힘으로 입자 표면으로 끌려 $F=0$로 될 때에 입자의 대전은 끝난다. 이때 입자의 최대 대전량 Q_{max}는

$$Q_{max} = 4\pi\varepsilon_0 a^2 E_0 \mathrm{P} \quad \cdots\cdots (1.39)$$

단,

$$P = \frac{3\varepsilon}{\varepsilon + 2\varepsilon_0} \quad \cdots\cdots (1.40)$$

이것을 포테니엘의 포화 대전량이라 부르고 있다.

① 하전 효율

하전 효율은 코로나 방전에 의해 발생된 이온 수와 입자에 부착한 이온 수의 비로 정의되어, 다음 식으로 주어진다.

$$\eta_c = 1 - \exp(-SNx) \quad \cdots\cdots (1.41)$$

여기서 S는 입자의 충돌 단면적, N는 이온밀도, x는 하전공간에 있어서 이온이 진행하는 거리이며 하전공간의 치수나 이온의 이동도, 외부전계의 크기 등에 따라 결정된다.

② 입자의 충돌 단면적

반경 a인 입자를 향해 날라 오는 이온의 입장에서 보면, 입자는 면적 πa^2인 원으로 보인다. 이것이 입자의 이온에 대한 충돌단면적이다. 그러나 이온이 입자 가까이까지 오면 영상력이 작용해 약간 벗어난 경우로 충돌할 수 있다. 한편 입자가 어느 정도 대전하고 있으면 쿨롱 반발력으로 이온의 궤도가 구부러져 본래 충돌해야 할 것이 충돌하지 않는 경우가 있다. 이상과 같은 것을 고려하면 충돌 단면적은 다음과 같이 보정된다.

$$S = \pi(ap\beta)^2$$

단지 p는 식(1.40)로 주어지고, β는 $\beta = 1 - Q/Q_{\max}$로 주어진다.

(3) 정전유도에 의한 하전

도전성 물체를 전계 내에 넣어 분극시켜 물체의 일부를 적당히 분할하면, 분할편(片)을 정·혹은 부 어느 쪽 전하로 대전시킬 수 있다. 액체와 같이 용이하게 액적으로 분열되는 물체의 하전에는 유효한 방법이다. (그림 1.15)는 이 방법에 의한 액적의 하전이다.

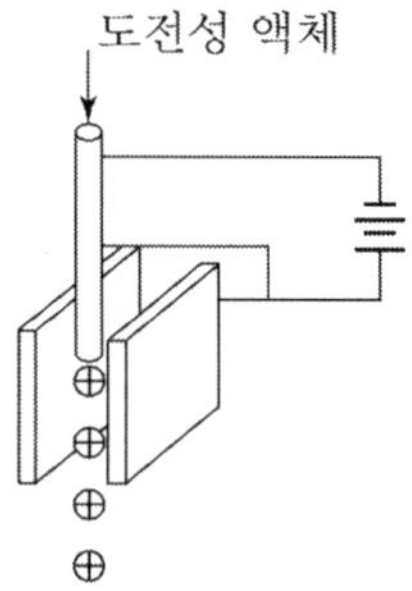

그림 1.15 액적의 유도하전

(4) 마찰에 의한 하전

전자사진의 토너 하전이나 분체도장에 있어서 분체 도료의 하전에 응용되고 있는 방법이다. 다른 하전법에 비해, 전원이 필요 없는 장점이 있다.
마찰에 의한 입자에 대전량 Q와 마찰거리 x와의 사이에는 다음과 같은 관계가 있다.

$$Q = Q_{\max}\left\{1 - \exp\left[-\frac{a}{Q_{\max}}X\right]\right\} \qquad \cdots\cdots (1.42)$$

여기서, $Q_{\max}$는 $x = \infty$인 때의 대전량이며, a는 마찰 대전에 있어서의 전하발생에 관한 정수이다.

6 정전기에 의한 역학현상

전하분리에 의해 물체가 대전하면 여러 가지 역학현상이 일어난다. 대전한 물체는 잘 알려진 바와 같이 그 주위로부터 먼지, 종이조각, 섬유 등 가벼운 물체를 끌어당긴다. 이것을 **호박효과**(Bernstein-Effect)라 부르며 정전기 연구의 실마리가 된 현상이다.

이것은 (그림 1.16(a))에 나타나는 것과 같이 대전 물체 A에 의한 정전유도에 의해 도체 B 위의 가벼운 물체 C가 A와 다른 부호로 대전하고 쿨롱인력에 의해 B로부터 A로 흡인되는 결과 일어나는 현상이다.

C는 A에 부착한 후 점차 전하를 잃어 자체 무게에 의해 낙하하는 경우도 있으나 (그림 1.16(b))와 같이 A와 같은 부호인 전하를 얻어 A로부터 B로 반발되는 경우도 있다. 이 경우에 C는 AB 사이에서 A가 전하를 잃을 때까지 왕복운동을 반복한다.

물체 C가 섬유상 물질인 경우 B에 한쪽을 고정시키면 (그림 1.16(c))와 같이 다른 쪽 끝에 유도전하가 생겨 부풀어 오르는 현상이 일어난다.

(그림 1.16(d))와 같이 대전 물체 A가 자유롭게 움직이는 가벼운 물체(미립자, 섬유 모양의 물질 등)인 경우에는 그 부근의 물체 B에 유기된 이종동량의 유도전하 사이에 쿨롱 인력이 생겨 이것에 흡인되어 부착한다. 부착된 물체 A는 전하를 잃어도 전기력 이외의 부착력으로 B에 붙어 있는 경우가 많다. X레이실 벽에 먼지가 많이 붙어 더러워지기 쉬운 것은 이 때문이다.

이와 같이 정전기의 역학현상으로 인하여 생산과정을 방해하고 품질저하를 가져오는 각양각색의 작용을 미치고 있지만 한편으로 이를 갖가지 목적에 매우 유용하게 이용하려는 것이 정전기응용공학이다.

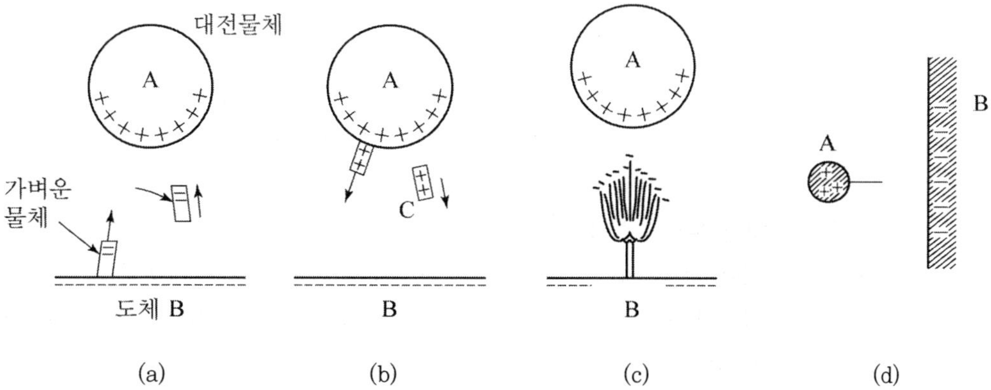

그림 1.16 대전 물체가 가벼운 다른 물체에 끼치는 역학 현상(호박효과)

(1) 정역학적 현상

① 영상력에 의한 부착

대전한 가벼운 물체(분체, 섬유, 시트)는 도체나 비유전율이 높은 유전체에 가까이 오면 근접력인 영상력의 작용으로 이것에 흡인되어 (그림 1.17)과 같이 그 표면에 부착한다. 이 경우 만약 가벼운 물체 A 또는 벽 B의 어느 한쪽 또는 쌍방이 절연물이면 A의 전하는 부착 후에도 영상력의 작용 하에 긴시간동안 부착상태가 유지된다. 또 부착 시에는 접촉대전에 의한 전하가 물체 A, B의 초기전하에 대수적으로 가해져 영상력에 변화를 준다든지, 초기전하의 소실 후에도 잔류해서 부착력을 미친다.

영상력에 의한 부착현상은 전기를 띤 먼지가 벽이나 레코드 등에의 부착 또는 합성섬유 의복이 인체에 달라붙음, 인쇄 공정이나 플라스틱 시트의 제조 가공 공정에 있어서의 종이나 시트가 롤러에 달라붙음, 플라스틱 가공 공정에 있어서의 연삭·가공 부스러기가 제품이나 기계에의 부착 등 바람직하지 않은 결과를 가져온다.

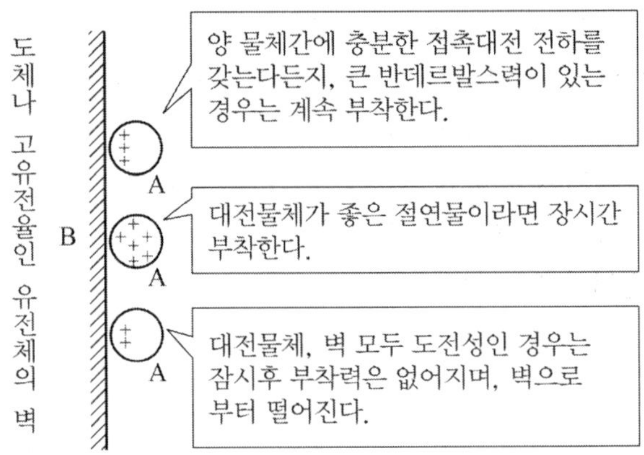

그림 1.17 영상력에 의한 부착

② 쿨롱력에 의한 부착·응집 및 반발

대전한 물체는 그 주위에 역극성으로 대전해서 존재하는 가벼운 물체를 쿨롱력에 의해 흡착시킨다. 예를 들어 (그림 1.18)의 분체입자 A는 처음에는 대전물체 B와 대향하는 접지도체 C상에 있으며 정전유도에 의해 부전하를 얻은 후 쿨롱력으로 뛰어 올라 B에 부착된다. 그러나 시간의 흐름과 함께 A는 전하를 잃어 중력에 의해 밑으로 낙하한다. A의 전기 저항률이 매우 낮을 때는 전하를 잃은 후 순간적으로 부착상태를 유지하고 있는 사이 D와 같이 이번에는 정으로 대전하여 B로부터 C로 향해서 반발된다. 입자 A가 현저히 고저항인 때는 정전유도에 의해 부의 초기 전하를 얻을 수가 없다. 그러나 A가 C와의 접촉대전에 의해 강력한 부전하를 띄고 있을 때에는 위와 같은 과정을 거치게 된다.

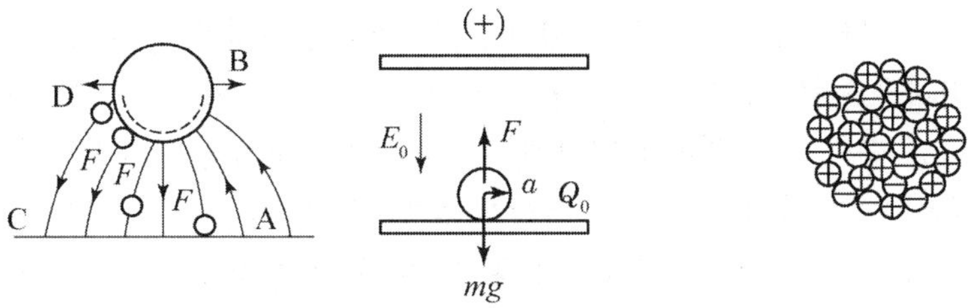

(a) 쿨롱력(정전유도에 의한 대전)　　(b) 양극성 내부 대전 분체의 구 형성

그림 1.18 쿨롱력에 의한 정역학적 현상

③ 존슨 라벡력에 의한 부착 · 응집

(그림 1.19(a))와 같이 전극 사이에 분체층을 두고 전류를 흘리면 일반적으로 분체층의 내부에는 현저하게 큰 응집력이 발생함과 동시에 전극과 분체층과의 사이에도 큰 부착력이 나타난다. 이것은 (그림 1.19(b))에 나타내듯이 분체와 분체 및 분체와 전극과의 접촉점에 있어서 접촉저항 때문에 국부적으로 큰 전압강하를 일으키고 그 양측의 극히 작은 간극 사이에 서로 대향하는 면(일종의 콘덴서를 형성)에 정, 부의 전하가 축척되어 간극에 현저히 높은 전계를 일으켜 그 강력한 맥스웰의 왜곡력의 결과로 생기는 것이다. 이러한 효과를 **존슨 라벡 효과**라고 한다.

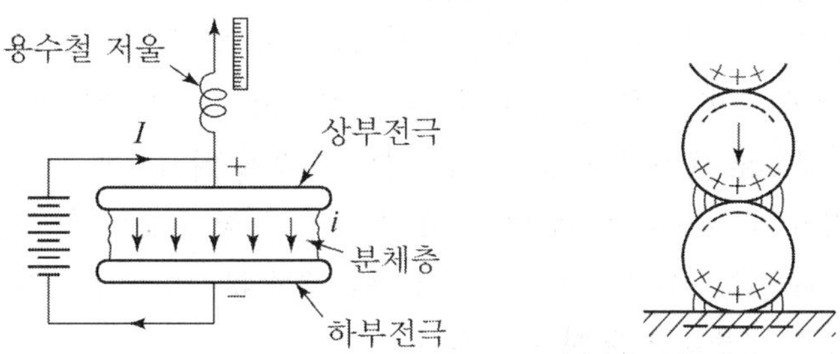

(a) 통전에 의한 부착 응집력 증대의 측정법　　(b) 접촉부 콘덴서 간에 생기는 높은 전계와 그것에 의한 큰 흡인력

그림 1.19 존슨 라벡력에 의한 정역학적 현상

④ **그래디언트력에 의한 부착**

(그림 1.20(a))와 같이 대전한 물체나 전압이 인가된 전극주위에 현저한 불평등 전계를 형성할 때에는 가벼운 물체(분체, 섬유, 시트 등)는 대전해 있지 않아도 그래디언트력에 의해 강한 전계방향으로 흡인됨으로써 대전물체 혹은 전극의 표면에 부착 퇴적한다.

(그림 1.20(b))는 전기 집진장치에 있어서 방전극의 전압이 낮고 국부 내지 전체적으로 코로나 방전이 발생하고 있지 않은 곳이 생긴 경우에 그 장소에 발생하는 **방전선 비대**라고 불리워지는 현상을 나타낸다. 이것은 코로나 방전에 의한 하전이 없든가 혹은 극히 적기 때문에 입자에는 집진극으로 향하는 쿨롱력이 작용하지 않고 그래디언트력이 우세하게 되어 전계가 집중하는 방전극에 흡인되어 이 위에 부착 퇴적해 가는 현상이며, 코로나 방전을 저해하고 집진성능을 저하시키기 때문에, 정기적으로 두드려서 부착된 먼지를 제거하는 대책이 쓰여지고 있다.

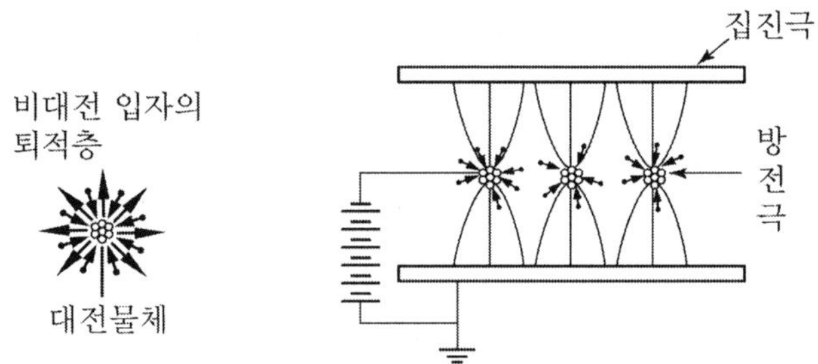

(a) 대전물체에 비대전 입자의 부착 (b) 방전선 비대현상

그림 1.20 그래디언트력에 의한 정역학적 현상

⑤ **염주알 형성력에 의한 입자의 응집**

(그림 1.21(a))에 나타내는 염주알 형성력은 외부전계의 작용 하에서만 일어나고 입자를 물체 표면 내지 공간에 있어서 그림 (b), (c)와 같이 하나하나 염주알 상으로 전계방향으로 응집시켜 간다. 염주알의 측방에 현저하게 접근한 입자는 확산작용으로 측방에 부착하려 하게 된다. 또한 염주알 형성 도중에 염주알이 소란해져 기울 가능성도 있다. 이로 인해 (그림 (b))와 같이 분기를 일으킨다. 이 현상이 공간에서 발생하는 것을 **공간응집**이라 한다.

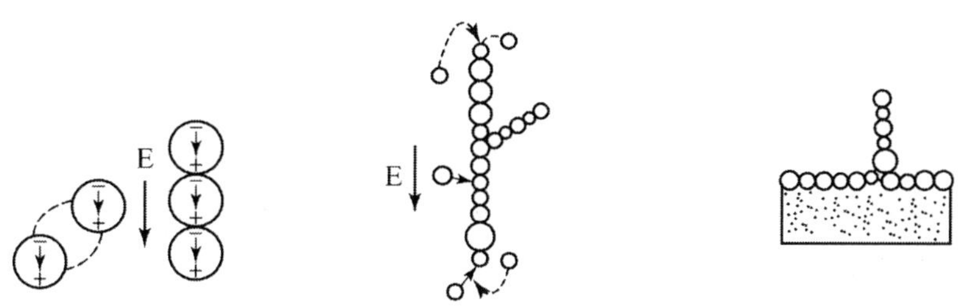

(a) 염주알 형성력　(b) 공간응집　(c) 퇴적층으로부터의 염주알 형성

그림 1.21 염주알 형성력에 의한 정역학적 현상

(2) 동역학적 현상

① 대전 입자의 운동 방정식

질량 M, 반경 a인 구형 입자가 전하 q를 갖고 있다고 하면 전계 E내에서 입자의 운동은 다음 식에 따른다.

$$M\frac{d^2r}{dt^2}+6\pi\eta a\frac{dr}{dt}=qE+F_1+F_2 \qquad \cdots\cdots (1.43)$$

여기서, r은 위치 벡터, η는 매질의 점성계수이다. 좌변 제1항은 관성력, 제2항은 점성항력이며, 우변 제1항은 쿨롱력, 제2항F_1은 그래디언트력 등 쿨롱력 이외의 정전기력, 제3항 F_2는 중력 등 전기력 이외의 힘이다.

② 대전 입자의 이동도

(그림 1.22)와 같이 직류평등 전계 중에서 대전입자의 운동은 식 (1.43)에 있어서 F_1과 F_2를 무시하고

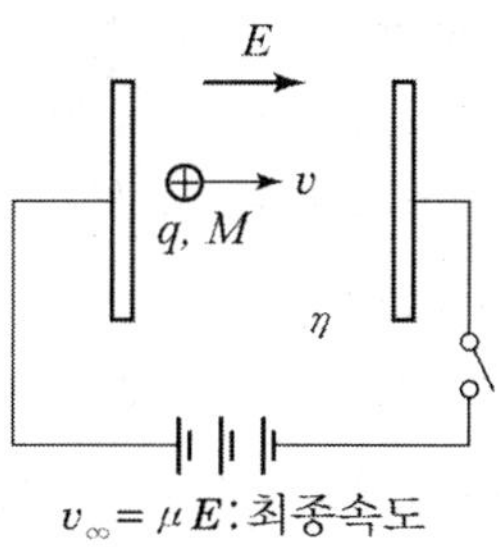

그림 1.22 대전입자의 운동

$$M\frac{d^2x}{dt^2}+6\pi\eta a\frac{dx}{dt}=qE \quad \cdots\cdots (1.44)$$

$t=0$에서 대전된 작은 구의 속도를 $v=\dfrac{dx}{dt}=0$로서 풀면

$$v=\frac{qE}{6\pi\eta a}(1-e^{-t/\tau_v}) \quad \cdots\cdots (1.45)$$

단지,

$$\tau_v=\frac{M}{6\pi\eta a} \ : \text{속도완화시간} \quad \cdots\cdots (1.46)$$

여기서 $t=\infty$에 있어서의 속도를 v_∞라 하면

$$v_\infty=\frac{qE}{6\pi\eta a}=\mu E \ : \text{최종속도} \quad \cdots\cdots (1.47)$$

윗 식에서 μ는 대전된 작은 구의 이동도이며 식 (1.48)로 표시된다.

$$\mu=\frac{q}{6\pi\eta a} \ \text{또는} \ \mu\eta=\frac{q}{6\pi a} \quad \cdots\cdots (1.48)$$

7 정전기에 의한 방전현상

전하분리에 의해 정전기가 발생하면 그 주위의 매질 속에는 전계가 형성된다. 전계의 크기는 전하의 축적에 비례하여 상승하며 결국 어느 한계값을 넘으면 매질은 전기에 대한 절연성을 잃게 되고 도전성을 갖게 되어 전하의 중화가 행해진다. 이 현상을 **방전현상**(electric discharge)이라 부르며 빛이나 소리의 발생이 뒤따르는 것이 보통이다. 위에서 설명한 한계값은 **절연파괴강도**(break down strength)라 부르며, 매질 중 일반적으로 기체가 가장 낮은 값을 갖는다. 따라서 정전기의 발생, 축적에 의해 발생하는 방전은 대부분의 경우 기체 내에서 혹은 고체나 액체가 접하는 기체에서 생긴다. 전자는 **기중방전**(gaseous discharge) 후자를 **연면방전**(surface discharge)이라 부른다.

(1) 대표적인 기중 방전

① 코로나 방전과 불꽃 방전

대전물체 형상에 뾰족한 부분이 있으면, 그 앞끝 부분에 불평등 전계가 생겨서 이 부분만이 높은 전계강도로 되어 부분적인 절연파괴가 일어나게 된다. 이로 인하여 대전물체 중의 전하는 끝부분에서 서서히 중화된다. 이러한 절연파괴현상을 **코로나 방전**이라 하며, 불꽃방전에 비하면 방전 전류 방전량도 작은 미약한 방전이라 할 수 있다. **불꽃방전**은 대전물체, 접지체 등의 형상이 비교적 평탄하여 이들 사이에 평등전계가 형성됐을 때 발생하는 경우가 많다, 그리고 대전물체의 전하량이 매우 큰 경우 초기에 코로나 방전이 발생하고 이 방전이 진전해서 불꽃방전이 된다.

② 불꽃조건

갭이 d인 전극 간에 높은 전기장을 인가했을 때 전극간의 기체 중에 자유전자가 한 개라도 있으면, 그 전자는 가속되어 기체분자에 충돌하고 이것을 전리한다.(α **작용**) 전자가 단위 길이를 진행하는 사이에 기체 분자를 차츰 전리해서 전자의 수가 a개로 늘었다고 하면, d 만큼 진행하는 사이에 전자의 수는 e^{ad}개로 됨과 동시에 $e^{ad}-1$개의 양이온이 생긴다. 양이온은 음극을 향해서 가속되어, 음극에 충돌해서 음극으로부터 전자를 방출시킨다.(γ **작용**)
한 개의 양이온이 전자를 방출시키는 확률을 γ라 하면 전체 양이온이 전자를 방출시킬 확률은 $\gamma(e^{ad}-1)$이다. 이것이 1 이상이라면 이 현상은 지속한다. 즉, 기체는 절연파괴 된다. 그 조건은

$$\gamma(e^{ad}-1) \geq 1 \qquad \cdots\cdots (1.49)$$

③ 파셴의 법칙

평등 전계 중 불꽃 방전전압은 온도가 일정할 때 기압 p와 전극사이의 거리 d의 관계 즉 $V_s = f(\text{pd})$로 된다. 이 관계는 pd의 넓은 범위($p = 10^{-2}$~2400Torr, $d = 5 \times 10^{-4}$~20㎝, T=-180~860℃)에서 성립한다. 이것을 **파셴의 법칙**이라 한다. 이 법칙으로부터 전극 간격을 일정하게 n배 하고, 기압을 1/n배로 해도 불꽃전압은 변하지 않는다는 법칙이 유도된다. 이것을 **불꽃전압의 상사법칙**(similitude principle)이라 한다. V_s와 pd의 관계를 (그림 1.23)에 나타낸다.

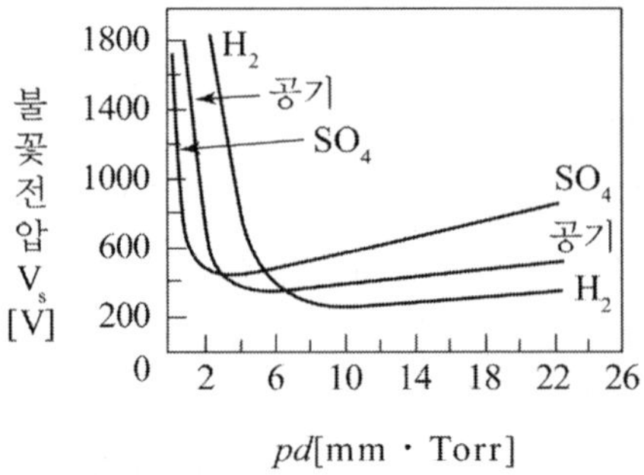

그림 1.23 평행 평판 전극 갭의 불꽃전압

(2) 기중 방전의 발생

마찰대전이나 박리대전에서 전하분리가 발생될 때 (그림 1.24(a), (b))에 나타낸 것과 같이 박리점의 공극에 불꽃방전(spark discharge)이 발생한다. 우리가 겨울 건조기에 합성섬유 의류를 벗을 때 경험하는 불꽃도 이것의 일종이다. 이때 절연물 표면의 양과 음은 (그림 (c))와 같이 도전성의 방전주로 교락되어 A, B 두 점은 거의 동전위가 되므로 방전은 주위의 표면 전하 쪽으로 방사상으로 뻗어 (그림 (d))와 같이 AB를 중심으로 하는 연면방전이 일어나는 것이 보통이다.

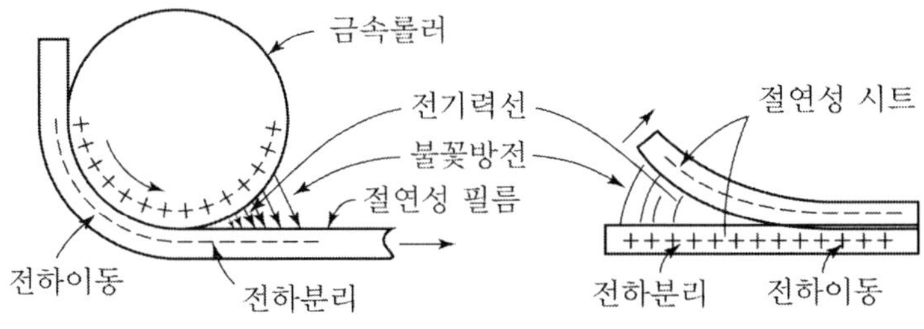

(a) 금속 롤러와 절연성 필름 사이의 박리대전에 따른 불꽃방전

(b) 두 장의 절연 시트 사이의 박리대전에 따른 불꽃방전

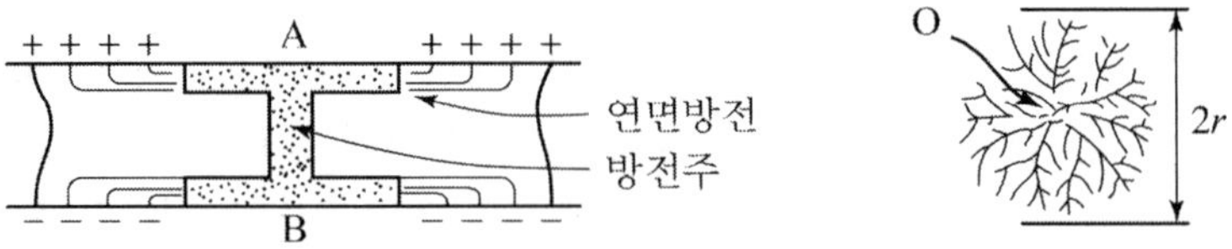

(c) 불꽃방전에 따른 표면 전하로의 연면방전

(d) 리히텐베르그 도형

그림 1.24 절연물의 표면 전하에 의한 코로나 방전 및 불꽃방전

마찰대전이나 박리대전에서 정전기를 띤 절연물에 (그림 1.25(a))와 같이 뾰족한 접지 도체를 가까이 대면 그 앞 끝이 발광하고 이로부터 절연물의 표면을 향하여 표면에 유도된 전하와 역극성의 이온이 흘러가서 표면 전하를 중화시킨다.

이와 같이 바늘모양 도체의 앞 끝 부분에 발생하는 기체의 국부적인 절연파괴를 **코로나 방전**(Corona discharge)이라 부른다. 대전 절연물에 (그림 (b))와 같이 손가락과 같이 둥근형인 접지도체를 가까이 하면 이것과 표면전하 사이에 불꽃방전이 발생하는 일이 있다. 이 경우도 (그림 1.24(c)(d))에서 본 바와 같이 연면방전이 발생해서 어느 범위 내에서 걸쳐 전하의 중화가 일어난다.

만약 (그림 1.25(c))와 같이 대전절연물의 가까이에 절연된 도체가 존재하는 경우에는 그림과 같이 정전유도에 의해 도체 상에 양과 음의 유도전하가 생겨 접지도체가 이것에 접근하면 불꽃방전 또는 코로나 방전이 일어나 절연물과 동극성인 전하가 대지로 흘러간다.

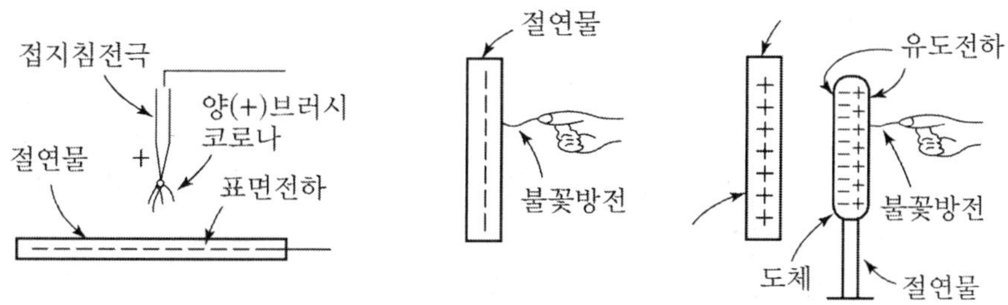

그림 1.25 절연물의 표면 전하에의 코로나 방전 및 불꽃방전

(3) 절연성액체의 파이프 수송

만약 파이프가 (그림 1.26(a))와 같이 절연되어 있으면 액체와 반대 부호인 전하축적에 의해 파이프와 접지도체 사이에 그림과 같이 불꽃방전, 코로나 방전 등이 발생할 수 있다. 불꽃방전이 생기면 전하는 단번에 중화하나 유동이 계속하는 한 다시 전하가 파이프에 축적되어 일정 시간마다 방전을 반복한다.

파이프 자체가 절연물이면 그 내면에 전하의 축적이 생기며, 그로부터 출발하는 전기력선의 대부분은 파이프 벽을 통해 대지로 향하기 때문에 파이프 벽에는 강력한 전계가 가해진다. 그 결과 파이프에 절연파괴를 일으켜 그 부분에 핀홀(pinhole)을 발생시킬 수 있다.

이와 같은 경우에는 (그림 1.26(b))와 같이 파이프 외부에서는 핀홀 부분으로부터 대지로 향해 코로나 방전이 발생함과 동시에 파이프 내벽에서는 핀홀을 중심으로 하는 액중 연면방전이 일어나 축적 내면전하를 중화시킨다.

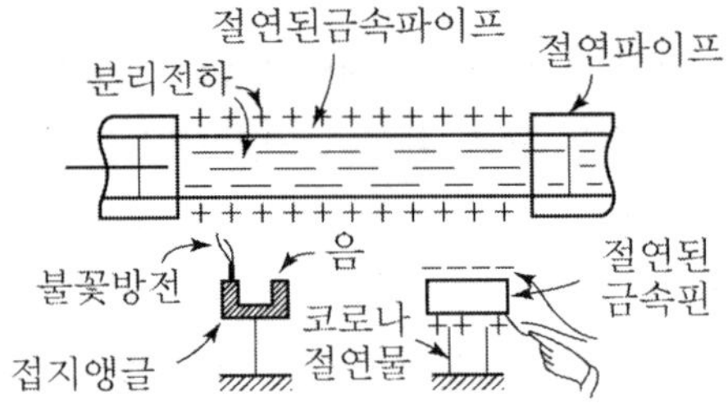

(a) 유동대전에 따른 절연된 금속 파이프와 주위 도체 사이의 방전

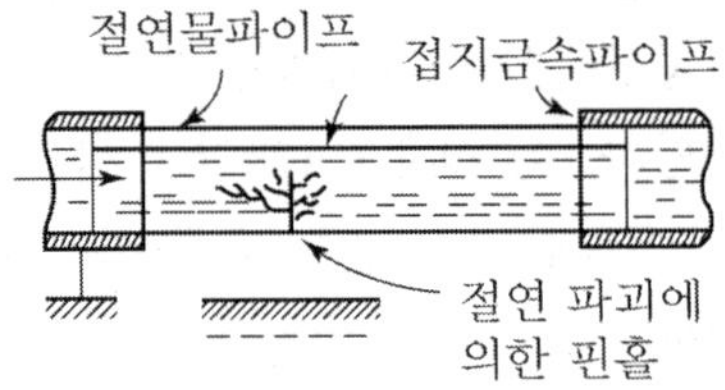

(b) 절연 파이프의 유동대전에 따른 절연파괴와 그것에 계속한 연면방전(기름속) 및

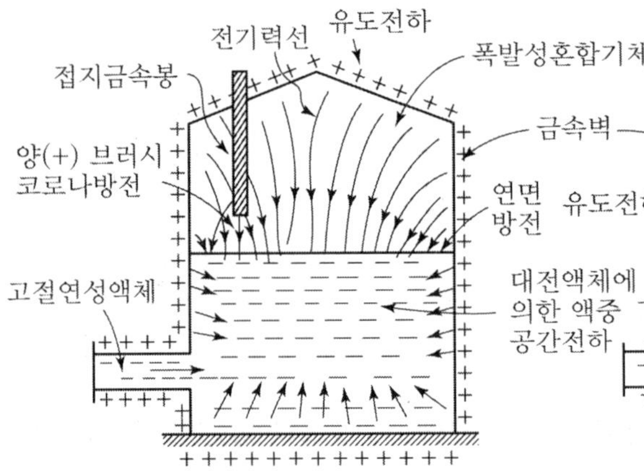

(c) 유동대전에 의한 탱크 안의 코로나 방전과 연면방전

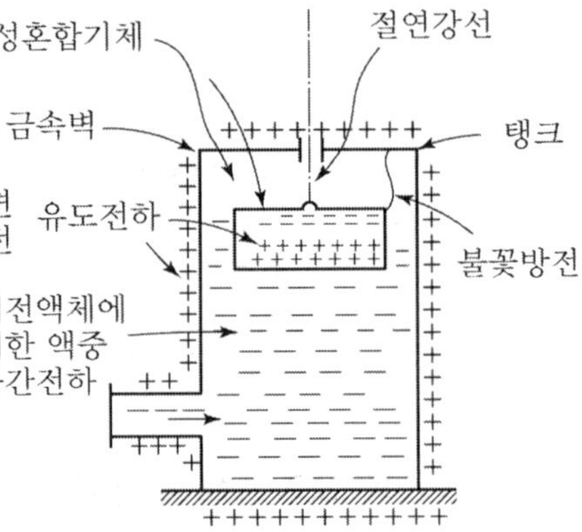

(d) 유동대전에 의한 금속 부자에 생긴 유도전하(음)와 이에 의한 탱크 천정부에 생긴 유도전하 간의 불꽃방전

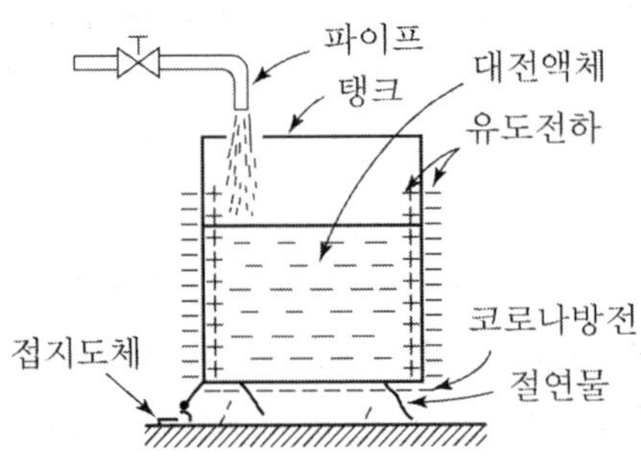

(e) 대전 액체의 유입에 따른 절연된 탱크와 접지물 사이의 방전

그림 1.26 유동대전에 따른 불꽃방전, 코로나 방전 및 연면방전

한편 절연성 액체쪽은 전하를 갖는 상태로 (그림 1.26(c))와 같이 탱크 안으로 들어가 탱크 안과 액체 속에는 공간적으로 분포한 전하 즉, **공간 전하**(space charge)가 생긴다. 따라서 그 전기력에 의해 액면상의 공간 및 액체 안에 그림과 같은 공간 전하에 기인한 전계 즉, 공간전하전계(space charge field)가 형성된다. 여기에 만약 액면 상에 무엇인가 접지된 도체돌기물이 있으면 그 앞끝부터 액면으로 향해 코로나 방전이 발생할 수 있다.

또한 경우에 따라 벽과 액면 사이에 연면방전이 발생하는 일도 있다. 또 (그림 1.26(d))와 같이 액면 상에 절연된 도체의 부유물이 있으면 그 표면에 양과 음의 유도전하를 발생시켜 부유물이 탱크벽에 접근하면 둘 사이에 불꽃방전이 발생되는 일도 있다. 대전 액체가 (그림 1.26(e))와 같이 절연된 탱크 안에 공급되는 경우에는 탱크의 전위가 상승하여 대지 간에 불꽃방전이나 코로나 방전이 일어나는 경우도 있다.

(4) 분체의 파이프 수송 및 고압가스 분출

파이프를 통한 공기 수송이나 고압가스의 분출 시에는 그 출구에서 기류와 함께 강력히 대전된 미립자가 분출하며, 공간에 일종의 뇌운이라 할 수 있는 대전 입자의 구름, 즉 공간 전하운이 형성 된다, 이 경우 (그림 1.27)과 같이 여러 가지 방전이 발생할 수 있다. 즉 분출구의 앞 끝으로부터 (그림 (a))와 같이 길이 수 mm 정도의 붉은 빛을 띤 브러쉬 코로나 방전(Brush corona discharge)이나 스트리머(streamer)로 이행한다. 또 주위에 접지된 돌기 도체(밸브, 레버, 플랜지, 앵글, 노즐 등)가 있으면 뾰족한 부분에서 (그림 (e))와 같이 코로나 방전이 발생하여 공간전하를 중화하려 하나 만약 공간전하의 보급이 크면 (그림 (f))와 같이 코로나 방전으로부터 불꽃방전으로 이행한다. 또한 극도로 공간전하 밀도가 높으면 전혀 돌기체가 없어도 벽과 공간전하 사이에는 (그림 (d))와 같은 불꽃방전이 발생할 수 있다.

또한 공간전하 근처에 (그림 (g))와 같이 절연된 도체가 있으면 접지 도체의 접근에 따라 불꽃방전 또는 코로나 방전이 발생할 수 있다, 다량의 대전입자가 절연물 위에 퇴적된 경우에는 접지도체가 접근함에 따라 (그림 (i))와 같은 연면방전이 생길 수 있다,

대전입자가 (그림 (j))와 같이 절연된 도체에 퇴적하면 코로나 방전 또는 불꽃방전이 일어날 수 있다. 또 이 경우 파이프가 절연되어 있거나 절연물로 되어 있는 경우에는 전하 축적에 의한 전위 상승으로 (그림 (c))와 같이 접지 도체 사이에 주기적인 불꽃방전이 생기거나 접지 도체로부터 코로나 방전이 일어난다.

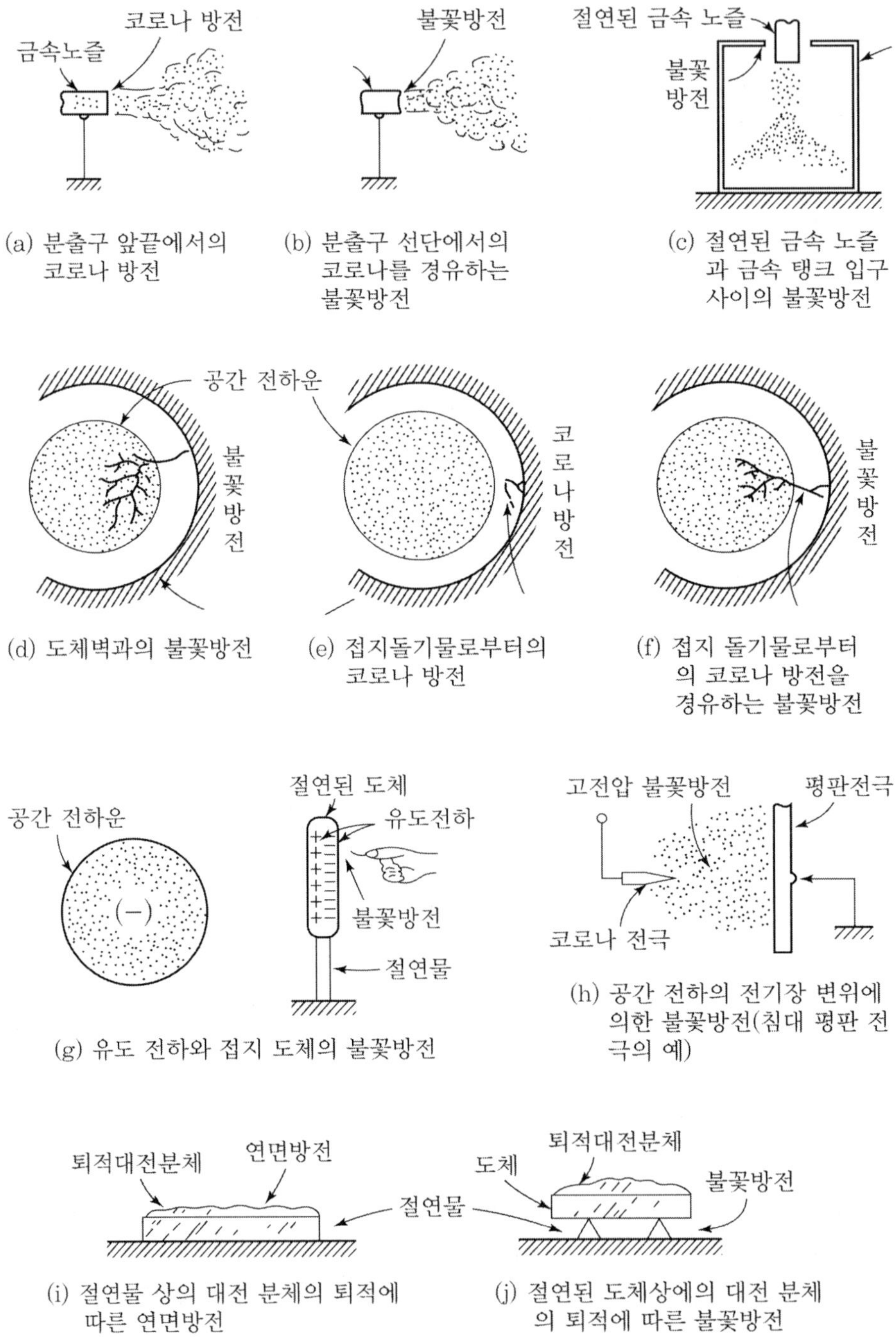

(a) 분출구 앞끝에서의 코로나 방전

(b) 분출구 선단에서의 코로나를 경유하는 불꽃방전

(c) 절연된 금속 노즐과 금속 탱크 입구 사이의 불꽃방전

(d) 도체벽과의 불꽃방전

(e) 접지돌기물로부터의 코로나 방전

(f) 접지 돌기물로부터의 코로나 방전을 경유하는 불꽃방전

(g) 유도 전하와 접지 도체의 불꽃방전

(h) 공간 전하의 전기장 변위에 의한 불꽃방전(침대 평판 전극의 예)

(i) 절연물 상의 대전 분체의 퇴적에 따른 연면방전

(j) 절연된 도체상에의 대전 분체의 퇴적에 따른 불꽃방전

그림 1.27 기중 공간전하 운의 발생에 따른 코로나 불꽃방전 및 연면방전

이상을 조합하면 정전기가 발생하게 되면 일반적으로 불꽃방전, 코로나 방전, 연면방전의 세 종류의 **기중방전**이 발생한다는 것을 알 수 있다. 이 중 방전로에 있어서 평균 전계강도가 가장 낮은 값에서 발생하는 것은 코로나 방전이지만, 그 발생은 돌기도체가 있는 경우에 한한다,

그러나 실제의 경우 전계 내 무엇인가 접지된 돌기 도체가 존재하는 경우가 많으므로 다른 방전에 앞서 우선 코로나 방전이 발생하는 것이 보통이다. 이런 경우에는 코로나 방전으로 인하여 공급되는 이온에 의하여 전하가 중화된다. 그래서 전하의 축적이 계속해서 이루어지지 않음으로 불꽃방전 형태로 이행되는 것은 정전하의 보급 속도가 웬만큼 크지 않으면 일어나지 않는다는 것을 알 수 있다, 정전기의 발생에 따른 방전현상은 제지 공정에서 품질을 저하시키기도 하고 필름 제조 공정에서 **정전표식**(static mark)라 불리우는 방전 흔적을 발생시키기도 한다.

8 정전유도 현상과 정전차폐

(그림 1.28)과 같이 절연체로 절연된 중성도체 B 근처에 대전된 물체 A를 가까이 하면 A에 가까운 도체 B의 부분에는 A와 이종의 전기, 반대쪽에는 동종의 전기가 나타난다. 이 현상을 '**정전유도**(electrostatic induction)'라 한다.

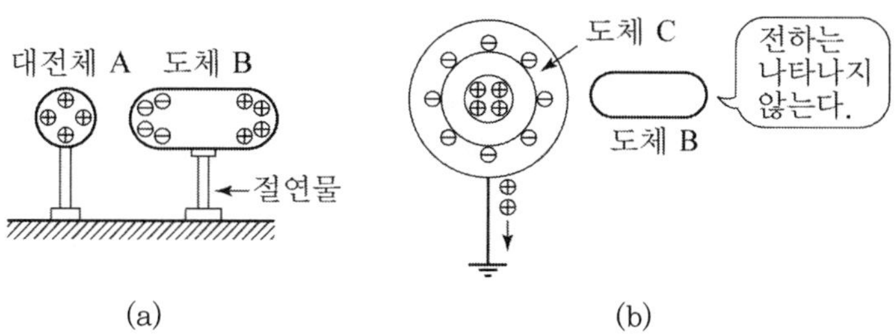

그림 1.28 정전유도

정전유도는 동종의 전기는 상호 반발하고 이종의 전기는 상호 흡인하는 정전력에 의한 것이며 (그림 1.28)에 대해서 설명하면 +전하를 가진 A가 가까워짐으로써 도체 B 중에서 자유롭게 움직일 수 있는 전자 즉 자유전자가 좌측으로 이동하기 때문에 좌측에는 과잉전자가 모이고(−로 대전), 우측에서는 전자가 부족하기 때문에 +로 대전하는 것이다. 그러나 본래 중성이므로 과부족의 전자수는 동등하고 따라서 A를 멀리 떼어 놓으면 B의 전자의 과부족은 없어지기 때문에 원래의 중성으로 환원한다. 그러나 만

일 A를 가까이 갖다댄 상태에서 B의 오른쪽에 손을 대고 A를 떼어 놓으면 B에는 −전하만 남는다. 이것을 이용하여 전기를 모을 수 있고 동시에 발전기를 만들 수 있다. 특히 물체 B가 도체인 경우 이를 (그림 (b))와 같이 접지시키면 양전하는 대지로 흘러 없어지고 물체 C에는 음전하만 남는다. 이러한 상태에서 접지선을 개방시키면 물체 C는 음으로 대전하게 된다. (그림 1.29(a))와 같이 도체 A에 전하 $+Q$를 주면 전기력선은 그림에 표시된 바와 같이 방사선 모양으로 나온다. 이때 전계 중에 도체 B가 있으면 이 영향을 받아 B의 전위가 변화하는 것은 명백한 일이다.

다음에 (b)도와 같이 도체 A를 중공의 도체 C로 둘러싸면 정전유도에 의해 내면에는 $-Q$, 외면에는 $+Q$가 유도되기 때문에 전기력선은 도체 B에 도달, A의 전하에 의해 B의 전위가 변환한다.

그런데 (c)도와 같이 도체 C를 접지하면 C의 표면의 자유 전하 $+Q$는 지면으로 달아나기 때문에 C의 표면의 전위는 지면의 전위와 같은 0이 된다. 따라서 C의 외부에는 도체 A의 전하 $+Q$에 의한 전기력선은 존재하지 않으므로 B에 영향을 주는 일은 없다. 또 이 경우와의 반대로 B에 전하가 있을 때도 C의 전위는 항상 지면과 같아 0을 유지하므로 B의 전하가 A에 전위의 변화를 주는 일은 없다.

이와 같이 도체 C를 접지함으로써 도체 A B 사이를 정전적으로 무관계의 상태로 할 수 있다. 이것을 **정전차폐**(electrostatic shielding)라고 한다, 정전차폐는 전기자기 측정, 통신기, 라디오 등과 그 밖의 용도에 널리 응용되고 있다.

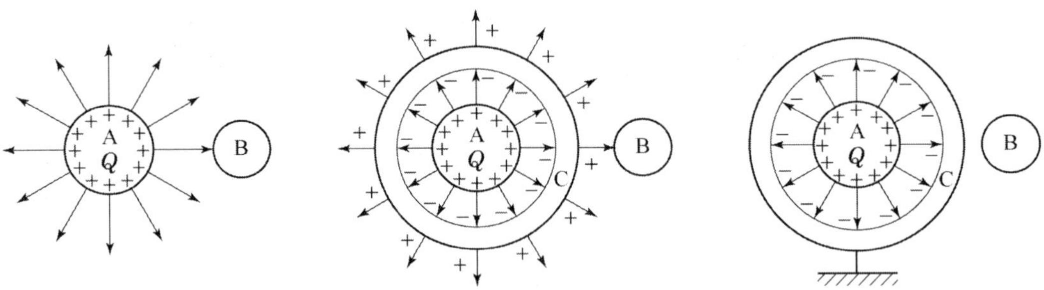

(a) (b) (c)

그림 1.29 정전차폐

1장 연습문제

1 정전기가 통상의 전기(전류)와 다른 점에 대하여 기술하시오.

2 정전기력(electrostatic force)을 분류하고 간단하게 기술하시오.

3 보어 (Bohr) 모형에 따르면 수소 원자에서는 전자가 원자핵 (즉 양자)의 주위를 반경 5.29×10^{-11}[m]의 원 궤도를 그리며 돌고 있다. 이 궤도상에 있어서의 양자인 정전하에 따른 전위 Φ를 구하고, 수소 원자의 정전 포텐셜 에너지를 구하시오.

4 정전기 발생은 전하이동, 전하분리 및 전하완화 즉 세 가지 요소과정으로 이루어진다. 이중 전하의 이동 기구에 대하여 기술하시오.

5 물체의 대전현상을 분류하시오.

6 입자의 하전현상을 분류하시오.

7 정전기의 정역학적 현상에서 영상력과 쿨롱력에 의한 부착에 대하여 기술하시오.

8 (그림 1.30)에 나타나듯이 평행평판 전극 간에 놓인 도체 입자가 유도대전에 의해 대전되는 전하량은 근사적으로

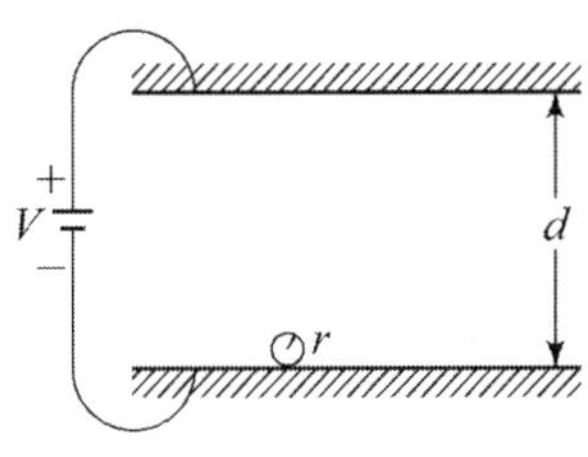

그림 1.30 입자의 유도대전

$$Q = \frac{2\pi^3 \varepsilon V r^2}{3d} \qquad \cdots\cdots (1.50)$$

로 나타낼 수 있다, 지금 $r = 1$[mm], $d = 3$[cm], 밀도 $\rho = 3000$[kg/m^2]로 한 경우, 이 입자를 중력에 역행해서 올리는데 필요한 전압 V를 구하시오.

9 어느 순간에 (그림 1.30)에 나타내는 상태로 입자를 놓았을 경우 식 (1.50)의 전하를 얻기 위해서는 일전시간이 필요하고 이것은 완화시간이라고 불리운다. (1-2-③절 참조) 다음의 2종류의 입자에 대해서 식(1.50)의 90[%]의 전하를 얻는 데에 요하는 시간을 구하시오.

(1) 알루미늄 : 도전율 $k = 3.7 \times 10^{-7}$[S/m], 유전율 $\epsilon = 8.85 \times 10^{-12}$[F/m]

(2) 부틸고무 : 도전율 $k = 10^{-14}$[S/m], 유전율 $\epsilon = 4 \times 8.85 \times 10^{-12}$[F/m]

10 다음 항에 대하여 기술하시오.

① 일함수
② 페르미 준위
③ 전자친화력
④ 접촉전위차
⑤ 호박효과
⑥ 파센법칙
⑦ 존슨 라벡 효과

제 2 장 대기오염 방지 기술

전지 발명 후 1세기가 지난 1905년경 미국 코트렐(Cottrel)교수가 정전기에 관심을 가지고 연구를 하였다. 당시 공업화를 서두르고 있던 미국에서는 환경파괴가 심각한 문제로 대두되고 특히 공장에서 나오는 대량의 매연과 배진 처리에 골머리를 앓고 있었다, 당시에 미립자를 포함한 매연과 배진의 회수에 정전기의 흡인력을 이용하려는 시도가 있었으나 직류고전압을 발생시키는 기술이 없어서 실용화 되지 못하다가 연구에 연구를 거듭함으로써 직류고전압발생 기술이 개발되어 전기집진이 완성되게 되었다. 오늘날 발전, 제철, 야금, 가스, 유산, 시멘트 기타 분진 및 연무의 발생을 수반하는 각종의 광공업 분야에 있어서, 작업 및 쾌적한 생활환경에 바람직하지 않은 입자(대기오염)의 제거 및 유가물의 회수를 위해 널리 쓰여지고 있는 전기집진은 정전기 이용에 있어서 가장 중요한 분야의 하나이다.

특히 전기집진은 다른 집진방식에 비해 다음과 같은 특징을 갖고 있다. 즉 거의 모든 분체 미스트 또는 연무질은 극히 미세한 것까지(0.1[μ] 이상)도 대단히 높은 포집효율(99[%]이상)로 집진할 수 있다. 또한 높은 온도(약 500[℃]), 높은 가스압력에서도 사용할 수 있으며, 소비전력이 적고, 통풍손실이 현저히 작아 운전비가 싸며, 보수가 간단하여 비용도 적게 드는 등 많은 장점을 갖고 있기 때문에 가장 많이 사용되고 있다.

2.1 전기 집진의 원리

1 동작 원리

현재, 전기 집진방식에는 많은 종류가 있지만, 원리가 이해하기 쉬운 원통형의 것을 (그림 2.1)에 나타낸다. 원통집진 전극의 중심에 가는 선의 방전전극이 추로 달아매어져 부의 고전압이 인가된다.

방전전극과 집진전극은 절연물로 격리되어 그 사이에 고전압을 인가함에 따라 방전전극 표면의 전계 강도는 대단히 높은 것이 되어 코로나 방전을 일으켜 코로나 방전 공간이 된다. 즉, 이 공간에 방전전극에서 발생한 음이온이 중심으로부터 방사상 수평방향으로 집진전극을 향해 흐른다. 하부입구로부터 들어온 함진 가스는 비교적 느린 속도로 상승하는 과정에서 더스트 입자가 음이온에 부딪쳐 부로 대전한다.

그 대전 더스트 입자는 방사상 방향의 전계의 힘을 받아 운동하고 집진전극에 부착 퇴적한다, 더스트가 제거된 청정 가스는 상부출구를 통해 방출 된다. 집진전극 표면에 퇴적한 더스트층은 때때로 원통전극을 두드리는 등의 기계적 충격을 가하여 박리시켜서 하단의 호퍼에 포집한다.

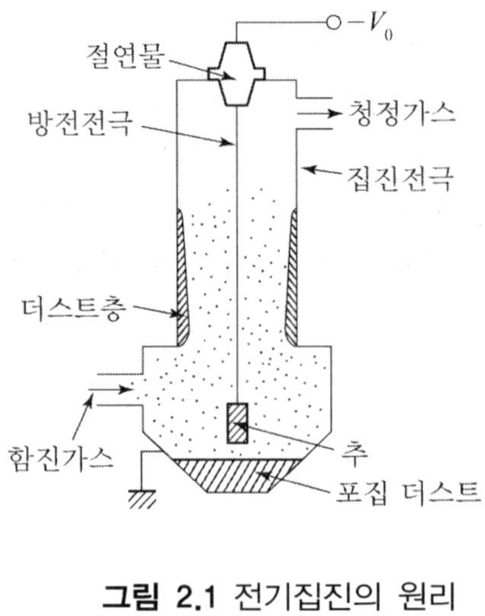

그림 2.1 전기집진의 원리

2 코로나 방전

전기 집진의 기본적 부분은 단일 극성 이온의 발생, 입자의 대전(하전이라고도 한다)과 대전입자의 운동 등으로 나눌 수 있다. 현재 사용되고 있는 단일 극성 이온 발생법은 거의가 코로나 방전이다.

침 대 평판, 혹은 세선 대 평판 전극과 같이 현저한 불평등 전계로 공기의 절연파괴가 침 또는 세선 부근의 국소부에 한정된 상태에서 방전이 지속하는 상태를 **코로나 방전**이라고 한다. (그림 2.2)에 나타내듯이 침 전극에 음의 전압을 인가한 상태에서는 침 전극 부근에서는 정・부이온의 플라즈마 상태이지만, 기타의 공간에서는 부이온 만으로 채워져 통상 이 상태를 **부코로나**라고 칭하고 있다. 이 코로나 방전전류와 인가전압과의 관계는 다음 식으로 주어진다.

$$I = KV(V - V_c) \qquad \cdots\cdots (2.1)$$

여기서, K는 구조 및 기체의 종류에 따라 정해지는 정수, V_c는 코로나 개시전압이다. 그러나, 이 관계가 끝없이 지속되는 것이 아니며 전압이 어느 값에 달하면 불꽃방전으로 이행해 전 공간이 도전상태로 되어 전기 접전장치로서의 기능은 상실하게 된다.

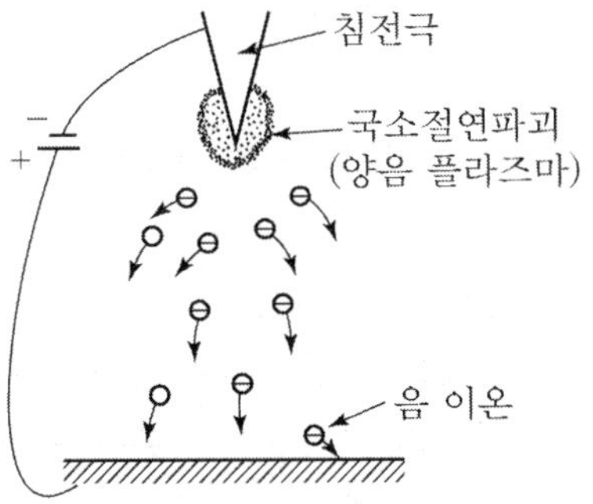

그림 2.2 부코로나

3 전계와 하전입자

코로나 방전 중에 입자가 대전하는 과정은 1-2-5절에서 상세하게 기술하고 있다. 그와 같은 과정을 거쳐 대전한 입자가 존재하는 과정에서의 전계 분포는 프와송의 방정식을 풀어서 얻어진다.

공간전하가 없는 경우는 라플라스의 식을 풀면 용이하게 전계분포를 구할 수 있다. 그러나 전기 집진장치의 내부에서는 프와송 분포이고 더구나, 전하의 이동을 수반하는 일, 전하로서 이온과 하전입자 2종류를 생각해야만 하는 것, 각각의 이동도가 다른 것 등의 어려운 조건이 겹치기 때문에 그 해는 간단하게는 구해지지 않는다. 보통은 몇 개의 가정을 놓고 계산해서 전계분포를 구하고 있다.

(그림 2.3)에 그 예를 나타내고 있다.

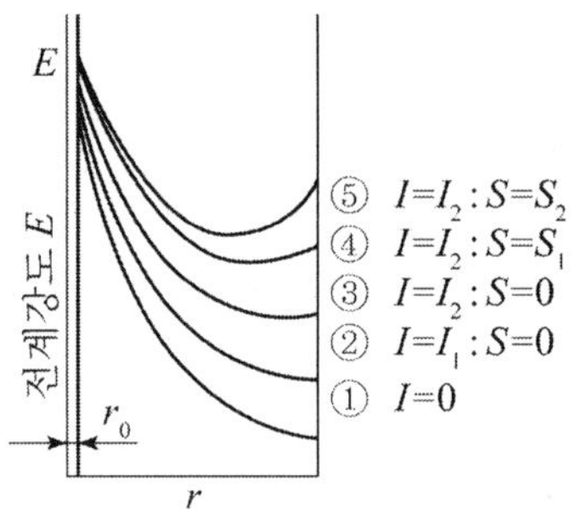

그림 2.3 전계분포

그림에 있어서 곡선 ①인 전계 E는 일정전압 V에서 거리 r과 더불어 쌍곡선적으로 감소하며 전하가 없는 경우, ②는 하전입자가 존재하지 않고 이온 전류만이 존재하는 경우로서 이온에 의한 공간전하의 결과 r이 충분히 큰 영역, 즉 집진극의 근방에서 전계가 라플라스 전계 ①보다 상승한다. 이 경향은 전류 I의 상승과 더불어 현저하게 되며 곡선 ③과 같이 집진극 근방에서는 r에 관계없이 전계는 평탄한 분포를 취한다. 곡선 ④는 r이 큰 집진극 근방의 영역으로 r과 더불어 E가 상승하는 경향을 나타낸다. 이것은 하전입자의 공간전하 고유의 효과로 S(단위 용적의 가스 중에 포함되는 입자의 표면적의 총화)의 증가와 더불어 점점 현저하게 된다. (곡선⑤).

하전입자는 이러한 전계 중에서 전계에 의한 힘을 받아, 집진전극을 향하여 운동하는 것이지만 전계분포의 정확한 모양을 알 수 없는 것, 가스 흐름은 일반적으로 난류인 것 등의 이유 때문에 입자의 거동을 이론적으로 구하는 것이 곤란하다. 그 때문에 실험적으로 구해진 **도이취 식**(Deutsch-equation)의 식이 잘 쓰여진다. 그것은 출구에서 더스트의 배출 중량 농도를 식 (2.2)로 나타낼 수 있다.

$$C_o = C_i e^{-wf} \quad \cdots\cdots (2.2)$$

여기서 C_i는 입구에서의 입자의 초기 중량 농도 [g/Nm^3], w는 집진전극에 향하는 이동속도, f는 비 집진면적 (집진극의 전표면적 / 가스 유량)이다. 그러나 여기서 w는 겉보기 이동속도로 참 이동속도는 아니다. 이외에도 여러 가지 식이 제안되고 있다.

4 역전리 현상

전기 집진장치는 다른 방식의 집진장치에 비교해서 뛰어난 성능을 갖고 있다고 하지만, 문제점은 있다. 가장 큰 문제점은 역전리현상이라고 불리어지는 것이며, 이것은 저항률이 높은 더스트에서 발생하며 이로 인해 집진 불능이 된다. 더스트의 저항률 ρ_d가 대략 5×10^8[Ω · m] 이상이 되면 더스트가 갖고 있는 전하가 집진 전극상에서 완화하기 어렵게 되어 그 결과 더스트층 내에 전하가 축척되어 강한 내부전계를 형성한다. 이 전계가 어느 정도 이상이 되면 더스트층의 절연파괴를 일으켜 그곳으로부터 가스 공간으로 방전을 유발한다. 이것에 의해 불꽃방전을 일으켜, 집진성능을 현저하게 저하시킨다. 발생조건은 다음 식으로 주어진다.

$$i_d \times \rho_d \geq E_{ds} \quad \cdots\cdots (2.3)$$

여기서 i_d는 더스트층 내의 전류밀도, E_{ds}는 층내 절연파괴 강도이다.

2.2 전기 집진의 종류와 구조

1 전기 집진장치의 종류와 특성

연(煙)진입자에 정극성의 전하량n_e(단위전하량 $e=4.8\times10^{-10}$[esu]의 n배로서 나타낸다)를 주면, 연진입자가 존재하는 공간의 전계강도 G[esu]와 쿨롱 작용력 neG와 반대 극성의 전극면에 집진한다고 하는 것으로부터 집진의 개념이 시작된다. 따라서 전기 집진의 과정은 다음과 같다.

① 연진입자에 가능한 다량의 정극성 전하를 준다.
② 가능한 한 강력한 전계로 이것을 신속히 전극에 집진한다.
③ 집진 전극면상의 포집물을 가능한한 재 비산시키지 않고 전계 밖으로 끄집어낸다.

①과 ②의 작용을 1단계, 즉 동일 전계에서 행하는 방법을 **1단식** 또는 **1계 사다리식**(one-stage-type)이라 하며, Cottrell, Lodge, Irvin등이 고안한 것이 이것이다.
①의 이온화 작용과 ②의 집진 작용과를 별개로 접속한 전계로 행하는 방법을 **2단식** 또는 **2계 사다리식**(two-stage-type)이라 하며 Schmidt의 발안을 Penney가 실용화한 것이다. 이들의 전계구성 요령의 대표 예를 (그림 2.4)에 나타낸다. 즉 전계구성 요소로서는 방전극, 집진극 및 양전극 간에 높은 전위차를 주는 하전설비가 필요하며, 집진

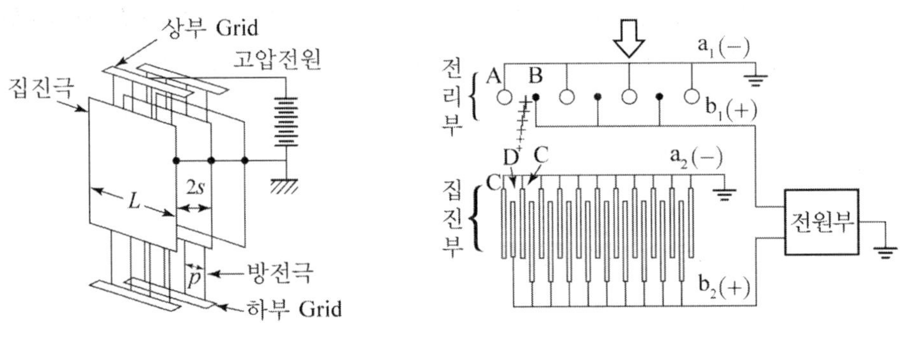

(a) 1단식 평판형 집진기의 전계구성 (b) 2단식 평판형 집진기의 전계구성

그림 2.4 전기 집진기의 전계의 구성요령

동작을 원활히 계속해서 행하는 데는 집진전극에 퇴적한 포집진(塵)의 박탈기구, 탈락 연진을 전계 밖으로 끄집어내는 기구 등이 필요하다. 또한 고전압 방전극계를 안정하게 절연지지하는 기구, 상시 방전극에 왕성한 코로나 방전을 유지시키기 위한 방전극의 착진방지기구 및 광대한 집진전계 전체를 유효하게 동작시키기 위한 분포장치 등이 부대적으로 중요하다.

① 1단식 집진기

입자의 하전과 집진을 동일한 공간에서 수행하는 것으로서 (그림 2.1)의 원통형과 (그림 2.5)의 평판형과 같이 2계통으로 분류된다. 여기서 중심의 방전전극과 집진전극과의 사이에 직류 고전압을 가하면 양쪽전극의 근처에 있는 가스는 전리되어 정이온과 부이온이 발생한다.

따라서 기체 중에 포함되는 연진입자는 이 이온을 부착하여 대전하고 전기력에 의해여 집진전극 측으로 구동된다. 이상의 집진기는 주로 공업용 집진기에 이용되는

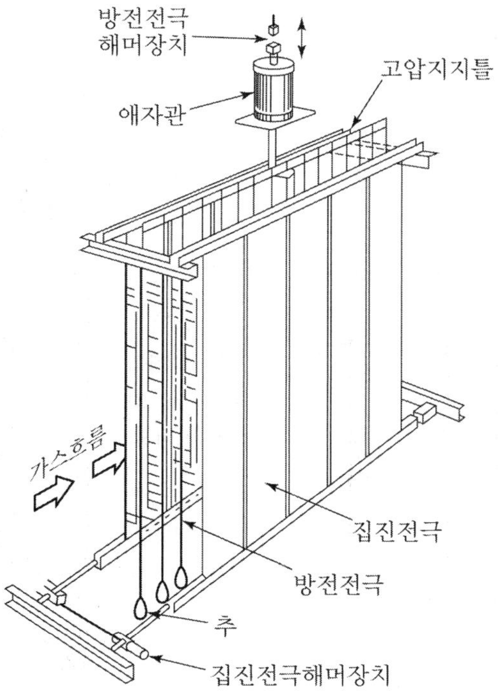

그림 2.5 평판형 전기 집진기

형식이며 분진포집이나 공업용 집진기의 성능시험 등의 계측분야에 사용되는 경우가 많고 간이식으로 교류 고압을 가하여 사용하는 수도 있다. 특히 집진력에 유리관 등의 절연물을 사용할 경우에는 직류로서는 동작하지 않으므로 주로 교류가 이용되고 있다. 교류사용의 경우에는 관의 바깥쪽을 금속망 등으로 감고 이것을 집진측 전극으로 한다. 교류의 경우 동작은 직류에 비하여 심히 불안전하지만 각 반파에 대하여 직류의 경우와 유사한 집진작용이 이루어지고 있다고 생각된다.

공업용 집진기는 입자를 잡아 모으는 형식에 따라서 건식, 습식 및 미스트(mist) 집진기로 대별된다.

건식에서는 입자는 건조 상태에 있으며 집진된 입자는 전극을 기계적으로 즉 망치로 두들기는 등 충격을 주어 제거시킨다.

습식에서는 (그림 2.6)에서와 같이 집진기 표면에 수막을 만들고 집진된 연진은 물의 흐름으로 제거시킨다.

미스트식은 (그림 2.7)에서 표시하는 것과 같은 구조의 것으로 황산미스트, 타르미스트 등의 액체방울 입자를 잡아 모으는 목적으로 사용된다.

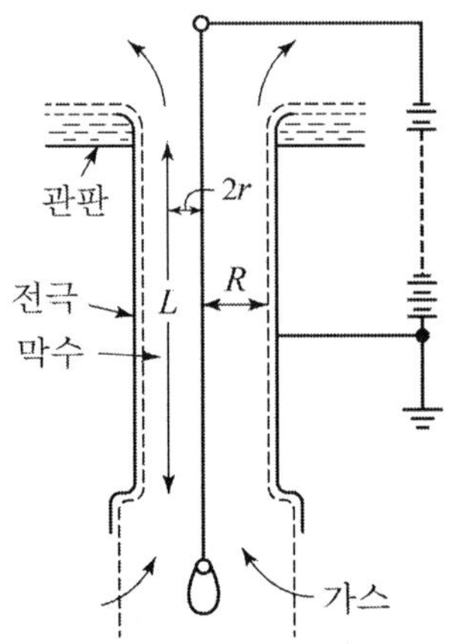

그림 2.6 습식 1단식 전기 집진기

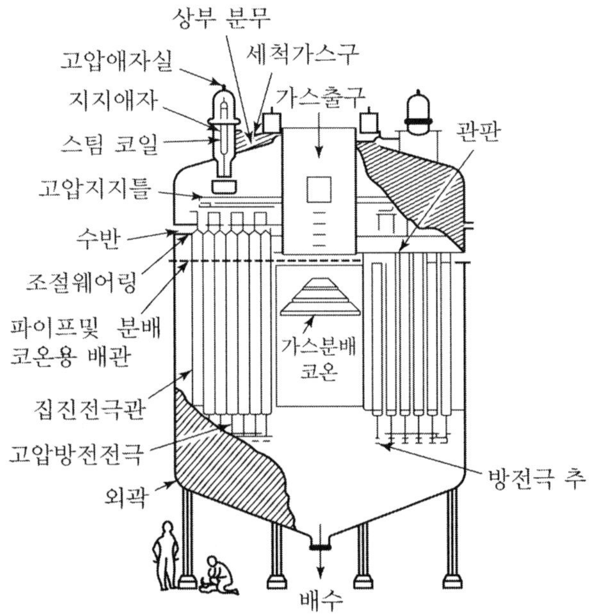

그림 2.7 미스트 집진기

② **2단식 집진기**

(그림 2.4(b))에서와 같이 연진에 전하를 주는 하전부와 이것을 포집하는 집진부로 분할된다. 하전의 원리는 공업용 집진기와 같지만 전극의 구조상 거의 집진되지 않고 다음의 집진부에 들어간다. 여기서 평판전극 사이의 평등한 정전계에 의하여 집진된다.

일반적으로 2단식은, 공기 청정용 에어크리너로서 주로 이용된다. 또 함진량이 비교적 적고 처리 가스량도 작은 발진원에 대하여, 특수한 공업용 집진장치로서 이용되는 경우도 있다.

2 방전극의 기능과 종류

방전극에 요구되는 기능은 코로나 방전을 발생시켜, 처리 가스 중의 더스트 입자를 하전 시켜서 집진극과 함께 집진전계를 형성 시키는 데에 있으므로, 방전극을 구성하는 코로나 방전 발생부는 일반적으로 가는선 또는 각선으로 한다. 처리 연무체의 종류에 따라서는 해머치기, 세정이 이루어지므로 부식이나 기계적 해머치기에 의한 단선의 우려가 있다. 또 스파크 등에 의해 진동 혹은 요동이 일어날 우려도 있다. 이 때문에 여러 가지 방전극 구성이 이루어지는데, 방전극을 지지하는데 애자에 큰 기계적 응력을 주지 않도록 가볍게 구성되어야 한다.

더욱이 전기 집진장치의 트러블 중에서도 방전극의 사고가 많으므로, 단선시의 교환이나 장치작업상 보수하기 쉬운 것도 중요한 요소로 된다.

방전전극은 세선뿐만 아니라 각선, 침부착선 등 여러 가지의 것이 사용되고 있다. (그림 2.8)은 그 일례이다.

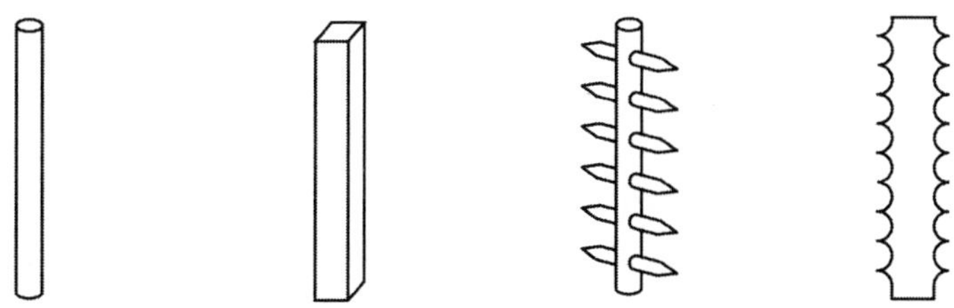

(a) 환선 (b) 각선 (c) 침부착선 (d) 돌기부착대판

그림 2.8 방전선의 형상

3 집진전극 및 하전설비

집진전극에 요구되는 기능은 방전극을 가지고 집진전계 형성, 이온 전류의 흡수, 하전된 입자의 포집, 포집된 입자의 응집등 **입자층의 박리**라고 하는 역할을 해야 하므로, 다음과 같은 기능을 갖지 않으면 안 된다.

① 방전극과 함께 형성되는 전계가 균일하게 안정되어 있을 것
② 건식에 있어서는 해머치는 힘이 집진판 전체에 균일하게 전파되어, 퇴적 더스트가 박리 낙하하기 쉬울 것, 또 습식에 있어서는 세정수가 균일하게 흐르고, 또는 균일한 세정수의 분무를 받아 전극면이 청정되기 쉬울 것
③ 건식의 경우, 해머치기에 의한 재비산 혹은 비가스류에 의한 재비산이 생기기 어려울 것
④ 가스의 온도에 대해 열 왜곡에 강할 것
⑤ 습식 혹은 부식성 가스 등에 대해 내식성이 있고, 기계적 강도가 있을 것
⑥ 방전극과의 사이에 전기적 섬락을 일으키기 어려울 것
⑦ 중량이 되도록 가볍고, 값이 쌀 것

전기 집진장치에 있어서는, 집진전극의 선정은 집진율에 있어서나 가격면에 있어서 장치전체에 주는 영향이 크므로 중요하다.
일반적으로 집진전극은 평판뿐만이 아니고, 원통형이 있는데 그 대표적인 예를 (그림 2.9)에 나타낸다. 평행평판형 전기 집진장치에서와 같이 평판형이 통상 사용된다.

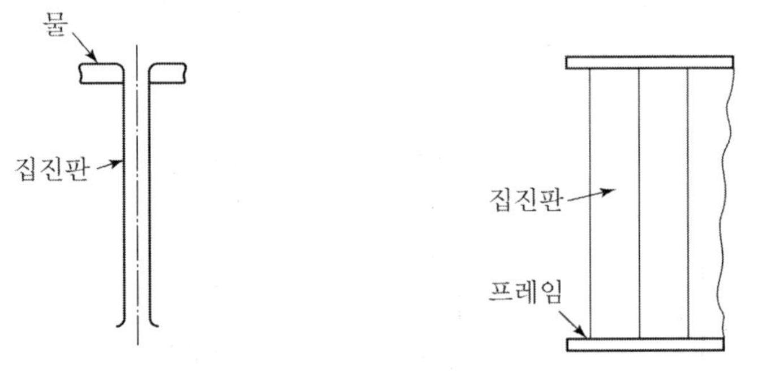

(a) 평판형 집진전극 (b) 원통형 집진전극

그림 2.9 집진전극

집진판은 부식이 문제되지 않을 경우는, 강관으로 보강한 연강평판으로 하며, 해머치기에 견딤과 동시에 해머치기 충격력이 집진전극 전체에 전파되는 구조를 취한다.
습식 전기 집진장치에는 통상 원통형 집진전극이 사용되는데 (그림 2.9(b))와 같이 원통내면의 부착 더스트를 세정하기 위해, 상단에서 세정수를 넘쳐흐르게 하여 원통내면에 균일한 유하(流下)액막을 형성하는 구조로 한다.
그리고 전기 집진장치에 있어서는 (그림 2.10)에 나타내는바와 같이 교류 저압 전원을 직류 고압 전원으로 변환한 직류 고압 전원이 필요하다. 집진에 쓰여지는 전원에는 통상의 것과 상당히 다른 조건이 요구된다. 예를 들면, 부하가 비선형이고 저항과 커패시터를 갖는 병렬회로일 것, 더스트 농도에 따라 전압-전류특성이 다를 것, 불꽃방전이 끊임없이 발생할 것도 고려에 넣어야만 하는 것 등이다.

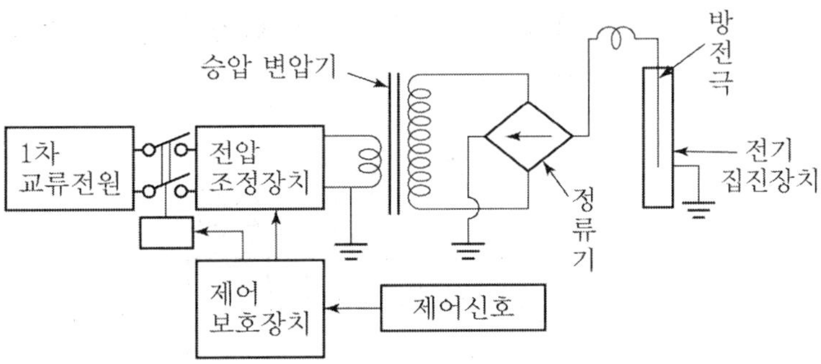

그림 2.10 전기 집진장치용 전원의 기본구성

2장 연습문제

1 전기집진의 동작원리를 기술하시오.

2 전기집진 장치에서 역전리현상을 기술하시오.

3 연무체를 정의하고 발생상황이나 형상에 따라 분류하시오.

4 (그림 2.11)과 같은 다단식 구조의 경우 각 단마다 전원을 별개로 설치하는 쪽이 유리한 것은 무슨 이유일까?

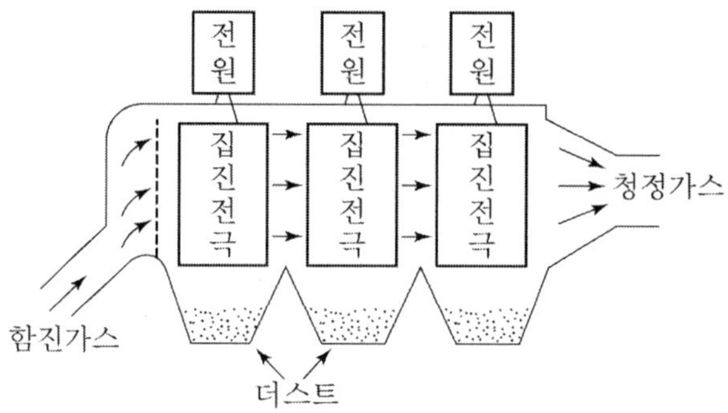

그림 2.10 전기집진의 다단구조

5 방전극의 기능을 서술하시오.

제 3 장 정전프로세스 기술

정전프로세스란 ①대전한 물체의 성질이 변하는 것을 이용해서 화상을 형성하는 기술과 ② 정전기로 대전한 물체를 전계의 힘으로 필요한 방향으로 이동시키고 부착이나 분리 등의 일을 시키는 기술의 총칭이다.

여기서는 ①의 대전을 이용한 정전화상 형성기술(전자사진, 복사기, 프린터) 및 정전기록 전달기술(평면디스프레이, 음향변환기)과 ②의 정전기를 사용해서 물체를 부착시키거나 분리하는 기술 (정전도장, 정전선별, 정전분급, 정전식모 및 정전여과)로 나누어 몇가지 예를 들어 소개한다.

3.1 정전화상

현대 과학기술의 꽃인 정보통신기술의 대부분은 정전기에 의해 지탱되고 있다고 하면 놀라는 사람이 많을지도 모른다. 정보통신기술 중에서 정보를 수송하고 전달한다든지 에너지를 고급하는 것은 동전기인 전류의 역할이지만 문자나 화상 형성, 기억, 표시 등의 직접적인 역할은 모두 정전기의 작용에 의지하고 있다.

1 전자사진

정전기를 응용한 위대한 발명품인 전자 사진은, 사무용 복사기 분야에서는 없어서는 안될 필수품으로 되었고 대단히 넓은 범위로 보급되어 종래의 인쇄분야까지도 이용됨과 더불어 새로운 **인쇄기술**을 만들어 가고 있다. 액체 잉크의 미소입자를 대전시켜서 사출하고 패턴을 그리는 **잉크젯 프린터**는 무음, 고속 프린터로서 컴퓨터 출력용으로 널리 보급되게 되었다. 액정과 정전계의 조합은 계산기, 시계 등의 표시장치로서 활약하고 있다.

정전기를 이용한 정전 사진을 생각하기 시작한 것은 19세기부터였는데 현대적인 정전 복사 실험에 성공한 것은 1936년경 미국의 칼슨이 처음이었다. 현재 널리 쓰여지고 있는 전자 사진(정전복사, 제로그래피(Xerography) 라고도 불린다)의 원리는 Carlson의 발명에 의한 것으로 **칼슨법**이라고도 불리우고 있다. 그 외에도 많은 방식이 있지만 시판되고 있는 전자 사진 방식의 복사기는 거의 칼슨법에 의한 것이므로 그 원리에 대해 설명한다. (그림 3.1(a))

칼슨은 아연판에 유황을 바르고 마찰 대전한 후에 영상광(暎像光)을 쪼여서 표면의 전하량을 변화시킨 것에 도전성 카본블랙 가루를 뿌려서 화상을 얻을 수 있었다. 이 원리를 실용화하여, 1950년에 '**스탠다드 제록스**'라고 이름붙인 세계 최초의 정전 복사기를 할로이드사에서 만들어냈다. 이 복사기에 쓰여진 기술을 '칼슨법'이라고 하며 지금도 복사기의 주류를 이루고 있다. 그 주요 구조는 다음과 같다.

우선 도체기판(통상은 드럼형) 위에 셀레늄이나 산화아연 등의 절연성 감광체를 균일하게 도포한다. 다음으로 가는 금속선(세선)에 수천볼트의 고전압을 인가하여 코로나 방전을 일으켜서 발생한 이온을 전계방향으로 이동시켜 감광체의 표면에 부착시켜 균일하게 대전시킨다. 대전한 감광체에 화상을 통해서 빛을 쬐면 상상로광(像狀露光) 빛의 명암에 따라 감광체 표면의 전도도가 변화한다. 따라서 감광체 표면에는 노광한 화상과 같은 대전 패턴을 얻을 수 있다. 이것을 '**정전 잠상**'이라고 한다.

이렇게 형성된 정전 잠상을 눈에 보이도록 현상하려면 부(−)로 대전한 흑색 미분말(토너)을 화상위에 산포하면 잠상이 있는 부분만이 정전기력으로 부착하여 정전 잠상과 같은 화상이 나타난다. 이 화상을 토너와 반대의 극성으로 대전한 종이에 접촉시키면 정전기력에 의해 토너가 종이로 옮겨간다. 이것이 **전사**이다. 전사된 토너는 약한 전기력에 의해 종이에 붙어 있을 뿐이므로 토너를 가열, 융해해서 종이를 정착시킨다. 감광체에 남아 있는 토너를 브러쉬로 클리닝하면 감광체는 연속 사용할 수 있다. 이렇게 정전복사기는 대전, 노광, 현상, 전사, 정착, 청소의 공정을 연속해서 이루어내고 있다.

이러한 과정으로 복사되는 전자 사진의 원리와 구조를 (그림 3.1(a)(b))에 나타낸다.

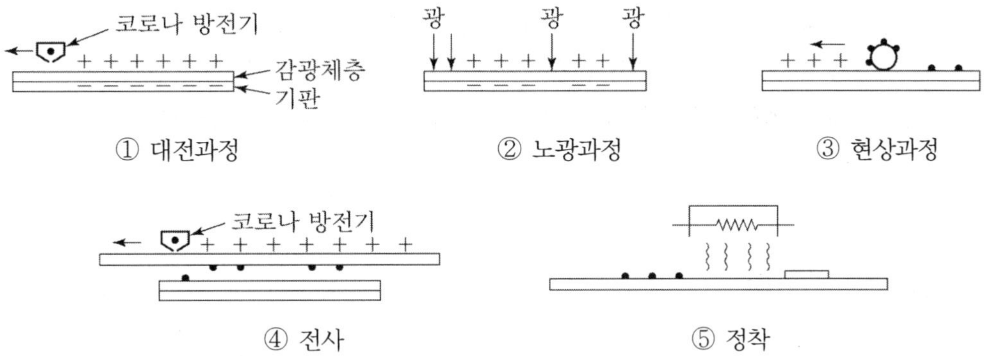

(a) 전자사진의 원리

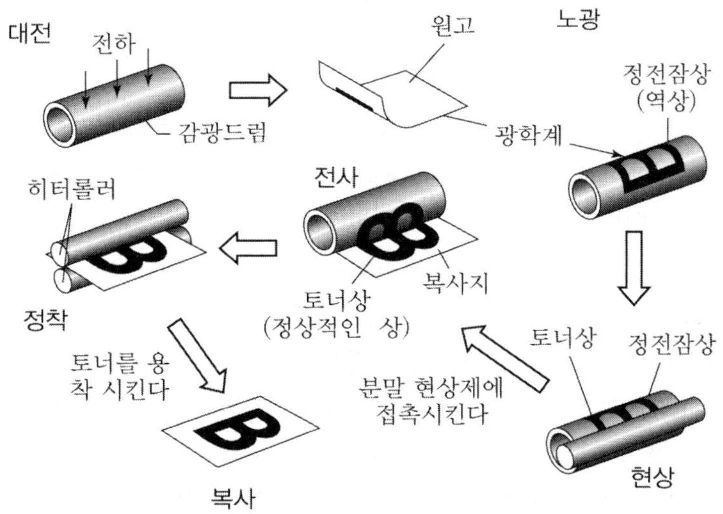

(a) 정전복사기의 구조(칼슨법)

그림 3.1

스탠다드 제록스가 발명되었을 무렵의 복사 속도는 복사한 장당 약 3분 정도 걸렸었는데, 그 후에 끊임없는 개량의 반복으로 고속화되어 현재는 복사 한 장당 1초 이하가 되어 한 시간당 수천 장의 복사가 가능한 고속 복사기도 실용화되었다.

칼슨법과 다른 구조의 정전 복사는 미국의 RCA사가 개발한 **일랙트로 팩스**이며 전사가 필요없는 직접 방식이다. 이 방식에서 감광체는 복사지 자체이며 여기에 토너상을 직접 정착시킨다. 전사와 청소 과정이 생략되기 때문에 장치가 간단하여 소형 간이 복사기에 안성맞춤이다.

초기의 정전 복사기는 흑백 복사밖에 할 수 없었지만 그 후 삼색 분해 노광에 의한 칼라 화상의 복사도 가능해져서 현재는 독자 여러분도 알고 있는 것처럼 여러 가지 방식에 의한 **칼라 복사기**를 사용하고 있다. 이러한 정전복사의 기술은 '**정전인쇄**'라고 하는 인쇄 방식에도 응용되어 고속의 정밀한 인쇄가 가능해졌다.

2 잉크젯 프린터

퍼스널 컴퓨터와 워드프로세서가 일반 가정에 보급된 것을 계기로 이들 기계를 통해 처리한 문자나 화상 데이터를 출력하는 프린터 역시 생활필수품 중의 하나가 되었다. 빠른 속도로 가정에까지 보급된 프린터에도 정전기가 크게 활약을 하고 있다. 프린터의 화상 형식법은 크게 나누어 앞에서 서술한 정전 잠상을 쓰는 방식과 쓰지 않는 방식이 있다.

근래 보급형 프린터로 인기를 차지하고 있는 것은 정전잠상을 사용하지 않는 **잉크젯 프린터**이다. 이 방식도 정전기력을 응용한 것으로 여러 가지 유형이 있으며, 원리는 대략 다음과 같다.

우선 탱크안의 잉크에 압력을 걸어서 작은 노즐로 분출시키는 동시에 초음파 진동을 가해서 미립자로 만든다. 노즐의 가까운 전극에 인쇄 신호를 주고 그 신호에 기초해서 잉크 미립자에 대전시킨다. 대전한 미립자를 다시 편향 전극을 통과시켜서 전기장의 힘으로 대전한 미립자를 상하 좌우로 움직여서 용지의 소정의 위치에 충돌시킨다. 한 번 충돌로 1화소, 1도트가 기록된다. 기록하는 데에 불필요한, 대전하지 않은 잉크의 미립자는 회수판에 모아서 잉크 탱크로 돌려보내서 재사용한다.

잉크젯 프린터는 소음이 작고 고속 인쇄가 가능하다는 장점 외에도 잉크를 용지에 직접 뿌리는 방식이므로 사용하는 용지에 구애를 받지 않는다는 점에서 널리 쓰여지고 있다. 여러 가지 유형별 잉크젯 프린터의 개요를 보면 다음과 같다.

(1) 대전량 제어형

(그림 3.2)에 그 원리를 나타낸다. 잉크에 2~3[kg/cm^2]의 압력을 가해 수 10[μm]정도의 노즐로부터 고속으로 잉크를 분출시키면서 노즐을 기계적으로 진동시키면, 잉크젯은 진동 주파수에 동기해서 잉크를 입자화한다. 이 비행입자에 대전전극을 통해 전압을 인가하면 유도대전에 의해 인가전압에 비례한 전하를 입자에 줄 수 있다. 대전한 입자는 편향전극간을 통과할 때 편향전계와 전하량에 비례한 상향의 힘을 받아, 용지에 도달할 때는 대전 전압에 비례한 위치에 도달한다. 세로방향의 편향은 정전적으로

행하게 해 용지를 기계적으로 횡 방향으로 운동시키므로 인해, (그림 3.3)에 나타내는 것과 같은 도트 매트릭스 문자를 쓰게 할 수 있다.

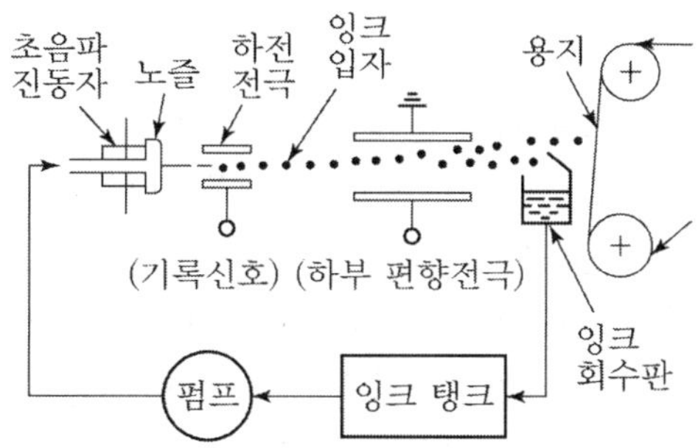

그림 3.2 하전량 제어형의 인자원리

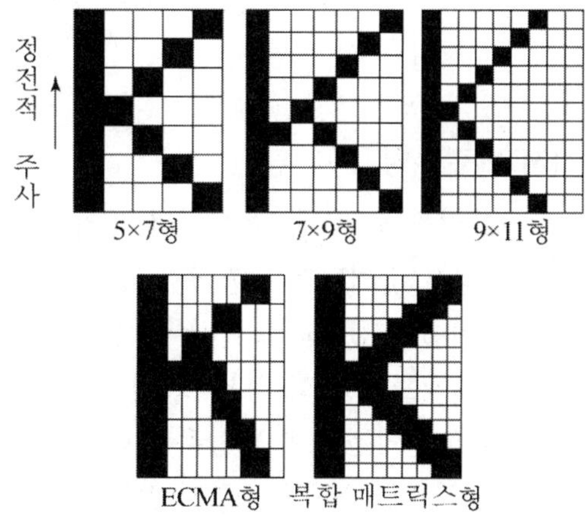

그림 3.3 도트 매트릭스 인자방법

(2) 전계 제어형

전계 제어형은 (그림 3.4)에 나타내듯이 입자의 형성은 정전인력을 이용하고 있다. 노즐과 개폐 전극간에 가한 전계를 의해 노즐 앞면에 스며나온 잉크는 미립화하고 개폐 전극의 구멍을 통해서 지면을 향한다. 입자는 거의 전압에 의존한 주기로 거의 동일 전하로 대전하고 있다. 이 입자의 처음속도는 작기 때문에 개폐 전극과 용지간에도 전

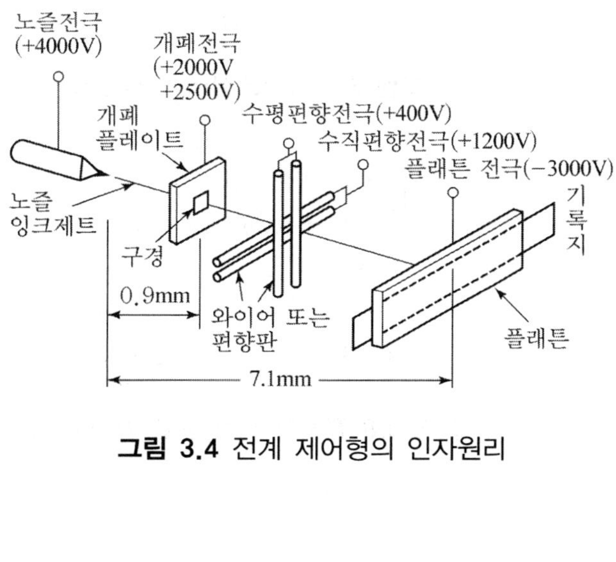

그림 3.4 전계 제어형의 인자원리

계를 걸어 가속한다. 입자의 대전량이 일정하기 때문에 편향시키기 위해서는 편향 전극에의 인가전압을 변화시켜야만 한다. 입자 간격이 크기(주파수가 낮다) 때문에 이것이 가능하게 되며, 동시에 수직・수평 양방향의 편향이 가능하다. 또한 인쇄하지 않을 때에는 개폐 전극 전압을 조금 낮춰 놓음으로써 입자는 발생하지 않고 대기 상태로 된다.

(3) 헤르츠형

(그림 3.5)는 헤르츠형이라 불리우는 방식의 원리로 이것은 대전량 제어식과 같이 노즐로부터 제트를 분출시켜 입자화한다. 그림의 가는 노즐로부터 고속으로 제트를 분출시키면서 전극과 노즐간에 전압을 인가하여 전압을 제어하면 (그림 3.6)에 나타내듯이 분출각도가 변화한다. (그림 3.5)에 나타내듯이 출구의 구멍 직경은 일정하므로 용지에 도달되는 잉크의 양은 분출각도에 의존한다. 즉 저전압 일수록 용지상에 짙은 선이 그어진다. 출구를 통하지 않는 잉크는 다공질 전극에 흡수된다. 이 방식의 이점은 제어전극의 전압을 조절함으로써 농담(濃淡)을 용이하게 할 수 있는 것이다. 또한 이에 따른 계조(階調)기록이 가능하므로 그림의 인쇄에 적합하다.

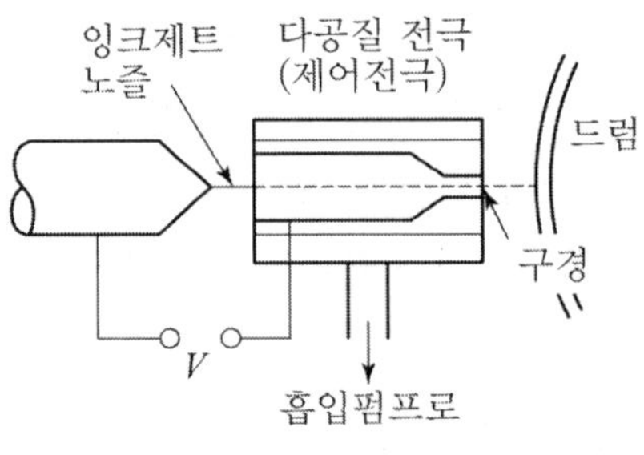

그림 3.5 헤르츠형의 인자원리

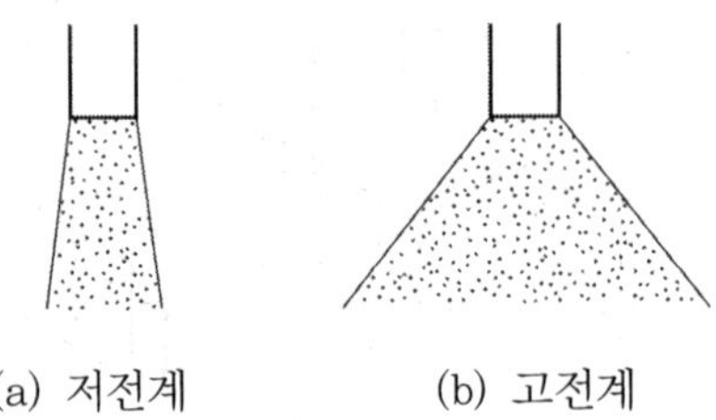

그림 3.6 전계에 의한 분출각도의 변화

3 레이저 프린터와 정전기록 프린터

잉크젯 프린트의 원리와 달리 정전잠상을 사용하는 대표적인 프린터가 **레이저 프린터**이다. 이것은 광전도체 필름을 회전 드럼에 감아서 일정 속도로 회전시키면서 입력 데이터에 헬륨, 네온 레이저 등으로 이동 조사(노광주사)해서 정전 잠상을 형성하는 것이다. 정전 잠상을 종이에 전사해서 정착하는 것은 정전 복사의 칼슨법과 같다.
레이저 프린터의 인쇄 속도는 매분 10000줄 정도, 분해능은 1mm당 10개 이상을 실현할 수 있어 매우 고속인 동시에 고분해능을 가지지만, 레이저 장치 외에 높은 감도와 내구성을 갖는 광전도체가 필요하므로 가격은 높아질 수밖에 없다.
이에 대해서 정전식 논 임팩트 프린터라고 하는 것은 정전 기록지와 접촉한 핀 전극의 방전에 의해 정전 잠상을 형성하는 방식으로, 레이저 프린터와 같은 정도의 인쇄 속도와 분해능을 갖고 있음은 물론이고 장치가 간단하여 소형화시킬 수 있다. 단지 보통 복사 용지보다 비싼 기록지를 써야 하므로 사용 비용이 높아진다.
이에 대한 대책으로 정전 잠상 형성에는 핀 방전을 사용하고, 그 후 과정은 레이저 프린터와 마찬가지로 전사형정전 기록법도 개발되고 있다. 어떤 방식이 주류로 정착할지 여부는 비용을 어느정도까지 낮추느냐가 관건이라 여겨진다.

4 정전인쇄

복사기에 의한 복사는 매수가 적을 경우는 시간이 적게 들고, 조작이 간편하지만 동일 원고를 다량 복사할 경우에는 매수 당 시간, 비용이 많이 들고 화상품질도 떨어진다. 그러나 제판 인쇄에서는 화상품질이 좋고, 사용 용지의 범위가 넓으며 다량 인쇄의 경우 매수 당 인쇄속도도 빠르고 비용이 적게 든다. 단지 제판기, 인쇄기 양자가 필요하다. 정전기를 이용해서 이 제판을 용이하게 형성시키는 것과 원화(原畵)로부터 판을 만들지 않고 직접 인쇄하는 것이 있다.

(1) 정전제판

통상의 인쇄방식은 크게 나누어 凸판, 凹판, 평판, 공(孔)판으로 되지만, 많은 이점을 갖는 평판이 널리 쓰여지고 있다. 평판에 응용한 예를 한 가지 들어보면 (그림 3.7)에 부식 정전 사진 제판의 프로세스를 나타내고 있다. 구성은 (a)에 나타내고 있지만, 정전 감광층으로서는 산화아연과 규소수지와의 혼합, Hot 레지스트는 아교, 중크롬산 암모늄, 건조알부민의 혼합층이 쓰여진다. 우선 정전 사진법에 의해 분말화상을 만든다.

수은등을 쪼이면 분상(粉像)이 없는 구역을 경화한다. 분상을 제거하고 톨루엔으로 감광층을 떨어내고, 온수에 의해 미경화부를 떼어낸 다음 금속을 부식시킨다.
평판에 있어서는 화선부는 잉크가 부착하기 쉽도록 친유성으로, 비 화선부는 잉크가 부착하지 않도록 하기 위해 물이 부착하기 쉬운 친수성이 되도록 판을 만들어야 한다.
정전 제판에 의한 현상 방식에는 (그림 3.8)에서 나타내듯이 건식과 습식의 2가지가 있다. 건식에서는 열 용융성 착색 미분말과 철분과의 혼합인 2성분계, 열 또는 압력정착을 행하는 자성재료가 들어있는 미분말을 쓰는 1성분계가 사용되고, 습식에서는 도너를 절연액에 분산시킨 것으로 침지 또는 제트 스프레이로 현상된다. 현상 정착후의 마스터는 친유성이기 때문에 비 화선부의 친수화가 필요하다. 불감지화(不感脂化) 처리액으로 표면을 적시면 화학반응이 일어나, 도너의 화선부는 그대로 이지만 비 화선부는 친수성이 된다. 제판기는 판 사이즈, 촬영배율의 범위, 자동화의 정도, 건·습식의 차에 의해 구조와 가격이 달라진다. 최근에는 자동 초점, 자동 급지, 농도 조정 등 대폭적인 성력(省力)화 기능이 채용되고 있다.

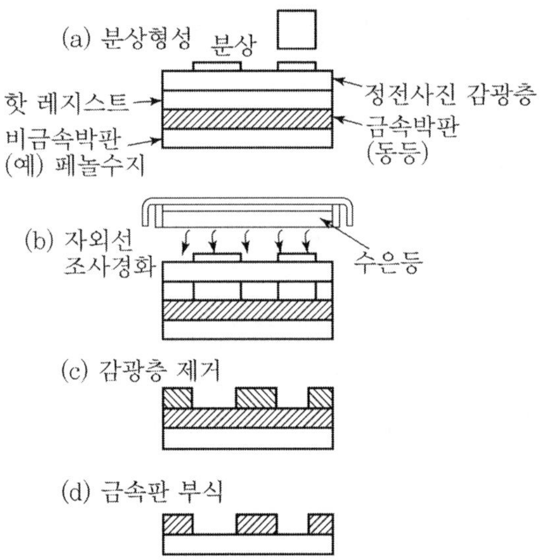

그림 3.7 부식 정전사진 제판

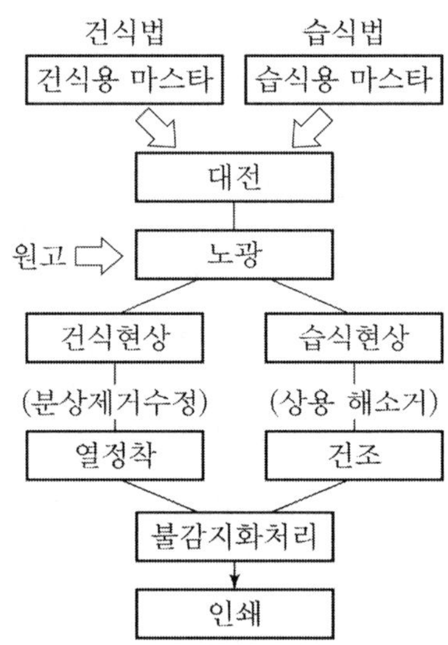

그림 3.8 정전제판 프로세스

(2) 정전인쇄

전자 인쇄라고도 불리우는 이 기술은 종래의 압력 인쇄와 달리 정전기력을 이용하여 인쇄하는 방법으로서 갖가지 방식이 있지만, 다른 인쇄방식과 마찬가지로 평(凸)판, 凹판, 공판으로 분류된다. 우선 평판의 경우 실험 단계에까지 이르렀으나 화질이 불충분했기 때문에 실용화에 이르지 못했다.

(그림 3.9) 凹판형 인쇄 중 분체를 쓰는 예로 분말 잉크를 凹판에 충전한 후 코로나 방전으로 분말에 전하를 준 다음 인쇄용지의 배면에 역극성 코로나 방전을 시킴으로써 凹판 내의 분말 잉크가 정전기력에 의해 인쇄지면에 부착한다. 최후에는 열 융착시켜서 완성하지만, 이 방식은 직접 압력을 가하지 않고도 인쇄 가능한 것과 지면에 다소 凹凸이 있어도 인쇄가 가능하다는 이점을 갖고 있다.

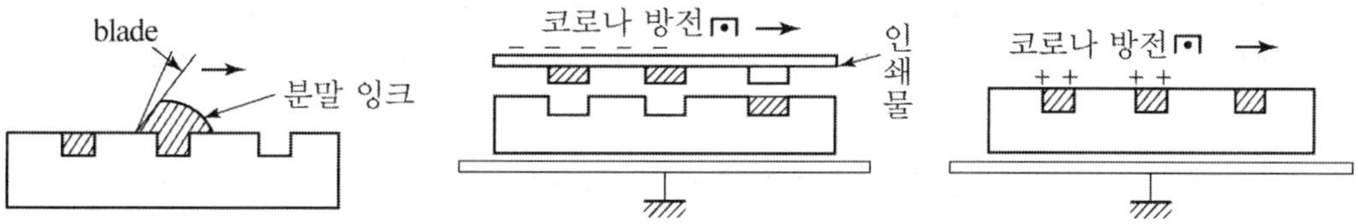

그림 3.9 凹판형 정전 인쇄의 원리

정전기를 이용한 공판형 인쇄는 정전스크린 인쇄라고도 불리워지며, 그 원리를 (그림 3.10) 나타낸다. 금속제 망사와 일체로 된 스크린은 화상부분만 개구부를 갖고 있다. 망사상의 분말 잉크는 망사 통과 시 대전한 후, 망사와 인쇄 용지 간에 인가한 1~3[kV]의 전압에 의하여 지면에 끌려 인쇄하게 된다.

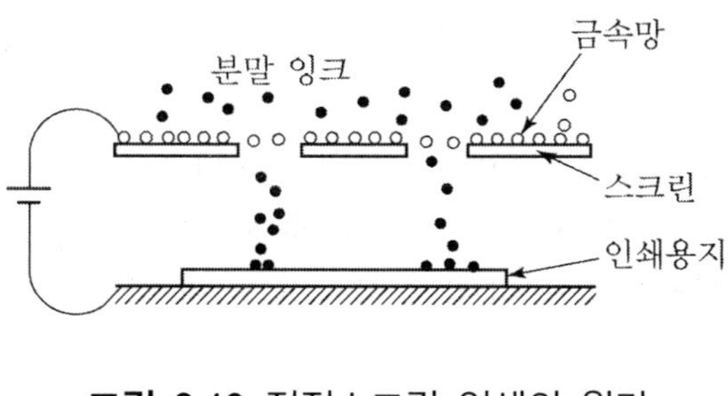

그림 3.10 정전스크린 인쇄의 원리

3.2 정전기록 · 표시 및 전달

문자나 음성, 화상 데이터를 기록하고 나아가 그것을 눈으로 볼 수 있도록 표시 (디스플레이) 한다든지 소리로 들을 수 있도록 전달하는 것은 정보통신기술 중에서도 가장 중요한 부분인데, 이 과정에는 모두 정전기가 이용되고 있다.

정전기를 이용해서 데이터를 기록 유지하는 방법은 기본적으로는 전하의 축적이나 이동을 이용한다. 앞에서 기술한바 같이 정전 잠상에 의해 플라스틱 층을 변행해서 기록하는 것에서부터 반도체 트랜지스터 내의 전하 이동량에 의해 디지털적으로 기록하는 것까지 종류가 여러 가지 있다.

'정전 디스플레이'라고 불리는 문자나 화상의 표시를 하더라도, 정전기의 흡인력으로 셔터의 개폐를 행하는 것에서부터 전계에 의한 물질의 성질 변화를 이용하는 것까지 여러 가지다. 또 음성을 전달하는 데는 마이크로폰 등에서 정전기를 응용하는 것이 일반적이다.

이러한 장치를 모두 열거할 수는 없으므로 여기서는 정전기를 사용한 평판 디스플레이와 콘덴서마이크를 예로 들어서 소개한다.

1 평판 디스플레이

최근 퍼스널 컴퓨터나 워드프로세서 뿐만이 아니라 TV에도 액정 표시 장치(LCD)를 사용하는 일이 많아지고 있으며, 액정은 조그만 계산기나 손목시계에 이미 폭 넓게 쓰여지고 있다.

액정에 전계를 가하면 액정의 분자 배열이 변하므로 전계의 강약으로 입사한 빛을 편향시키거나 산란시킬 수가 있다. 이 성질을 이용해서 문자나 화상을 표시하는 것이 **LCD의 원리**이다.

액정의 원리와는 다르지만 어떤 종류의 물질에 정전기로 전계를 가하면 화학 구조의 변화가 일어나서 색이 변하거나 착색한 물질을 석출할 수가 있다. 이러한 물질이 나타내는 현상을 '**일렉트로크로미즘**(EC)'이라고 하며 액정과 마찬가지로 표시장치로 응용할 수가 있다.

LCD와 EC는 플라스마 디스플레이(PDP)와 함께 '**플렛(flat) 패널 디스플레이(평판 디스플레이)**'라고도 불리워지고 있다.

플렛 패널 디스플레이는 얇은 형이며 구조가 간단하기 때문에 퍼스널 컴퓨터나 워드프로세서 외에 지금까지 브라운관에서 사용한 표시 장치로는 불가능했던 벽걸이 TV나 초대형 표시 장치를 만들고 있다.

2 음향 변환기

정전기력을 이용한 음향변환기로서는 마이크로폰, 스피커, 헤드폰, 카트리지 등 많은 종류가 있다.
마이크로폰은 음파를 전기 신호로 바꾸는 장치이지만, 그 전기 신호를 앰프로 증폭한 후 다시 음파로 바꾸는 장치는 스피커이며 원리적으로는 마이크와 스피커가 마치 표리 관계에 있다고 볼 수 있다.
마이크로폰은 음파를 얇은 진동막으로 받아서 그 진동을 전기 신호로 변환하는데, 지금까지의 전도 코일을 사용한 방식의 마이크로폰은 진동막에 붙어 있는 코일에 약간의 마찰이나 관성에 의해, 높은 주파수에서는 음파에 대한 응답이 매끄럽게 이루어지지 못하여 음질이 자연스럽지 못한 것이 단점이었다.
진동막은 가능한 한 가볍고 얇을수록 좋다. 그래서 등장한 것이 정전기를 응용한 **가변 용량 콘덴서 방식(콘덴서 마이크)**이다.
콘덴서 마이크는 얇은 금속판을 한쪽 전극으로 하고 또 다른 한쪽의 전극(상대 전극과 수분의 1[mm]의 간격을 두고 팽팽하게 당긴 티탄 또는 듀랄루민의 아주 얇은 진동막)으로 콘덴서(축전기)를 구성한다.
전극과 진동막 사이에 전류가 흐르지 않도록 1[GΩ] 이상의 높은 저항을 통해서 200[V] 정도의 일정한 전압을 가하면 그 전압에 의해 콘덴서 내에는 그 정전용량에 따라서 일정 양의 전하가 축전된다.
진동막이 음파에 의해 진동하면 그 진동에 따라 정전용량이 변화하고 그것에 수반하여 전하량이 증감하고 전극 간에 교류 전압이 발생된다. 이 전압 신호를 증폭해서 스피커를 통하게 하면 소리가 되어 들을 수가 있게 된다. 콘덴서 마이크의 구조를 (그림 3.11)에 나타낸다.

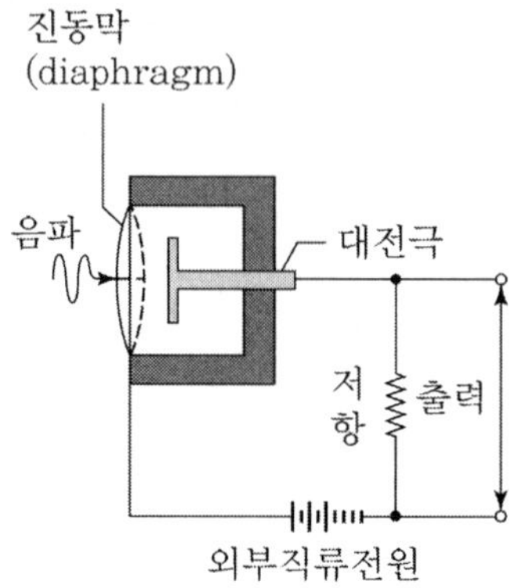

그림 3.11 콘덴서 마이크의 구조

콘덴서 방식은 코일과 같은 질량을 갖는 부분이 없어서 음파에 대한 응답이 매끄럽고 음질이 원음과 흡사하다는 특성이 있다. 콘덴서 마이크는 소형으로 만들 수 있으며 음질이 좋아서 음악용 마이크로 일반적으로 널리 사용되고 있다. 콘덴서형 스피커의 기본적 구조를 (그림 3.12)에 나타내고 정전기력으로 나타내면
가동편 상의 전하를 q

$$q = C_v = \frac{\varepsilon A v}{x} \qquad \cdots\cdots (3.1)$$

이 가동전극에 작용하는 정전기력을 f_e라 하면

$$\begin{aligned} f_e &= \frac{\partial}{\partial x}\left[\frac{1}{2}Cv^2\right] = \frac{\partial}{\partial x}\left[\frac{1}{2}\frac{\varepsilon A}{x}v^2\right] \\ &= -\frac{1}{2}\frac{\varepsilon A v^2}{x^2} \end{aligned} \qquad \cdots\cdots (3.2)$$

로 거리 x가 감소하는 방향으로 작용한다. 여기서 힘은 전압 v에 비례하지 않고 v의 자승에 비례하고 있는 것이다. 그 때문에 직류 바이어스 전압 V_0를 가해

$$v = V_0 + v_s(t) \text{ 단, } |V_0| \gg |v_s| \qquad \cdots\cdots (3.3)$$

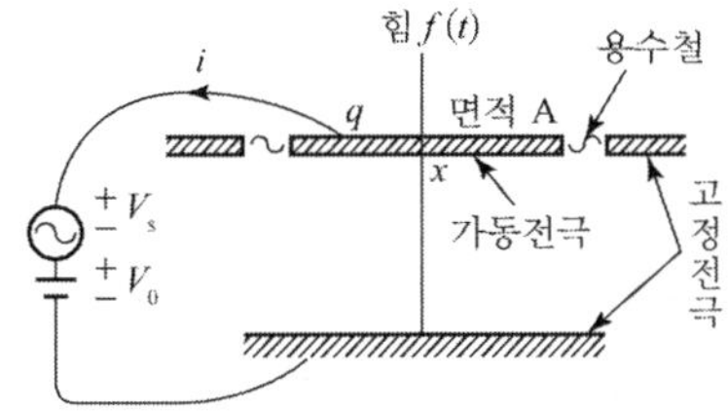

그림 3.12 정전형 스피커

로 하므로, 근사적으로 선형화하는 것이 가능하게 된다. 간단하게 말하면 신호 v_s의 주파수와 같은 주파수의 힘이 가동 전극에 가해져 진동하고, 그곳에서 음파를 발생할 수가 있다. 이 형식의 스피커는 높은 주파수 영역에서의 주파수 특성이 뛰어나지만 바이어스 전원을 쓰는 것이 결점이다.

박막 고분자 필름을 **일렉트렛화**하면 이들은 진동체로 하여 마이크로폰 등 음향소자에 응용할 수 있다. 일렉트렛 소자는 정전형 소자에서 요구되는 직류전압 전원을 설치할 필요가 없고 경량이기 때문에 최저 공진주파수도 높고 주파수 특성이 좋다. 또한 같은 기본원리를 기초로 해서 전기신호를 음향신호로 변환하는 일렉트렛 헤드폰, 카트리지 등도 개발되고 있다.

마이크로폰은 (그림 3.12)의 v_s 대신에 저항을 연결하여 제작된다. 외부로부터의 음파는 가동편을 진동시키면 전하의 시간변화 즉 전류가 되며 저항 양단의 변위에 비례한 전압신호로 되어 나타난다. 이 경우 바이어스 전원 대신에 일렉트렛을 이용하면 **일렉트렛 마이크로폰**이 된다.

3.3 정전도장 및 정전분체도장

정전기의 힘을 이용해서 도료를 피도물의 표면에 부착시키는 기술이며, 일반적으로 액체 도료를 쓰는 것을 **정전도장**, 분체 도료를 쓰는 것을 **정전분체도장**이라 부르고 있다. 정전도장기를 사용하면 종래의 스프레이건에 비해서 얼룩도 적고 치밀하게 칠할 수 있을 뿐만 아니라 도장물의 형태에 따라서는 95% 이상의 효율로 손실 없이 도료를 칠할 수가 있다.

이 때문에 자동차나 가전제품, 철도 차량, 선박으로부터 가정용 잡화까지 도장을 필요로 하는 대부분의 생산 현장에서는 정전도장이 필요 불가결하다. 한편 **정전분체도장의 이점**은 액체 도료를 사용하지 않고 분말 도료를 그대로 사용할 수 있다는 것이다. 도료를 녹이는 용제는 보통 VOC라고 하는 휘발성 유기용제를 사용하고 있는데 이것은 대기 오염원의 하나로 인체에 유해하다. 분말인 도료로 정전도장을 하면 이러한 문제를 사전에 막을 수가 있다.

1 정전도장의 원리

(그림 3.13)에 그 기본원리를 나타낸다. 그림에서는 혼합유체(액체와 기체의 혼합) 노즐을 쓴 예를 나타내고 있다. 통상의 혼합유체 노즐에 의한 도장에서는 액체를 공기류에 의해 미립화하고, 대상으로 하는 피도장체에 분사해 도장하지만, 정전도장에서는 스프레이건의 노즐선단에 부의 고전압(50~90[kV])을 인가하고 피도장체를 접지 시켜두면, 이 둘 사이에는 강한전계가 형성된다.
그래서 침상형 노즐의 선단으로부터 전자가 방출되어 침의 선단부로의 공기를 이온화한다. 노즐로부터 뿜어져 나온 도료의 미립자는 이들 (−)이온과 결합해서 전하를 받아 대전되며, 도료를 토출시킨다. 즉 스프레이건과 칠해야 할 표면(피도장체) 간에 강한 전계가 존재하고 있으므로, 대전입자는 전기력선에 따른 운동을 하고 피도장체의 이면에까지 돌아들어가 효율 좋게 표면에 흡착된다. 이것을 가열해서 도료에 포함되어 있는 용제를 날려 보내고 얼룩 없이 균일하게 도장할 수 있다.

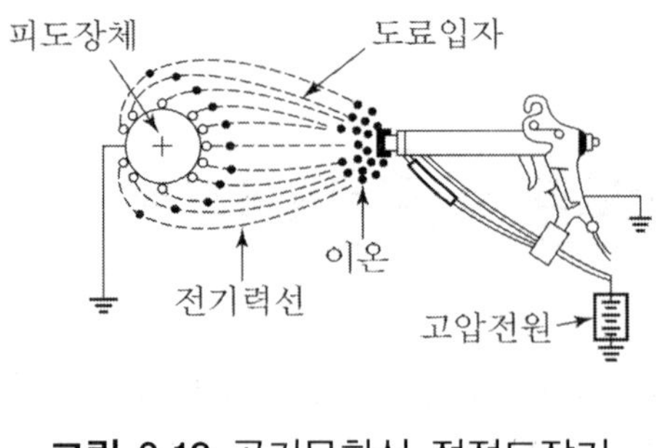

그림 3.13 공기무화식 정전도장기

① **정전 도장법의 종류와 특징**

현재 사용되고 있는 도장법으로서는 혼합유체 노즐 외에 도료를 고압공기(약 70~150[kg/cm^2])로 밀어내는 Airless 방식, 물리적 방식(컵이나 원판을 고속 회전시켜 그 원심력을 이용해서 원판의 단면으로부터 방출하는 등)이 있다. 위 두 방식에서는 미립화는 공기의 힘을 이용하고 미립화 후 스프레이건에 붙여진 침상 코로나 방전 전극으로부터 방출하는 이온에 의해 미립자를 대전시키는 것이다. 컵 혹은 원판에 의한 미립화에서는 컵 선단에서 막상(膜狀)의 도료 액체에 정전기력이 작용하기 때문에 기계력과 동시에 정전기력도 미립화에 기여하고 있다.

② **정전도장 방법**

도료란 도막 형성요소와 안료를 용제로 묽게 한 것이지만 정전도장을 행할 경우 도료의 물성이 도장에 중요한 영향을 미친다. 특히 정전 무화현상을 이용한 컵 및 원판형 정전도장에서는 이 영향이 크고 실험적으로 0.2~0.8×10^6[Ω · m]정도의 저항율을 갖는 것이 미립화, 도착 효율의 면에서 좋은 것으로 알려져 있다.

도료의 토출량은 목적으로 하는 도막두께, 처리면적, 도료중의 고형(固形) 분량 등의 요인에 따라 정해지지만, 스프레이건의 성질에 따라서도 달라, 대체로 50~500 [g/min]의 범위에서 행해지고 있다. 토출량은 컵형, 혼합유체형, airless형의 순으로 크다.

정전기에 의한 입자운동을 효과적으로 행하게 하기 위해서는 노즐로부터 분출시의 기계적 속도의 영향이 거의 없어지는 거리 이상으로 할 필요가 없으며 20~50[cm]정도가 좋은 결과를 제공한다. 이때의 인가전압으로서는 30~90[kV]정도가 쓰여진다.

2 정전 분체도장의 원리

분체도료의 대전은 코로나 방전에 의한 이온층의 통과, 분체상호 및 분체와 호퍼 등에 의한 마찰대전이 주체이지만 현재의 분체대전은 거의가 코로나 방전에 의한 것이다. 현실적으로는 대전과정과 완화과정이 병행해서 일어나고 있다. 시각 t에 있어서의 대전량 $Q_s(t)$는 다음 식으로 나타낸다.

$$Q_s(t) = \beta_r(1 - e^{t/\tau}) \qquad \cdots\cdots (3.4)$$

여기서 β:대전도, τ:시정수

대전분체는 접지된 소재로 향하지만, 여기에 작용하는 주된 힘은 정전기력과 점성력이다. 소재에 부착한 분체층을 연화점 이상으로 가열하면 막이 형성된다.

① 정전 분체도장의 특징

어느 방법이나 이점 및 결점이 있지만 이 방법에서는 용제를 전혀 쓰지 않고 분체만으로 구성되어 있어 환경에 영향을 미치지 않으므로 환경친화적(Ecology)이며, 경제성(Economy)과 관련해서 고능률(high Efficiency)적이고, 건조 공정의 불필요, 도료의 100[%] 이용, 노동력 절감, 가공공간의 축소 등에 효과가 있다. 도막성능의 양호, 불량품의 감소 등은 고성능(Excellency)으로 꼽을 수 있어 이점을 4E라고 부르기도 한다.

한편 결점으로서는 색체교환이 어렵고, 도막면의 평활성 결여 등을 들 수 있다.

3 정전 산포

정전기를 이용해서 농약을 효과적으로 산포하는 시도도 이루어지고 있다. 이것은 '**정전산포**'라 하는 것으로 원리는 정전 도장과 아주 비슷하다.

농약을 미립자상으로 분출시키는 스프레이건의 끝에 수만 볼트의 (−) 고전압을 가해주면 스프레이건 끝이 수만 볼트의 높은 전압으로 되어 농약을 산포할 경우 뾰족하게 된 가지나 잎 부근에는 강한 전계가 집중하게 되는데 이는 수목이나 농작물이 지면에 뿌리를 내리고 있기 때문이다.

스프레이건에서 분출한 (−)로 대전한 농약 미립자는 이 전계에 흡인되어 효과적으로 가지나 잎에 부착되므로 농약의 사용량을 대폭 줄일 수 있다. 그리고 현재 사용하고 있는 동력 분무기나 헬리콥터에서 공중 산포하면 90%에 가까운 농약이 공기나 지면에 쓸데없이 흩어져 버린다. 뿐만 아니라 지하수를 오염시키는 원인이 되기도 한다. 정전 산포는 경제성과는 별도로 환경 친화적이다. 그런데 정전 산포는 농약의 사용량을 줄일 수는 있지만 수목이나 농작물의 크기가 다양하고 산포하는 농지 면적도 크기 때문에 정전도장처럼 장비가 간단치 않으며 비용이 많이 소요된다.

4 정전제적(electrostatic detearing)

피 도장물체의 끝 부분에 두툼하게 매어 달린 액체도료를 쿨롱력에 의해 떼어내므로 도막을 균일하게 하는 방법이며, 원리적으로는 정전도장법에서의 정전 미립화와 같다.

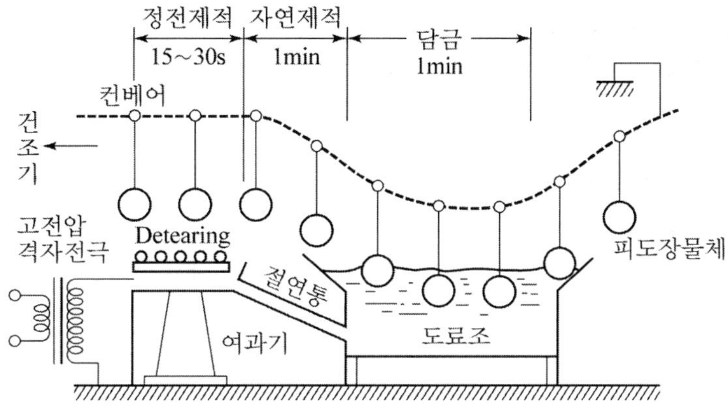

그림 3.14 정전제적법

(그림 3.14)에 교류전계를(electric field) 이용한 정전제적법의 개략을 나타낸다. 피도장물체와 고전압 격자 전극간의 거리를 l, 대향전극 면적을 S, 도장 분위기의 유전율을 ε이라 하면 유동성인 두툼한 도료에 작용하는 정전력은 근사적으로 다음 식으로 나타낼 수 있다.

$$F_s = \frac{1}{2}\varepsilon E \cdot E \cdot \frac{S}{4\pi l^2} = \frac{\varepsilon S E^2}{8\pi l^2} \quad \cdots\cdots (3.5)$$

F_s의 작용에 의해 두툼한 도료가 융기하기 시작하면 거리가 단축되어 끝부분에 국부전계가 높아져 두툼한 부분이 급속히 신장한다. 도료의 표면장력보다도 쿨롱력이 커지면 두툼한 부분이 파열되고 전계에 의해 미립화되어 대향전극에 부착한다. 이 작용력 F_s는 식으로부터 알 수 있듯이 $(E/l)^2$으로 작용하므로 AC나 DC전압을 써도 같은 효과를 얻을 수 있다.

정전제적에 적합한 도료 점도는 대략 4.5~8.5×10^5[m^2/s]이다. 점도가 너무 크면 두툼한 면을 남기며, 너무 작으면 도막이 얇아져 광택이 나빠진다.

3.4 정전선별

정전선별은 **정전분리**라고도 일컬으며 정전기의 힘을 이용해서 물질의 분리, 분급(分級) 또는 정제를 행하는 기술로서 주로 선광에 사용되고 있었지만, 최근에는 녹차라든가 곡물 등 각종의 물질의 선별에도 사용되고 있다.

정전선별은 두 종류 이상의 물질이 혼재하고 있는 경우, 물질의 정전기력 차이를 이용하는 것이지만, 그것은 그 물질이 갖는 대전량의 차이가 바탕이 되어 있다. 대전량의 차이는 물질의 각종 물성을 이용할 수 있다. 예를 들면 마찰대전능력, 초전효과, 유전율 등의 차이를 이용해서도 가능하지만 널리 이용되고 있는 방법은 도전율의 차를 이용하는 방법이다.

여러 가지 물체가 섞여 있는 상태에서 전계 속에 놓아 대전 시키면 물질의 도전율 차이에 따라서 대전하는 양이 달라지며 그 결과 서로 반발력도 달라진다. 이 반발력의 차이를 이용하면 혼합되어 있던 물질을 간단하게 분리 또는 분류할 수 있다.

대표적인 예로는 광석선별에 등에 사용되는 정전유도형 선별기가 있다.

1 정전유도형 선별기

(그림 3.15)은 그 동작원리를 나타내는 그림이다. 금속과 반도체 그리고 절연체 등이 섞여 있는 광석을 미립자로 분쇄해서 호퍼에 저장한다. 호퍼에 저장된 미립자는 급송판(給送板)을 거쳐 드럼 상 회전 접지전극으로 보낸다.

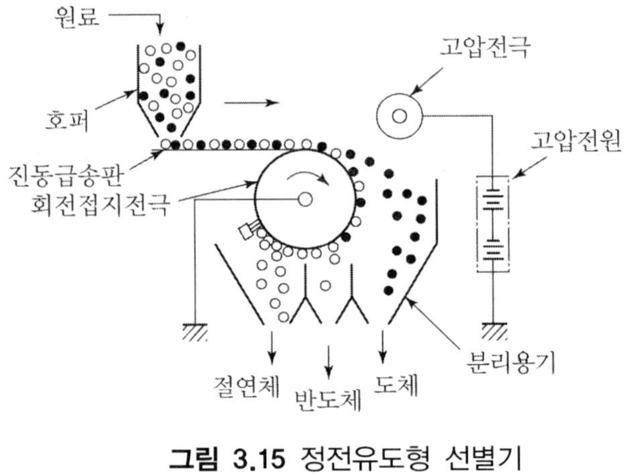

그림 3.15 정전유도형 선별기

미립자가 고압전극의 부근을 통과할 때 도전성 입자는 고압전극과 역부호로 유도대전되지만 절연성 입자는 대전되지 않는다. 즉 대전량은 도전성 물질일수록 많으므로 접지전극과의 반발력 때문에 대전량이 많은 금속이 가장 먼 위치에, 그 다음에 반도체, 접지전극 바로 아래 부분에는 대전량이 가장 적은 절연체가 낙하한다. 이 기술을 정전분리 또는 '**정전 선광**'이라고도 한다.

2 코로나 방전형 정전선별기

구조는 정전 유도형과 거의 같지만, 고압유도전극 대신에 코로나 방전전극이 쓰여지고 있는 점이 다르다. (그림 3.16)는 원리도이다. 그러나 구조는 비슷해도 동작원리는 다르며 코로나 방전전극에 의해 발생한 단극성 이온은 드럼 전극성의 입자에 뿌려지지만 입자의 전하는 도전성입자의 경우 곧바로 드럼으로 달아나 대전하지 않지만 절연성 입자는 그 전하를 장시간 유지하고 있다. 도전성 입자는 유지력이 없기 때문에 중력의 작용으로 곧바로 낙하하지만 절연성 입자는 쿨롱력으로 드럼에 부착하고 있기 때문에 브러시에 의해 쓸려 떨어뜨려진다.

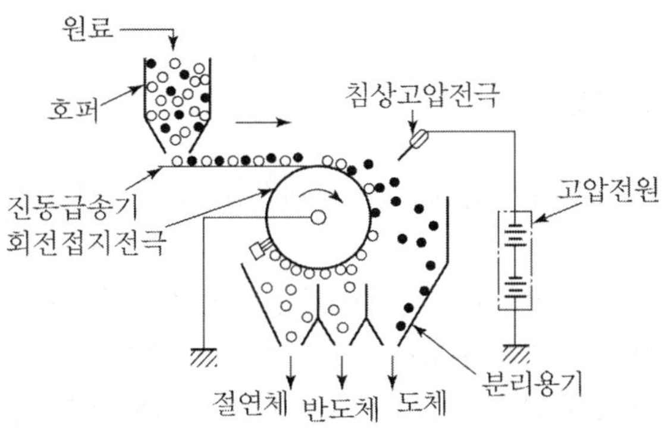

그림 3.16 코로나 방전형 정전선별기

3 복합형 선별기

(그림3.17)에 나타내는 바와 같이 위의 (1)과 (2)의 방법을 갖춘 형태의 선별기이며, 코로나 방전계의 작용과 아울러, 정전계가 코로나 방전계의 조절, 방전 촉진효과 및 비산성 대전유기 효과를 주기 때문에 입자의 비산성이 좋다.

이 경우 절연성 입자는 우선 코로나 방전구역에서 접지원통위로 흡착하게 되고, 다시 다음의 정전계 구역에서도 앞쪽의 뒷부분으로 낙하된다.
이에 반하여 도전성이 큰 입자는 코로나 영역에서도 이미 원통으로부터 반발된다. 중간적인 입자는 정전계 구역에 들어가서 이온의 충돌로 얻은 전하를 원통과의 접촉에 의하여 잃게 되며, 정전계에서 본래의 대전상태에 가깝게 되므로 원통으로부터 반발되기 시작한다. 이 반발된 위치는 입자의 도전성에 지배된다고 볼 수 있다.

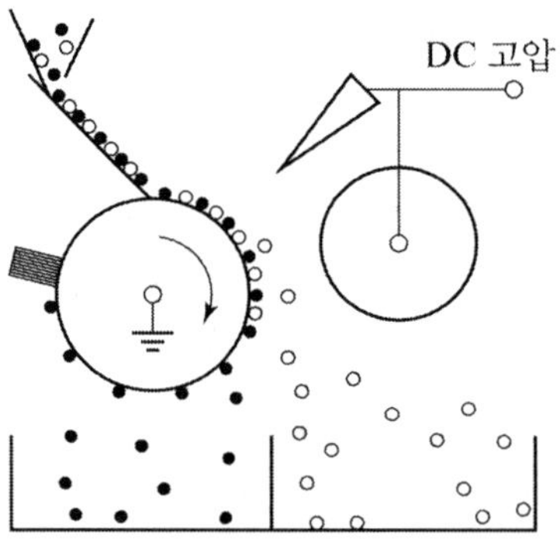

그림 3.17 복합형 원통식 선별기

4 마찰대전형 선별기

입자가 다른 물체와의 마찰에 의하여 대전할 때 극성의 차이를 이용하여 선별하는 장치이다.
(그림 3.18)는 가장 간단한 보기이며 기류에 의하여 날아온 입자는 통로와의 마찰 또는 입자 상호의 마찰에 의하여 플러스, 마이너스의 극성으로 대전한다. 따라서 전계를 통과할 때 쿨롱의 힘에 의하여 좌우로 나뉘어져 선별되게 된다. 이 방법은 입자가 기류를 타고 잘 분산되어 있을 경우는 수 10[μ]이하의 비교적 미세한 입자라도 효과적으로 분리할 수 있는 특징이 있다.
그러나 각 입자의 대전극성은 반드시 엄밀하게 정해져 있는 것이 아니고, 그의 마찰부분, 마찰하는 상대, 마찰 조건 등에 따라서 변동한다. 예컨대, 동일계통의 입자간의 마찰로 한 쪽이 플러스, 다른 쪽이 마이너스로 대전될 가능성도 있게 되며, 이와 같은 현상은 선별효과상 바람직하지 못하다.

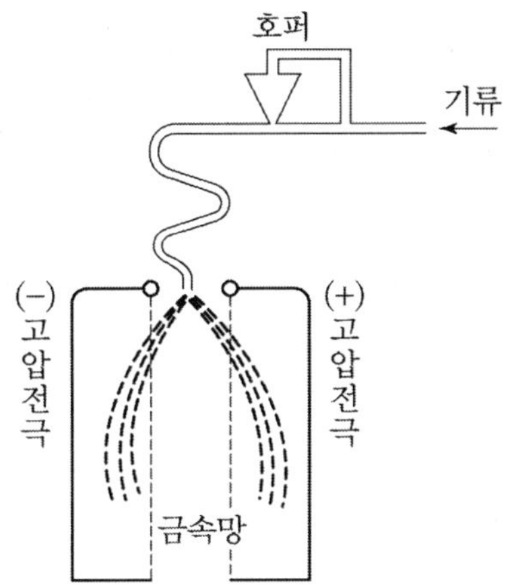

그림 3.18 마찰대전형 선별기

요컨대, 마찰대전의 극성은 그의 재질로부터 통계적으로 예상되는 것에 지나지 않으므로, 높은 순도의 선별은 기대하기 어렵다.

3.5 정전 분급(Electrostatic classification)

동일한 성분의 물질이지만 크기가 다른 입자가 섞여 있을 때에 크기별로 분류하는 것도 가능하다.
종래 채질(농촌에서 곡식을 선별 시 이용되던 부채꼴 기구) 이나 풍력분급이 일반적으로 사용되었지만, 근래 정전현상을 이용한 **분급기**가 개발되었다.

1 정전분급의 원리

입경이 다른 입자가 대전하여, 반발력으로 분출하면, 입자는 공기의 부력과 중력 양쪽의 힘을 받는데 입자가 클수록 중력을 강하게 받으므로 분출구의 가까운 곳에 낙하하고 작은 입자일수록 공기의 부력으로 멀리 날아가 떨어진다. 이 방법은 '**정전분급**(靜電分級)'이라고 하며 원리적으로는 원심분리기와 비슷하다.
정전 분리와 정전 분급을 합쳐서 '**정전선별**'이라고 하며, 이미 여러 분야에서 실용화되고 있다. 광석선별에 이용되는 것은 당연하지만, 약간 색다르게 사용되는 경우는 낡은 전선에서 동을 회수하는 선별기이다. 낡은 전선에는 플라스틱, 테이프, 실 등 절연 커버가 붙어 있는데 이것을 제거하려면 노동력이 많이 들고, 태워서 제거하려면 공해의 원인이 된다. 그래서 낡은 전선을 파쇄기에 넣어 가루로 만들어 절연물을 압축 공기로 불어낸 뒤에 정전선별기로 보내면 99[%]의 효율로 이물질의 혼입 없이 양질의 동을 회수할 수 있다.

2 유동층형 분급기

유동층형 분급기의 개략도를 (그림 3.19)에 나타낸다. 크고 작은 두 종류의 입자에 가스유속을 서서히 상승해 가면, 우선 작은 입자가 유동하고 다음으로 큰 입자가 유동을 시작한다. 층이 완전히 혼합되어 있는 상태에서 전계를 인가하면 층의 팽창이 촉진됨(공극률이 증가)과 아울러 층 전체의 공극률이 균일하게 되는 경향이 생긴다. 이 상태에서 가스 유속을 서서히 줄여가면 입자에 작용하는 중력, 정전력 및 유체 저항의 비율이 입경에 따라 다르기 때문에 큰 입자는 층의 하부에 침강하게 되고 작은 입자와 분리된다.

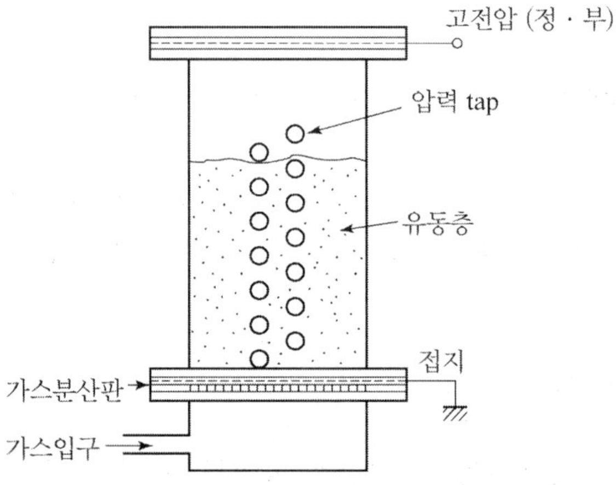

그림 3.19 유동층형 정전 분급기

3 평행 전극형 선별기

교류 고압전극을 사용한 선별기이며, 중력으로부터 정전기력에 의하여 튀어오른 입자를 벨트나 풍력을 써서 반송 배출시켜 분리 선별하는 방식이고, 입자의 도전성 이외에 입도, 비중, 형상 등 영향을 강하게 받는다.

3.6 정전식모(Electro-static Flocking)

정전식모란 여러 가지 물체의 표면에 짧은 섬유(pile)를 정전력에 의하여 고속, 대량으로 심는 기술로써 대전한 물체를 전계의 힘으로 이동시켜 대상물에 부착시키는 정전도장의 원리와 동일하다.

1 정전식모의 원리

섬유상(pile)의 유전물체를 전계 중에 놓으면 유전분극을 일으키고 그 양단에 분극전하를 발생하여 대전된다. 분극에 의한 회전력은 쌍극자 모멘트라고 불리며 전계방향으로 배향한다. 위 하전된 섬유를 접착제를 적당히 칠한 기재를 한쪽 전극으로 하고 위 하전된 짧은 섬유(pile 혹은 flock)를 전계 속에 두면 정전기력에 의해 파일은 수직으로 기재에 빈틈없이 흡착되고, 접착제를 건조 시킴으로써 고정하는 가공법이다. 이러한 방법을 '**정전식모 가공**' 또는 짧은 털을 의미하는 영어의 브로크라는 단어를 써서 '**브로크 가공**'이라고 한다.
효율적인 정전식모가공을 하려면 전계내의 짧은 섬유(pile)를 양극간에서 비승력(比昇力)을 강하게 해야 한다. 이를 위하여 pile은 미리 무기염류, 각종 계면활성제, 유기규소 등에 의해 처리된다. 기타 고압극과 접지극간의 거리 혹은 pile 그 자체의 길이, 굵기 및 수분율 등이 pile의 전기적 **비승효과**에 미묘한 영향을 주므로 이들 제 요소는 생산기술의 중요한 포인트가 된다.

2 정전식모의 종류

정전식모 가공방식은 주로 pile을 세트하는 위치에 따라 up법, down법, side법의 3종류로 나누어지며, 이를 (그림 3.20)에 나타낸다.

down법에서 pile이 받는 힘(F)은 $F=qE$인 전장에 의한 것과 중력장에 의한 $F=mg$가 합성된 것이다. 직관적으로는 식모되는 pile이 깊고 밀도도 크게 될 것으로 생각하기 쉬우나 실제로는 그렇지 않다. 왜냐면 하전되지 않은 pile이 중력으로 낙하해 방해하기 때문이다.

up법에서는 하전되고 있지 않은 pile은 비상하지 않게 된다. 중력의 영향은 작기 때문에 하전만 되어 있다면 정전력으로 충분히 식모되게 되며 그것도 면에 대해서 수직으로 된다. 반면 피식모 물체의 형상이 복잡하다든지 특히 凹부가 있는 곳에서는 전계형성이 어려워 식모에 주의를 요한다. **정전식모 가공의 응용범위**는 열적분야(단열, 방열, 보온), 광학분야(반사방지, 치광), 음향분야(흡읍, 제진), 역학분야(마찰력, 탄력), 기체 · 액체물성(통기성, 보수성, 흡착 · 여과), 장식분야(질감 · 양감, 촉감, 미술표현), 복장(피복, 유행, 감촉) 섬유 · 잡화 · 완구 · 종이 · 인쇄 · 정밀기기 · 전기기기 · 기계 · 기구 · 자동차 · 화학 · 건축 · 수산 · 가구 · 미술 · 공예 · 분야 등 매우 다양하다.

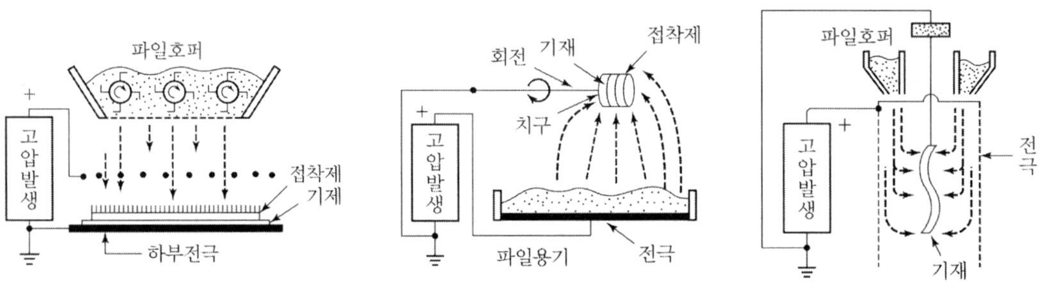

(a) down법 식모 (b) up법 식모 (c) side법 식모

그림 3.20 정전 식모기의 기본형

3.7 정전여과법

정전선별의 원리는 고체만이 아니라 액체로부터 불순물을 분리하는 기술에도 사용되는데 불순물이 도전성 혹은 비도전성 여부에 따라 사용방법이 달라진다. 이 기술을 **정전여과법**이라 한다.

원유 중에는 함유량에 다소의 차는 있을지언정 각종의 불순물이 포함되어 있다. 염분, 유기산, 황화합물 등은 정제공정에 있어서 장치의 부식 및 오손의 원인이 되어, 기기의 효율을 악화시켜 장치의 운전기간을 단축시키므로 미리 이들 불순물을 원유로부터 제거하는 것이 바람직하다. 액체에 혼재되어 있는 불순물이 도전성과 비도전성인 경우의 정전여과법의 원리를 (그림 3.21(a),(b))에 나타낸다.

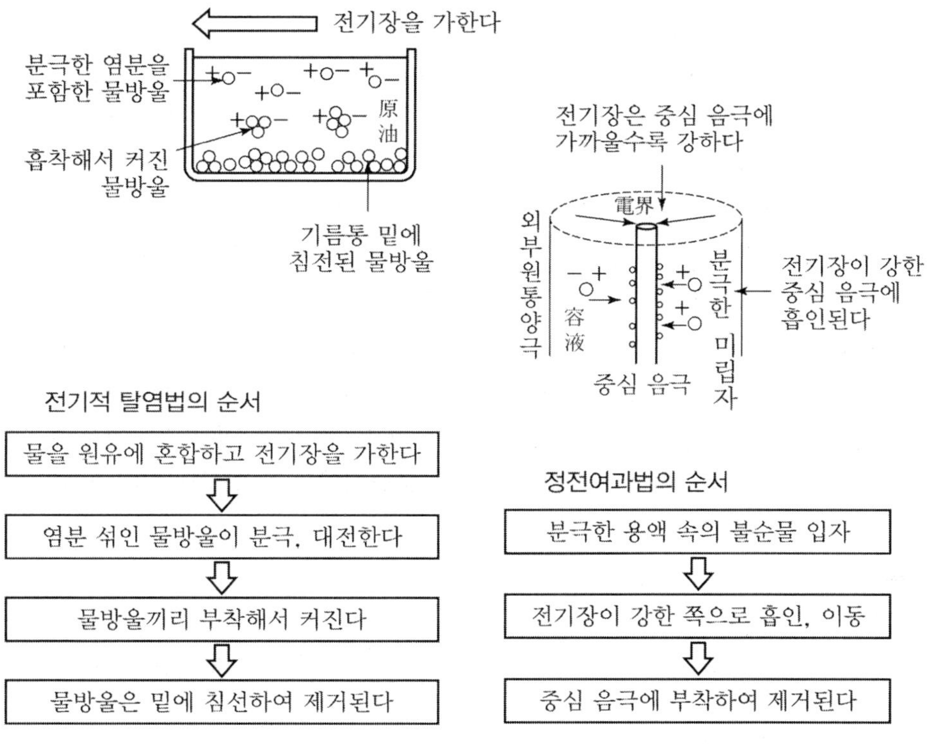

(a) 도전성 불순물(전기적 탈염법)　　　(b)비도전성 불순물

그림 3.21 정전여과법

1 불순물이 도전성인 경우

원유에서 도전성인 물방울(수분)을 제거할 경우 두 가지 방법이 있다.

오늘날 유효한 공업적 탈수법으로서 화학약품에 의해 경계막을 없애는 방법과 정전기력으로 미립자 군을 집합시켜, 이들을 합체(co-alesce)시키는 방법이 있다.

물방울이 함유된 원유를 고전압이 인가된 전극간으로 흐르게 하면 정전유도에 의하여 물방울의 한 쪽에 (+), 다른 쪽에 (−) 전하가 유기되고, 상호흡인하면서 (그림 3.22(a))에 나타낸바 같이 전기력선 G방향에 따라 신속하게 연쇄를 형성한다. 전계가 충분히 강력하게 되면 작은 물방울 상호의 접촉점에 작용하는 정전압력이 (그림 3.22(b))와 같이 경계막을 파괴하고, 또한 이것을 통해서 흐르는 누설전류가 이 작용을 도와서 양자는 (그림 3.22(c))와 같이 합체하고 표면장력으로 (그림 3.22(d))와 같이 성장한 물방울이 된다. 이 **합체현상**은 연쇄적으로 급속히 잇달아 행해져, 무수한 작은 물방울은 순간적으로 큰 물방울로 성장하고, 원심력 또는 중력의 작용을 받아 용이하게 분리된다.

즉, 원유에 고전계 인가로 인하여 물방울의 표면에 강한 전하가 유기되고 그 전하의 흡인력으로 물방울끼리 달라붙어 물방울이 자연적으로 커지게 된다. 물방울이 작을 때에는 기름과 섞여 있지만, 방울이 커지면 중력의 영향으로 기름 아래로 침전하므로 쉽게 분리할 수가 있다.

위와 같은 원리의 대표적인 실용 예는 원유에서 염분을 제거하는 **전기적 탈염법**이다. 원유에는 염분이나 유기산, 유황 화합물 등 불순물이 대량으로 포함되어 있는 일이 많으므로 정제하기 전에 이것들을 제거해야 한다.

원유를 가열하여 물과 기름이 섞이기 쉽도록 만든 뒤에 물을 원유에 부어서 혼합시키고 물방울을 원유 속으로 분산시키면 원유 속의 염분은 물방울에 녹아든다. 여기에 강한 전계를 가하면 앞서 서술한 정전 현상이 물방울에 일어나고 물방울은 염분을 포함한 채로 원유 밑바닥에 가라앉아 원유에 포함되어 있는 염분의 90~95[%]가 제거된다.

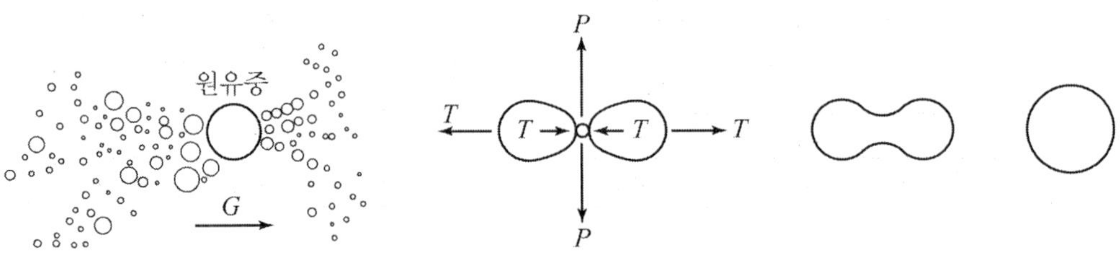

(a) 대전하여 전계 방향으로 집합 (b) 접촉점의 막이 깨어진다 (c) 합체가 일어난다. (c) 둥글게 된다.

그림 3.22 불순물이 혼재된 원유의 에멀전의 정전합체경과

2 불순물이 비도전성인 경우

불순물이 도전성을 갖지 않는 유전체인 경우에는 전계를 인가해도 불순물의 표면에는 분극 전하가 조금밖에 유기되지 않기 때문에 인가하는 전계를 공간적으로 강약을 주어 불균일하게 하면 분극한 유전체의 미립자는 전계가 약한 쪽에서 강한 쪽으로 끌려오게 되므로 분리할 수가 있다.

한번 사용한 기름 속에 도전성이 아닌 유전성의 불순물 입자가 혼탁하고 있는 경우 이를 여과하려면, (그림 3.23)에 나타낸 양전극간에 불평등전계를 인가한다.

이때 반경 r 인 입자에 작용하는 힘은 다음 식으로 나타낼 수 있다.

$$F = 2\pi r^3 \varepsilon_1 \left(\frac{\varepsilon_2 - \varepsilon_1}{2\varepsilon_1 + \varepsilon_2} \right) \nabla E^2 \qquad \cdots\cdots (3.6)$$

여기서 ε_1, ε_2 는 액체 및 입자의 유전율을 나타낸다. 입자의 유전율이 액체의 유전율보다 크다면 ($\varepsilon_2 > \varepsilon_1$) 입자는 전계의 강한 방향으로 이끌리고, 역의 경우($\varepsilon_2 < \varepsilon_1$, 기포가 액중에 포함되어 있는 경우에 대응)에는 전계가 약한 방향으로 밀려 나간다. (그림 3.23)은 원통형 여과조의 모식도이다. 오염된 기름은 통 바닥으로부터 들어와 통 꼭대기로 나간다. 기름이 통을 상승하는 과정에서 불순물 입자는 유전성 박막에 흡착 분리된다.

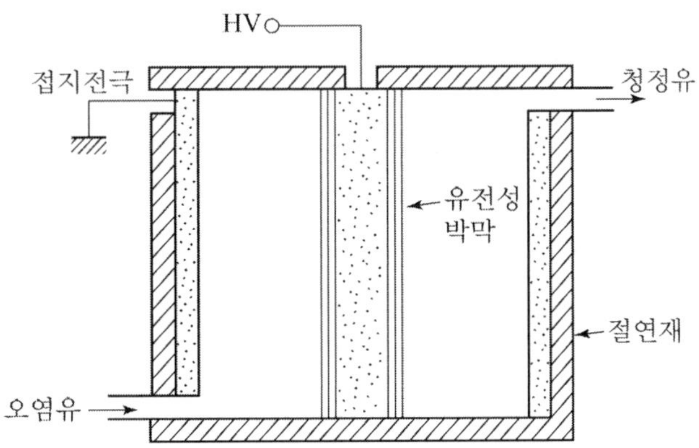

그림 3.23 정전 여과조

반도체 집적회로를 제조하는 공정에서 사용하는 감광성수지 용액은 순도가 매우 높아야 한다. 그러나 수지 용액을 조합하는 공정에서 크기가 수 [μm]인 석영이나 실리콘 등의 미립자가 섞여들게 된다.

이런 미립자는 반도체의 박막을 만들 때에 미세한 구멍들을 생기게 하므로 집적회로의 신뢰성을 떨어뜨리는 원인이 된다. 보통은 이러한 불순물의 미립자는 필터를 써서 제거하고 있지만 **정전여과법의 장치**를 사용하면 더 효과적으로 제거할 수 있다.

이 장치는 반지름 22[mm]의 원통 양극 중심에 반지름 2[mm]의 음극을 넣은 동축 원통형으로, 이 전극 간에 감광성 수지 용액을 넣어서 10000[V] 정도의 높은 전압을 인가한다. 회전하는 용액 속의 불순물은 원통 중심에 있는 음극 주변에 생긴 강한 전계에 이끌려서 음극에 부착되어 제거된다.

이 장치로 처리한 감광성 수지 용액에 남는 불순물의 양은 지금까지 이용하고 있는 필터를 사용하는 여과법에 비해 약 1/3 정도로 줄어들어 반도체 박막의 결함을 최소화시키는 사실이 확인되었다.

3장 연습문제

1 전자사진(정전복사)의 원리를 기술하시오.

2 많은 전자사진방식 복사기에서는 현상과정에 토너(toner)와 캐리어(carrier)가 쓰여지고 있다. 토너는 화상을 형성하는 흑색 미립자이고 캐리어는 거친(coarse)입자이다. 캐리어와 토너를 혼합 교반함으로써 토너는 잠상과 역 부호로 캐리어는 동부호로 대전하고 캐리어의 주위를 토너가 감싼 형태로 된다. 이 방식이 단순히 대전한 토너만을 쓰는 방법보다 유리한 점에 대해서 논하시오.

3 잉크젯 프린터의 장점을 기술하시오.

4 잉크젯 프린터와 레이져 프린터를 비교 설명하시오.

5 (그림 3.10)의 장치에 있어서 가동전극이 $x = x_0$로 고정되어 있는 경우 전극에 가해지는 힘이 신호전압 v_s에 비례하는 것을 나타내시오.

6 액정표시장치(LCD)와 일렉트로크로미즘(EC)를 기술하시오.

7 콘덴서마이크의 원리를 기술하시오.

8 정전도장과 정전분체도장의 원리를 기술하시오.

9 반경 $a = 1$[mm], 비중(밀도) $\rho_s = 2 \times 10^3$[kg/m^3], 도전율 $k = 0.4 \times 10^{-12}$[s/m], 전하 $q_0 = 0.4$[nC]인 전하를 갖는 작은 구가 (그림 3.24)과 같이 도체판에 도착했다. 부착력(영상력) F의 시간변화를 나타내는 식을 구해 작은 구가 도체판으로부터 낙하할 때까지의 시간을 구하시오. 단지 작은 구의 유전율은 1로 간주하고, 또 대전전하의 완화는 지수법칙에 따르는 것으로 한다.

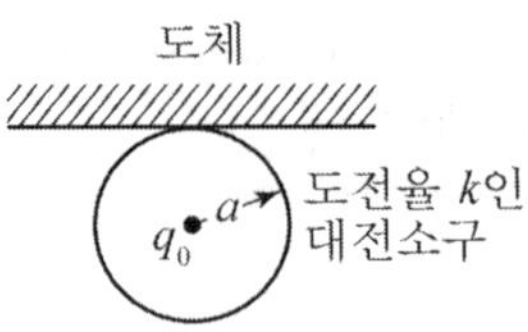

그림 3.24 대전소구

10 통상의 도료의 경우 도료 탱크는 접지해도 상관없지만 수성도료, 메탈릭 도료에 있어서는 탱크를 완전히 대지로부터 절연한 상태가 아니면 쓸 수 없다고 한다. 이유는 무엇일까?

11 (그림 3.13)과 같은 장치에서 입자 1개당의 평균 직경 50[μm], 전하가 2×10^{-12}[C], 토출량이 60[g/min]인 때에 전원으로서는 어느 정도의 용량인 것을 준비하면 좋을까? 단지 비중은 1.0으로 한다.

12 정전선별기를 분류하고 간단히 서술하시오.

13 정전분급의 원리를 기술하시오.

14 정전식모를 분류하고 간단히 기술하시오.

15 도전성 불순물이 출재된 원유의 정전여과법의 원리를 기술하시오.

제 4 장 에너지 변환 기술

정전기는 통상의 전기(전류)와 달리 연속적으로 오랫동안 에너지를 공급할 수 없으므로 에너지원으로 사용하기에는 불리할 것이라 생각하겠지만 반드시 그렇지는 않다. 정전기는 전하를 축적함으로써 고전압과 그에 수반하는 높은 전계를 발생시킬 수가 있으므로 강한 전계는 필요하되 큰 전류는 필요로 하지 않는 경우에는 정전기를 특색 있는 에너지원으로 이용할 수가 있다.

일반적으로 전기 에너지를 기계적 운동에너지로 변환하는 과정에는 자계에 의한 힘을 주체로한 **자계형 에너지 변환**과 전계에 의한 힘을 주체로 한 **전계형 에너지 변환**이 있다. 정전기에서의 에너지 변환은 당연히도 후자를 의미한다. 전계형 에너지 변환기 특히 정전 발전기의 경우 자계형 발전기에서 얻을 수 없는 이점을 갖는다.

우선 **정전 발전기**는 본질적으로 고전압, 소전류의 발생원이기 때문에, 정전기 응용의 전원으로서 직접 이용할 수 있다. 자계형 발전기에서는 직접 1[MV]의 높은 전압을 얻을 수 없지만 정전 발전기에서는 그다지 어렵지 않다.

4.1 정전 발전기(일명 초고압 발생장치)

정전 발전기는 외부로부터 주어진 기계적 에너지를 이용하여 발생된 전하를 수송하거나 축적하여 이용할 수 있도록 한 장치이다.

전하를 축적하는 기구에 전하가 계속해서 축적해 가면 전하량에 비례해서 전위가 상승한다. 그 결과 고전압을 발생 시킬 수 있다.

정전 발전기의 기본원리는 전하와 전계 사이에 작용하는 힘에 대항해서 전하를 이동시킨 경우에 그 전하가 갖는 전위가 높아진다고 하는 원리를 이용한 것이다.

이 원리를 이용한 현대의 정전 발전기는 고전압을 발생시킬 수 있는 장치로 쓰여지고 있으므로 발전기라고 하기보다는 오히려 정전기를 응용한 '**초고전압 발생장치**'라고 하는 편이 알기 쉬울지도 모른다. 초고전압을 발생시키는 정전발전기에는 **Van de Graaff형**, **SAMES형**, **가변용량형**, **유체역학형** 등 여러 가지 방식이 있으며, 어느 것이나 본질적으로 소전류 전원이다. 그 용도로서는 고에너지 물리, 정전 도장기, 전자 현미경, 이온 주입, X선 조사장치 등의 전원으로서 쓰여지고 있다. 정전발전기의 여러 가지 방식 중 대표적인 방식은 반송벨트를 사용한 반데그라프형과 벨트를 쓰지 않는 SAMES형이 많이 이용되고 있다.

1 반데그라프(Van de Graaff)형 발전기

(그림 4.1)은 반데그라프형 발전기의 원리를 나타낸다. 이것은 전하를 기계적으로 운반하는 방법으로서 가장 많이 이용되는 것이며, 절연성 벨트로 대지 전위인 곳에서 절연성 벨트 상에 전하를 실어 기계적인 힘으로 출력측 고전압 단자 구에 운반하는 방법이다. 이를테면 상하 두 개의 '풀리(pulley)'라고 하는 모터로 회전하는 축 사이에 절연벨트를 감고 일정한 속도로 회전시키면서, 침전극에 수만 볼트의 고전압을 발생시키면

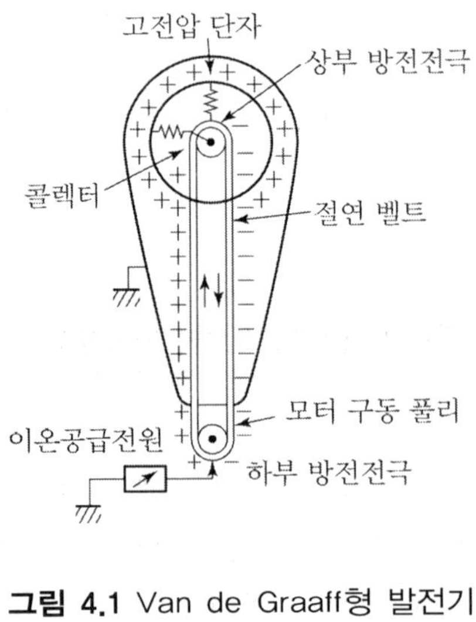

그림 4.1 Van de Graaff형 발전기

풀리와의 사이에서 발생한 코로나 방전(이온공급전원)에 의해 절연 벨트에 전하가 실리게 된다.
절연 벨트가 움직이기 때문에 벨트 전하는 위에 있는 구형 콜렉터에 운반되게 된다. 콜렉터에 운반된 (+)전하는 콜렉터와 연결되어 있는 침전극과의 방전에 의해 이동되어 고전압 단자에 축적된다.
고전압 단자는 대지에 대해서 일정한 정전용량 C를 갖고 있으므로 벨트에 의해 운반되는 전하밀도가 일정하고 벨트의 운반속도가 일정하다면 $i=\frac{dq}{dt}$에 따라 전류도 일정하게 되며 그 값을 I라 하면 단자전압은

$$\frac{dV}{dt}=\frac{I}{C} \quad \cdots\cdots (4.1)$$

가 된다. 만약 전류의 손실이 없다고 하면 단자전압은 시간에 따라 직선적으로 증가한다. 부하가 없는 경우에는 최종적으로 공기의 절연파괴를 일으키는 전압으로 정해진다. 전하를 벨트에 싣는다든지 벨트 상으로부터 전하를 출력 전극을 통해 제거하는 방법으로서는 코로나 방전이 쓰여지고 있다.

2 SAMES형 정전 발전기

반데그라프형 발전기는 초고전압을 발생할 수 있지만 벨트를 사용하므로 벨트가 느슨해지거나 진동으로 불안정해지는 경우가 있으며 단시간에 높은 전압을 발생시키는 데에는 불편하다. 실제로 정전기를 필요할 때에는 이 정도의 고전압이 아니라도 고속이고 안정되며 컴팩트한 발전기가 필요할 경우가 많다. 그래서 등장한 것이 벨트 대신에 회전 원통을 사용하는 **SAMES형**이다. SAMES는 이 장치를 개발한 프랑스의 기업 이름이다.
(그림 4.2)에 SAMES형 발전기의 원리를 나타낸다.
유리 원통의 바깥쪽을 두께 수 [mm]의 절연성 합성지수로 감싸고 원통을 회전시킴으로써 합성수지 위에 올려놓은 전하를 운반하도록 되어 있다. 그림의 좌우에 2조의 전극이 설치되어 있으며, 이 전극으로부터 코로나 방전이 일어남으로써 발생한 전하는 합성수지 원통 위에 놓여진다.

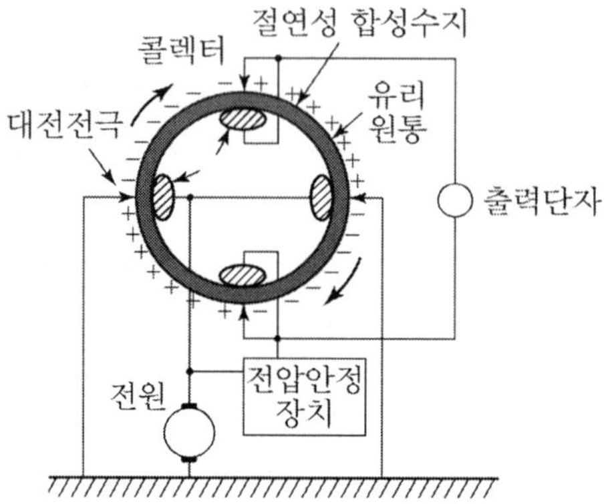

그림 4.2 SAMES형 정전 발전기의 원리와 구조

이들 전하는 원통의 회전으로 상, 하의 전극에 옮겨지며 방전에 의해 전극에 연결되어 있는 출력단자에 축전된다.

이 방식의 발전기에서는 대전하는 전극 단자와 출력 단자의 거리는 회전 원통의 지름으로 정해지므로 그렇게 길게는 할 수가 없다. 따라서 1[MV](1,000[kV])의 전압밖에 얻을 수 없다. 그러나 고체 원통은 회전 속도를 올려도 매끄럽게 회전하므로 조절이 간단하고 소형 장치에서도 대량의 전하를 연속적으로 끄집어낼 수가 있다.

실제로는 수MV 이상의 초고전압을 발생시킬 때는 반데그라프형 발전기가, 그 이하의 고전압이 필요한 때에는 SAMES형 발전기를 이용하고 있다.

3 가변용량형 발전기

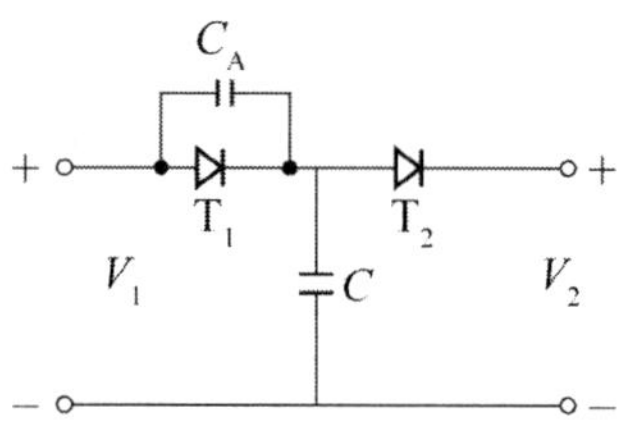

(a)

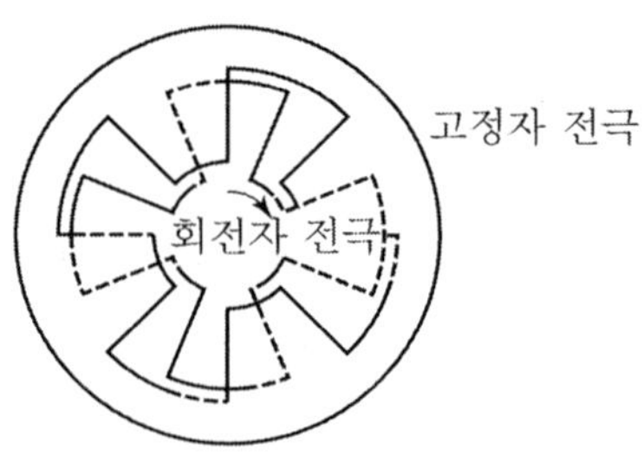

(b)

그림 4.3 가변 용량형 발전기의 원리와 구조

(그림 4.3)에 가변용량형 발전기의 원리를 나타낸다. 이것은 2개의 도체간 거리를 기계적으로 변화 시켜서, 양 전극간의 전위차를 변화시키려 한 것이다. 즉 갭이 좁은 상태에서 전원으로부터 전하를 공급하고, 그것을 기계적으로 이동해서, 높은 전위상태로 한 후에 출력측에 전하를 옮긴다고 하는 방식이다.

4.2 정전모터

정전모터의 원리는 전하 간에 작용하는 정전기력에 의해 일어나는 기계적 운동을 이용한 것이고, 정전기를 기계적 힘으로 바꾸는 최초의 장치는 골든이 발명한 **전기벨**이 시작이었다. 그 후 여러 가지가 고안되었지만 그 중에서 잘 알려져 있는 것은 프랭클린이 고안한 '**스파크 모터**'이다. 정전모터는 전하를 제공하는 수단에 따라, 스파크 모터, 접촉 모터 및 코로나 모터 등으로 나눌 수 있다. 그리고 정전모터는 정전 발전기의 역으로 생각할 수 있지만, 실제로 발전기보다 많은 종류의 모터가 있어 분류하기 어려운 구조인 것도 많다. 정전 모터는 최근 대량생산이 용이할 뿐만 아니라 소형화에 의한 장점(대형일 경우는 자기력은 정전기력보다 훨씬 크지만 소형의 경우는 정전기력이 크다)이 많으므로 정밀 기계분야, 반도체 소자분야, 정밀 제어분야 및 의료분야 등에 이용될 수 있어 많은 연구가 행해지고 있다.
최근 보통의 코일식 모터로는 만들 수 없는 **마이크로머신**과 같은 특수한 용도를 갖는 장치의 동력원으로 정전모터가 이용되고 있다.

1 스파크 모터

강한 전계 속에 도체 구(球)가 놓여있는 경우 전극과 도체구간의 거리가 매우 좁으면 그 사이에 불꽃방전이 생긴다. 그 모습을 (그림 4.4)에 나타낸다. 이 상태에서 전극간의 전계강도 E_0가 공기의 절연파괴 강도 이하라도 도체구 M이 존재함으로써 전극과 도체구간의 전계강도 E_1은 절연파괴강도 이상으로 될 수 있으며, 방전에 의해 전극과 구(球)는 전기적으로 연결 되었다고 생각할 수 있으므로 좌측 갭에서 전기력선 양측의 전하는 서로 상쇄해 없어지고, 구상에 있는 전하는 정전하만으로 된다. 즉, 구는 불꽃방전에 의해 대전했다고 생각할 수 있다.

이와 같이, 스파크를 이용한 대전은 접촉이라고 하는 마찰과정을 생략한다고 하는 의미에서도 유효한 대전방법이다.

프랭클린이 고안한 스파크 모터의 원리와 구조를 (그림 4.5)에 나타낸다. 유리봉의 끝이 금속캡(metal cap)으로 된 여러 개의 유리봉이 회전하는 원판에 방사상으로 형성되고 있다. 이 원판을 (+)(−)의 전하를 가진 **라이덴병**(Leyden jar) 사이에 두면 한쪽의 유리봉 끝의 금속캡과 라이덴병 출력 단자 사이의 방전에 의해 캡은 출력 단자와 같은 부호로 대전하고 전하끼리의 반발력으로 회전을 시작한다. 단, 회전방향이 일정하지 않으므로 특별히 배려해야한다. 위에서 유리봉이 한 개 이동하면 다음 유리봉이 가까워지고 마찬가지로 대전해서 반발하므로 원반은 어느 일정 속도로 계속해서 회전하게 된다. 회전판의 축과 전압인가단자가 고정되어 있으므로 비교적 강한 힘으로 안정된 회전을 얻을 수가 있다.

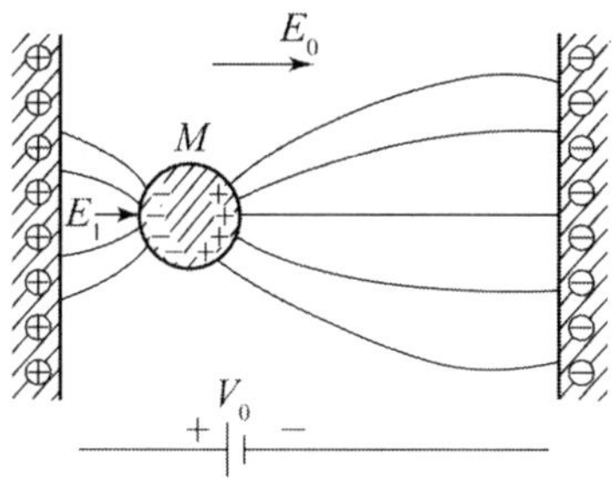

그림 4.4 좁은 갭에서의 방전

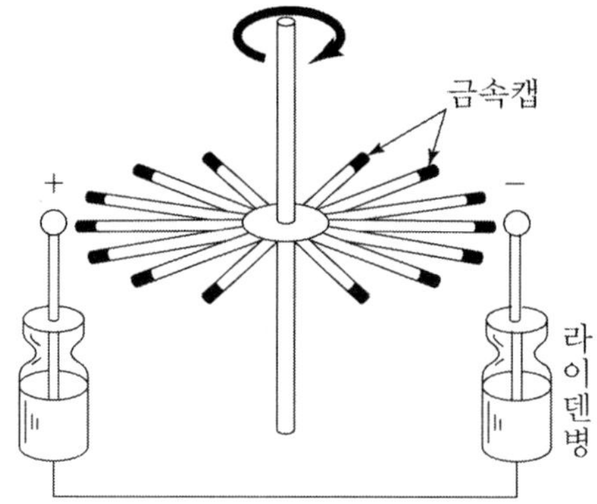

그림 4.5 스파크 모터의 원리와 구조

2 접촉 모터

(그림 4.6)에 나타내는 것과 같은 간단한 구조인 것도 일종의 **정전 모터**이다. 이것은 전기벨이라 불리우는 것으로 전기 에너지를 기계 에너지로 변환한 최초의 기계라고 알려져 있다. 2개의 벨은 각각 정, 부전극에 접속되어 있다. 도체구를 지닌 진자가 가령 처음에 부의 전하를 갖고 있다고 하면, 정의 벨에 끌리어 운동하고, 그 벨을 울린다. 그때 부의 전하를 정의 벨에 주고, 정의 전하를 얻는다. 정의 전하를 얻은 진자는 역방향의 힘을 받아 부의 벨로 운동하고 거기서 접촉해서 전하의 수수를 행한다. 이 운동을 반복하므로 벨은 계속 울린다. 이렇게 전하의 수수(授受)는 접촉에 의해 행해지므로 **접**

축 모터라 불린다. 초기의 모터에는, 이런 간단한 왕복운동을 회전운동으로 변환한 것도 있다.

그러나 **커패시턴스 모터**라고 불리는 것은 (그림 4.7)에 나타내는 것과 같은 것이며 접촉에 의한 전하의 수수는 일종의 정류자의 역할을 하고 있다. 회전자 a, b와 정류자 c, d는 일체가 되어 회전할 수 있다. 그림에 나타내는 상태에서는 회전전극 a와 고정전극 A와의 사이에 반발력, B와의 사이에 흡인력이 작용하므로 반시계방향으로 돌려고 한다. 전극 b에도 같은 힘이 작용한다. 전극 a가 A, B의 중간에서는 정류자와 브러시와의 접촉이 빗겨지지만 관성력으로 계속 돈다. 다음으로는 전극 b의 정류자 d와 A측의 브러시가 접촉해서, b에 정의 전하가 주어져 회전을 계속한다.

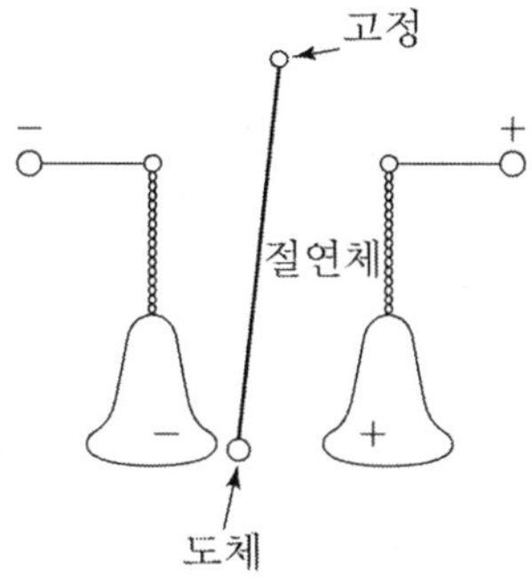

그림 4.6 전기벨

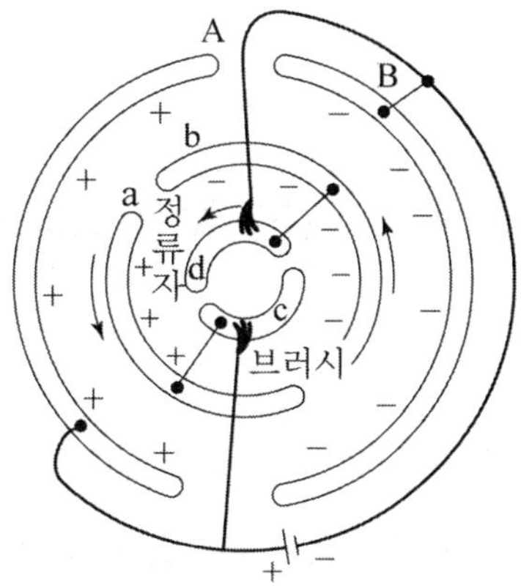

그림 4.7 커패시턴스 모터

3 코로나 모터

전술한 두 종류의 모터는 전하를 운반하는 담체(擔體)가 도체이고 개개의 도체는 절연물에 의해 격리된 구조이다. 이 전하 담체를 절연물로 한 경우, 그 표면에서 전하의 수수는 코로나 방전에 의해 행해져야만 한다.

이 원리를 이용한 모터의 예를 (그림 4.8)에 나타낸다. 절연체로 된 원통 상에 코로나 방전에 의해 정, 부의 전하를 주면 원통 표면전하와 전극간의 반발력 및 흡입력에 의해 원통이 회전하는 힘을 받는다.

이 외에는 정전용량 모터, 유전 모터, 액체 사용 모터 및 일렉트렉트 모터 등 여러 종류가 있다.

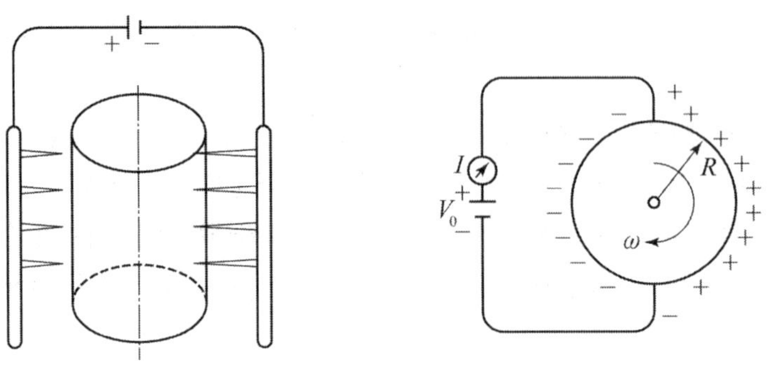

(a) 모델　　　　　(b) 단면도

그림 4.8 코로나 모터

4.3 정전 척(chuck)과 클러치(cluch)

최근 초미세 가공이 필요한 하이테크 산업에서 가공할 매우 작은 물체를 움직인다든지 누른다든지 하는 일에 정전기력이 적합하다는 사실을 알게 되어 이미 초미세 가공의 현장에서는 '**정전 척**' '**정전 클러치**'라고 불리는 기술이 쓰여지고 있다.

물체에 작용하는 힘은 쿨롱의 법칙에 의해 거리의 제곱에 반비례하므로 거리를 충분히 가깝게 만들면 큰 힘을 작용할 수 있게 된다. 특히 부피에 비해서 표면적이 큰 판 2장을 반대 부호로 대전시키고 접근시키면 판과 판 사이에 강력한 힘이 발생한다.

이러한 원리를 기초로 하여 만들어 진 것이 **정전 척**과 **정전 클러치**이다.

1 정전 척(chuck)

일반적으로 물체를 가공할 때에는 가공대 위에 물체를 고정시킨다든지 부품과 부품을 연결해야한다. 큰 물체라면 비교적 간단하게 할 수 있어도, 대단히 작은 부품의 정밀 가공이나 반도체 IC 제조와 같이 매우 미소한 소재를 임의 물체에 고정시킨다는 것은 어려운 기술이다. (그림 4.9)에 정전 척의 구조를 나타낸다.

반도체 성질을 갖게 한 세라믹 작업대 위에 얇은 절연성 수지나 액체 피막 즉 절연성 유막을 도포하고 가공할 물체를 올려놓는다.

세라믹 작업대 밑에 금속 전극을 붙여 놓고 가공하는 물체와의 사이에 수 kV의 직류 고전압을 가해서 발생한 정전기 흡인력으로 고정한다. 이 정전 척은 반도체 IC의 제조 공정에서 기판의 고정과 이동에 널리 쓰여지고 있다.

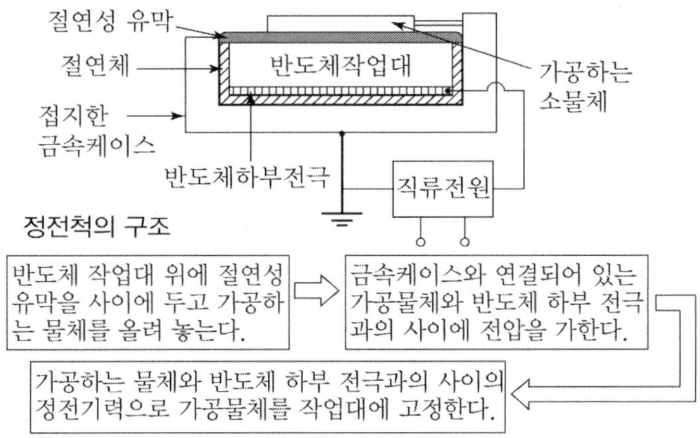

그림 4.9 정전 척(chuck)의 구조

2 정전 클러치

수 [mm] 두께의 유리나 카본을 혼입한 고무 등의 반도체 재료를 평평한 면을 갖는 2장의 금속판 전극 사이에 넣고, 수백 볼트의 직류 또는 교류 전압을 가함으로써 전극 사이에 흡인력을 발생시켜 한쪽 전극에 고정 하려는 것으로 정전 척과 동일한 원리이다. 이러한 기술은 향후 하이테크 기술 발전 및 고도화 추세에 따라 더욱 응용범위가 넓어질 것으로 예상된다.

4.4 각종 정전력 기술

정전기는 눈에 보이지 않으나 일상생활 속에서 때와 장소를 가리지 않고 나타나며, 여러 가지로 이용되고 있다.

1 정전기 의료

17세기경 정전기가 과학적으로 조금씩 밝혀지기 시작하면서 동시에 이를 이용하려는 시도도 이루어 졌다.

특히 정전기를 처음 연구한 영국의 **길버트** 자신이 의사였고, 당시 정전기에 대한 연구자는 의사가 대부분이어서 정전기를 의료 쪽에서 처음으로 응용하기 시작했다. 눈에 보이지 않는 정전기는 인간에게 쇼크를 주는 불가사의한 힘을 가졌기 때문에 그 힘을 이용해 병을 치료 하려고 한 것이다. 당시 강력한 정전기를 만들 수 있는 방법이 없어서 뚜렷한 효과를 얻지 못하였지만 **라이덴병**(Leyden jar)이 발명된 이후 치통과 신체 마비를 치료하기에 이르렀다.

정전기로 치통을 멈추게 하는 치료방법으로 아픈 이의 안쪽과 바깥쪽에 전극을 대고 입을 열지 못하도록 벨트로 턱과 얼굴을 고정시켜 놓은 뒤에 라이덴병에 축적된 정전기를 흘려 쇼크를 주었다고 한다.

그리고 몸의 마비를 정전기로 치료하는 방법은 '**전기욕**(電氣浴)'이라고도 하는데, 환자의 몸을 지면과는 절연시켜 놓고 몸의 두 곳에 라이덴병을 연결해서 전기충격을 가했다고 한다. 위 두 가지 치료・모두 1~2 회의 전기쇼크로 효과가 있었다고 한다. 근래 정전기를 이용한 치료방법을 살펴보면 직류 전기요법, 하전요법, 감응전기요법, 공기이온요법, 고주파, 초단파요법, 전기진료, 무진요법 등의 의료에 응용되고 있다.

2 화학반응의 촉진

가스 분자의 활성화에 의한 화학반응의 촉진에 정전기력을 이용할 수 있으며 분자의 활성화 상태에는 여기, 전리 및 대전 등의 여러 현상이 있다. 여기분자는 다량의 에너지를 보유하고 있기 때문에 화학반응의 활성화 에너지로서 유효하게 이용할 수가 있다.

3 농업, 어업에의 이용

농업에 이용하는 예를 보면 전기재배, 전기접목, 잡초제거, 양잠, 곡류의 충해방제, 방서, 정전정곡, 양조 등 또한 물고기의 가공 훈제 등 수많은 곳에 응용될 수 있다.

4 오존의 발생

오존은 대기 중에 약 0.01[ppm](10^{-8}, 1[ppm]은 백만분의 1) 정도 포함되어 있으며, 지상 높이 올라갈수록 고농도(0.38[ppm]정도)로 된다. 공기 중에 존재하는 오존의 생성원인에 대해서는 아직 분명치 않은 점이 많이 있지만 1785년 Van Maxum이 O_2 중에서 불꽃방전을 행한 직후에 특수한 냄새가 있음을 느낀 것이 처음이며, 1840년 Schönbein이 물의 전해에 의한 O_2 중에서 역시 특수한 냄새가 나는 물질을 인정해 이것을 "a Smell"이라고 하는 의미에서 Ozone이라고 불렀다 한다.
오존이 인체에 미치는 생리적 영향은 깊은 호흡을 하게 한다는 의미에 있어서 유익하다고 할 수 있다. 따라서 갱내 공기에 극히 미량의 오존을 첨가하면 CO_2의 허용한도가 높아져 작업능률이 향상되고 소요 환기량을 현저히 줄일 수 있다고 알려져 있다.
또한 기름 냄새가 나는 실내 공기는 미량의 오존을 첨가하여 환기를 함으로써 기름 냄새를 제거할 수 있으며, 사람이 붐비는 장소의 체취나 진애(塵埃)냄새도 마찬가지로 제거 또는 경감시킬 수 있다.
또한 오존은 공업적으로 상수 및 하수처리 그리고 방충방서(쥐) 등 다양한 용도가 있으며 앞으로 저렴한 가격으로 대량생산할 수만 있다면 수요의 길은 얼마든지 있다.
오존은 갖가지 작용에 의해서 생성되는데 다음과 같은 작용 등을 들 수 있다.

① 자외선에 의한 광전효과, 무성방전, 뇌방전 등의 방전 시
② 물 전해의 O_2 중, 물의 증발, 분해할 때, 황린을 물속에 넣었을 때 등의 물분해시
③ 공기 중의 P, 송진이나 삼진이 산화할 때 등 상온에 있어서 완만한 산화 시
④ 적열한 백금위에서 에테르를 태울 때, 백열 고체에 공기가 닿았을 때
⑤ BaO_2, $KMnO_2$, MnO_2 등에 H_2SO_4를 가했을 때 등 O_2가 분해될 때

(1) 오조나이저(Ozonizer)

오존이 생성되는 여러 가지 현상 중에서 공업적으로 이용되는 것은 방전에 의한 Ozonizer인데 이것을 (그림 4.10)에 나타낸다. 코로나 방전에 의해 생성된 오존의 농

도가 생물에 미치는 영향은 여러 연구자들에 의해 밝혀졌으며 오존이 어떤 방법으로 생성되든 O_2의 80[%] 이상은 미 반응으로 남아 희박한 상태이지만 이러한 상태에서도 강렬한 냄새를 풍겨서 곧 두통을 일으킨다. 흡입하면 점액 분비 박막을 자극해서 희박한 Cl_2의 느낌을 갖게 한다. 색은 가스 상태에서는 무색이고 액체 O_2중에서 액화하면 강한 청색을 발생한다. 물에는 거의 녹지 않고 상온에서는 비교적 안정하다. 유기물 또는 산화되는 물질과 만나면 분해한다.

오존은 고무질에는 쉽게 침식되므로, 고전압 케이블 열화의 주요 인자이므로 코로나 방전이 특히 경계된다. 특히 질소 산화물을 포함하는 불순 O_3는 격렬하게 작용하여 유해하므로 용도에 따라서는 순도에 유의해서 사용해야만 한다.

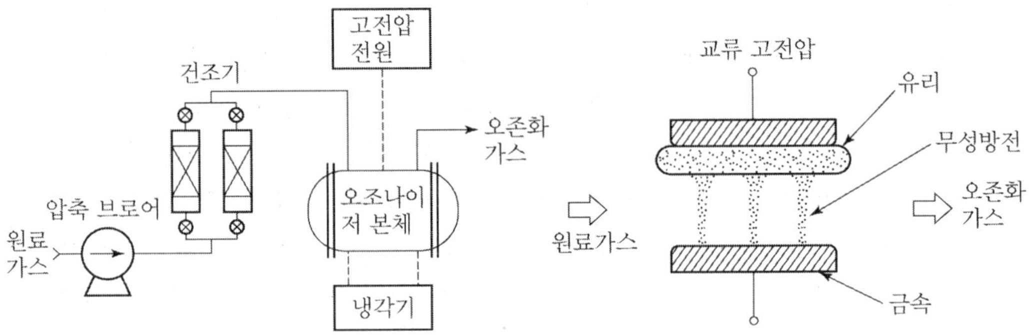

(a) 오조나이저 시스템의 기본구성　　(b) 오조나이저의 원리

그림 4.10 오조나이저의 구조

O_3는 130[℃] 이상에서는 불안정하고 250~260[℃]로 가열되면 분해되어 O_2로 된다. 또 한 Mn, Cu, Ag 등의 아산화물에 의해서도 촉매적으로 분해한다. 예컨대

$$\left.\begin{aligned} Ag_2O + O_3 &= Ag_2 + 2O_2 \\ Ag_2 + O_3 &= Ag_2O + O_2 \end{aligned}\right\} Ag_2O + 2O_3 = Ag_2O + 3O_2 \qquad \cdots\cdots (4.2)$$

방전에 의한 오존의 수량(收量)은 일반적으로 어느 한계치 이상의 전압에 비례하며 또한 주파수에 비례한다. 보통 1~3[g/m^3](또는 50[g/kWh])이며 5[g]에 달하는 경우는 흔치않다. 일반적으로 7~12[kV], 500[Hz] 오조나이저의 수율(收率)은 50~60[g/kWh]로 알려져 있으며 이론치인 1200[g]에 대해서 아직 상당히 낮은 값으로 더욱 연구가

요망된다.

오존의 강력한 산화작용이 이용되는 주된 용도 예를 표 4.1에 나타낸다.

(2) 오존의 용도

표 4.1에 오존의 용도를 요약한다.

표 4.1 오존의 용도

성 질	용 도 예
1. 무기산화반응	광석처리, 유산, 산화물, 과망간산염 등의 제조, 공업폐수처리
2. 산화 촉매작용	유산, 초산, 도료의 건조, 탄화수소류의 산화, 목재·술 등의 숙성, 내연기관의 연소촉진제, 지방산
3. 유기산화반응	내연기관 연소촉진제, 로켓 산화제, 제트기용 윤활제 공업폐수처리, 향료류, 지방과산
4. 불포화결합절단	분자구조검정, 전선류의 노화시험, 과산화물
5. 표면활성화	정전제거, 섬유의 염색성 향상, 인쇄성·집착성 향상
6. 탈색, 탈취, 탈미	펄프, 섬유의 표백, 기름·가소제·함성세제의 탈색 가축, 정수, 발효, 환기, 식품저장·살균
7. 살균 살충작용	정수, 환기, 식품저장·살균, 상처·기구류소독, 풀(pool) 용수 방부처리

4장 연습문제

1 정전발전기(일명 초고압발생장치)를 분류하고 원리를 간단히 기술하시오.

2 정전모터를 분류하고 원리를 간단히 기술하시오.

3 정전모터의 특징을 기술하시오.

4 코로나 모터의 단면도를 (그림 4.8(b))에 나타낸다. 이 모터는 인가전압 15[kV]인 때에 $\omega = 300$[rad/s]이고 1[mA] 흘렀다고 한다. 반경 $R = 5$[cm], 길이 $L =$ 20[cm]인 회전자로 가정하고 표면전하 밀도를 구하시오.

5 정전 척(chuck)에 대하여 기술하시오.

6 오존나이저(ozonizer)에 대하여 기술하시오.

제 5 장 산업에서 정전기로 인한 장해와 정전기의 발생방지

정전기는 환경오염 방지기술은 물론 정보통신기술에도 응용되며 최근 하이테크 산업에서도 유용한 역할을 하여 산업발전에 여러모로 도움이 되고 있지만, 한편 여러 산업분야에서 장해를 유발하는 현상이므로, 정전기 장・재해에 대하여 개념을 알아두는 것이 정전기 이용에 중요하다.

5.1 산업에서 정전기로 인한 장해

일상생활을 비롯해 모든 산업분야에 있어서, 정전기가 원인이 되어 일어나는 장・재해는 대단히 많다. 특히 재해는 그 발생 건수가 적지만 예측하지 못한 때에 예상 이상의 재해로 될 가능성이 많기 때문에 사고 원인 분석을 신중하게 대처해야한다.
정전기 장해라고 알려져 있는 것으로

① 정전기에 흡인 또는 반발
② 방전에 의한 전기 잡음
③ 전속 변화에 따른 잡음
④ 방전에 따른 화학변화
⑤ 정전기에 의한 화학 변화
⑥ 인체 생리에의 영향

등을 열거할 수 있다.

장해발생으로는 대전체 그 자체가 장해를 일으키는 것과 대전체의 근방에 위치하는 물체에 일어나는 장해로 나눌 수 있다.
이들 장해의 기본적인 방지대책으로서 전위 또는 전하량 뿐만이 아니고 전하 밀도・전계강도・시료특성・기계 또는 장치의 역학적 작용인 가공 조건 및 운동량 등 기본사항을 측정하면 정전기 장해에 관한 원인이 분명해 지므로 방지대책의 수립이 가능해 질 것이다.

1 전자기기의 정전기 장해

방전에 기인해서 발생하는 전형적인 생산장해의 하나가 반도체 소자의 파괴 혹은 동작 특성의 불량이다. 이 종류의 장해는 근래에 반도체 소자가 고집적화 되어 IC(Integrated Circuit), LSI(Large Scale Integration), VLSI(Very Large Scale Integration) 등과 같이 패턴이 정전기와 같은 고전압에 취약한 고집적화된 패턴으로 되어 있기 때문에 발생 건수도 급속히 증가하고 있다. 구체적으로 정전기 방전에 기인해서 반도체 소자의 산화막에 핀홀이 생기는 소자의 파괴라든지 입력 임피던스의 저하, 전류 증가율의 불안정, 잡음 지수의 증가 등 각종 장해가 발생하고 있다.

근래 전자기기제품은 고기능화, 경량화, 소형화 및 저소비전력화의 추세이다. 이의 배경에는 IC, LSI, VLSI 등의 반도체 집적화 기술의 진전에 의해 이루어지고 있다. 이러한 고집적화, 미세화가 이루어지는 한 정전기 방전에 대한 전자파 장해의 증가는 필연적인 현상이다.
최근 반도체 소자는 기술 혁신으로 구조가 간단한 트랜지스터는 물론이고, IC 및 LSI에서 VLSI까지 소자 설계 및 층에 미세 가공 등 제조 기술의 진보와 맞추어 바이폴라형, MOS형, 여기에 혼합형 등의 각종 IC가 제품화되고, 그 집적도가 증가된 소자가 지속적으로 개발되고 있다.
그러나 반도체 소자의 미세화는 정전기 방전 내성의 약화를 초래하며, 생산 공정에서는 정전기 방전(ESD : electro static discharge)에 의한 소자의 파괴 및 성능 저하를 통한 수율저하 내지 품절 저하를 방지해야 한다.

(1) 전자기기의 오동작

정전기 방전에 기인하는 생산 장해 중에는 방전 시에 방사되는 전자파가 잡음원으로 되며 이로 인하여 전자기기가 오동작할 수 있다. 종래 이 종류의 장해는 거의 라디오와 같은 무선기기에 한정되어 있었으며 일반적으로 전자기기에 있어서는 발생하지 않았다. 그러나 전자기기에 IC, LSI 등의 반도체 소자가 사용되면서 전자기기의 장해는 비약적으로 증가하고 있다.

특히 이 장해가 발생한 전자기기 중에는 반드시 방전 시에 방사되는 전자파만이 원인이 아니고 정전기 방전에 의해 반도체 소자의 특성이 변화하고 이것이 원인으로 장해가 발생된 것도 있다. 최근에는 이 종류의 장해도 내용이 다양하다. 즉, 후자의 것은 방전이 일어나면 대전 물체의 전하가 전자기기에 사용되고 있는 반도체 소자에 이동하기 때문에 이 전하가 반도체 소자에 작용해서 동작 레벨 등의 변동으로 전자기기가 오동작하는 등의 장해이며, 각종의 전자기기에 있어서 발생하고 있다. 그러나 이 모두가 정전기 방전에 기인한 전자기기의 오동작이다.
일반적으로 대전 물체로부터 코로나 방전 특히 브러시 코로나, 스트리머 코로나 방전 등이 발생하면 이들의 방전은 불규칙하게 발생하며 주파수 대역이 넓기 때문에 잡음원으로 되기 쉽다. 코로나 방전은 넓은 주파수 대역의 잡음을 수반하고 있으며 이 대역의 무선기기에는 장해가 발생한다. 또한 코로나 방전보다도 더욱 큰 에너지가 방사되는 불꽃방전, 연면방전에는 코로나 방전 보다도 높은 주파수 성분이 포함되어 있음과 동시에 잡음 레벨도 10~20[dB] 이상 크기 때문에 더욱 잡음원으로 되기 쉽다.
한편 방전에 의해 대전 물체의 전하가 반도체 소자로 이동하면 결과적으로는 반도체 소자가 대전한 것이 되며 이것에 의해 소자의 동작 특성이 변화하여 오동작한다.
이상과 같이 정전기 방전이 발생하면 그때 방사되는 전자파 혹은 대전 전하의 이동에 기인해서 전자기기가 오동작 한다든지 동작이 불안정하게 되어 각종 장해가 발생하고 있다.

① 컴퓨터의 정전기 오동작 발생

컴퓨터는 반도체 제조 기술의 급속한 발전으로 그 성능이 더욱 좋아지고 있으며, 대단히 많은 소자를 지니고 있는 고밀도 초집적 회로 등의 반도체 부품으로 회로가 구성되어 있다. 고밀도화 되는 반면에 소모 전력이 낮아지고 있기 때문에 이러한 반도체 부품들은 정전기에 더욱 민감해지고 컴퓨터가 오동작을 일으키는 주요한 원인이 되고 있다.
오늘날 사용되고 있는 반도체 부품들은 정전기에 대단히 민감하여 인체에서 발생되는 정전기가 컴퓨터에 내장된 반도체 부품들을 쉽게 손상시키고 있다.

정전기가 컴퓨터에 미치고 있는 문제점을 살펴보면,

㉠ 터미널에서 컴퓨터에 잘못된 데이터를 입력시키거나 데이터가 분실된다.
㉡ 메모리 변경이 에러나 프로그램의 분실을 발생시킨다.

㉢ 프린터가 잘못 작동을 하여 너무 많이 찍히거나 글자가 겹쳐서 찍힌다.
㉣ 드라이브가 틀린 데이터를 읽고 기록한다.
㉤ 퓨즈가 절단된다.
㉥ 기판이 손상된다.

등이 있다.

② **자동화 설비 오동작발생**

공장내에 운용하고 있는 로봇, 자동 창고 등을 제어하는 컴퓨터, 일반 자동화 설비(PC Control) 및 정밀 계측기 등은 내부에 IC를 내장하고 있으므로, 그 주변 설비의 주위에서 발생하는 정전기나 주변 작업자 및 그 주변을 통과하는 작업자 등의 작업복 등에서 발생하는 정전기에 의한 전자파에 의하여 자동화 설비 등의 내장 IC에 영향을 주어 오동작을 유발한다.

㉠ **로봇의 오동작** : 로봇의 경우는 프로그램대로 동작하지 않고 자신의 동작 범위를 벗어난 오동작을 하여 작업자에게 치명적인 상해를 가할 수 있다. 그러나 우리나라 산업 현장에서는 로봇의 오동작이 정전기에 의한 전자파 장해라는 사실을 거의 인식하고 있지 못한 실정이다.

㉡ **컴퓨터 제어 시스템(자동 창고 등)** : 컴퓨터는 정전기에 의한 전자파에 의하여 대단히 민감하게 작용하여 정전기 이론편에서 제시한 바와 같이 여러 가지 에러를 유발하고 심지어는 대형 컴퓨터 시스템의 시스템 다운까지 유발할 수 있는데 컴퓨터의 오동작이 발생할 경우에 이 컴퓨터에 의하여 제어되는 자동 창고 등에서 사고가 발생할 가능성이 있다.

㉢ **일반 자동화 설비의 오동작** : 정전기가 원인이 되어 자동화 설비 및 전자기기(정밀 계측기 포함 : 실험실 및 측정실에서 사용하고 있는 계측실험 설비 등)의 오동작은 설비 및 작업자에게서 발생하는 정전기가 방전 시 기기의 케이스에 방전되어 기기 및 자동화 설비의 케이스로 전류가 흐르고, 이 방전 전류가 각 회로의 접지 배선에 흐르기도 하고, 기기 케이스에 접촉하여 배선된 리드선에 정전 유도 현상에 의하여 유기 전압을 발생시키기 때문에 오동작이 발생한다.

(2) 각종기기의 장해

일반적으로 회전 부분의 베어링이라든가 유압 기기 등의 가동부분에는 윤활유가 사용되지만 이것이 정전기 방전에 의해 탄화한다. 이를테면 회전축에 고무 롤러를 붙인 베어링과의 사이에서 반복해서 정전기 방전이 발생했기 때문에 일어난 장해이다. 즉 윤활유에 의해 회전축이 절연되어 있으면 고무롤러에 다량의 전하가 대전했을 때 이 전하가 베어링을 향해서 방전한다. 이때 방전 경로에 있는 윤활유는 국부적으로 온도가 상승하여 탄화한다고 생각된다. 즉 이것과 유사한 장해는 금속의 압연롤러에 사용되는 냉각유에서도 발생하고 있다.

2 도장 및 인쇄불량

최근 도장에는 정전 도장, 분체 도장 등 도장의 기본 기술에 정전기의 기술이 응용되고 있다. 이들 정전기의 기술을 응용한 도장은 도막이 두껍고 도료의 손실이 작으며, 복잡한 형상의 도장도 효율 좋게 도장되는 등 수많은 이점이 있기 때문에 널리 실시되고 있다. 또한 인쇄에 있어서도 잉크젯 프린터, 전자 사진 인쇄 등도 정전기에 기술이 응용되어 이 기술은 인쇄의 자동화 고속화 등의 요구에 비례해서 널리 보급되어 오고 있다. 이처럼 여러 분야에 활용되고 있는 반면, 도료, 인쇄에 있어서 마무리면의 불량으로 마무리면에 생기는 통칭 스태틱 마크(static mark), 크레이터(crater*1), 수염, 오렌지 필(orange pill), 도깨비 등의 명칭으로 불리는 마무리 불량은 정전기의 방전에 기인해서 발생하는 것이다.

이를테면 분체 도장에 있어서 도료인 대전한 분체가 도막을 형성했을 때 도막의 표면으로부터 국부적으로 분체 도료가 튀어나와 이것이 오렌지 필, 분화구 구멍으로 되어 도장면에 요철이 생기는 일이 있다. 한 가지 예로서 도막면 곳곳에 크레이터(crater)와 같은 구멍이 생기는 일이 있다. 이것은 도막을 형성한 분체가 방전을 일으킨 때문으로 생긴 크레이터(crater)이며, 전기 집진 장치에서 역전리가 발생하면 먼지의 재 비산이 일어나는데, 이것과 아주 유사한 현상이다. 즉 대전한 분체가 도막을 형성하면 거기에는 공간 전하에 의해 전계가 생기기 때문에 이것에 의해 도막이 절연 파괴를 일으켰을 때 방전의 발생과 함께 도막을 형성하고 있던 분체가 공기 속에 분산해서 크레이터(crater)가 되는 것이다. 한편 인쇄에 있어서는 인쇄의 대상이 천연지로부터 합성지, 플라스틱 필름 등 다양하지만 정전기 방전에 기인한 장해가 발생하고 있다. 이를테면 폴리에스터 필름에 인쇄하는 경우 잉크가 균일하게 묻지 않는다든지 잉크가 비산해서 인쇄 불량이 생기는 일이 있다.

---

*1. 그 형상이 분화구 구멍(crater)와 유사함에서 유래한 명칭

3 사진필름의 감광

정전기방전에 기인해서 사진 필름(이하 필름이라 한다.)이 감광하는 장해는 필름의 제조 중 뿐만이 아니고 필름의 사용 중에 있어서도 발생하고 있다. 이를테면 감도가 높은 필름 혹은 양면에 유제층이 있는 렌트겐 필름 등 현상해 보면 반점이 나타나는 일이 있다. 즉 정전기 방전이 발생하면 방전 시에 발광에 수반하고 있기 때문에 이것에 의해 필름이 감광하여 스태틱 마크가 나타난다.

스태틱 마크의 형태는 수지상, 선상, 어렴풋한 점상 및 별모양 등 천차만별이다. 최근에는 필름의 처리가 자동화, 고속화된 것과 감도 및 래티튜우드(latitude)가 증대했기 때문에 필름의 취급에는 각종의 스태틱 마크 방지 대책이 강구 되고 있다. 사진필름 이외의 플라스틱 필름에서도 정전기방전에 기인해서 핀홀이 생기는 장해가 있다. 이것은 필름의 제조 공정에서 필름을 고속으로 감든가 풀 때에 필름과 금속 롤러 사이에서 방전이 발생해서 이것에 의해 핀홀이 발생한다고 하는 것이다. 이 공정에 제전기를 사용하지 않으면 필름은 10^{-5}[C/m^2] 이상의 대전으로 된다고 보고되어 있다.

4 생체상해

정전기의 생체에 대한 직접적 작용은 **전격(감전)**이지만 약간의 간접적인 작용도 있다. 전격의 작용은 전기(동전기)에 의한 것이 치명적이며 이에 대한 생체에 영향 및 세기에 관한 이론, 실험등에 대해서는 다른 책을 참고하기 바라며 여기서는 정전기가 생체에 미치는 영향에 대해 간단히 서술하기로 한다.

(1) 정전기에 의한 전격(electric shock)

전하 축적으로 높은 전위로 되어 있는 곳에 인체의 일부분이 닿으면 인체에 심한 충격을 느끼며, 특히 접촉부에 종종 불꽃방전이 발생해서 통증을 느낀다. 이때 충격이나 통증이 원인으로 넘어지기도 하고 발을 잘못 디뎌, 이차적으로 각종사고를 일으키는 일도 적지 않다. 즉 전격을 느끼며 반사적으로 손이나 몸을 움직이기 때문에 각종의 이차 재해가 발생할 가능성이 있다. 동작중인 기계 또는 작동중인 기계, 뾰족한 물체, 약액, 충전 물체 등에 손이 닿아 부상하는 일, 기물을 쓰러뜨림, 낙하시키는 일, 신체의 균형을 잃어 기계에 충돌한다든지 추락한다든지 하는 일 등이 있다. 또한 종종 전격을 느끼는 작업 조건에 있어서는 이것이 스트레스가 되어 작업 실수가 증가하는 일도 생각될 수 있다.

정전기가 발생하기 쉬운 환경에서 절연성이 좋은 고무 신발 등을 신고 작업하고 있는 동안에 인체에 전하가 축적하고 이 경우 접지물에 닿는다든지 다른 사람에게 닿았을 때 불꽃방전이 일어나 충격을 받는 일도 있다. 이러한 현상은, 인화성이 강한 마취약을 사용하는 수술실 등에서는 특히 위험하므로, 도전성이 좋은 신발을 사용하고, 바닥 자체도 도전성으로 하여 전격을 방지해야 한다.

(2) 생체에 정전기의 영향

합성 섬유로 된 옷을 벗을 때 피부를 향해서 정전기방전이 일어나는 일은 드물지 않지만 의류에 부착한 화학 물질(세제, 계면 활성체, 땀 등의 성분, 포름알데히드)이 방전한 피부에 작용하면 **피부염**을 발생시키기 쉽다는 보고가 있다.

또한 공기 중에서 방전하면 오존이 발생하는 일이 알려져 있지만 생산 공정중에는 정전기의 발생은 피할 수 없으므로 어디선가 상시 방전하고 있는 것과 같은 경우가 있다. 이러한 장소에서는 오존 농도가 증가하며 이것을 계속 흡입함으로써 오존 중독에 걸릴 가능성이 있다. 오존은 특히 호흡기관(코, 기관, 폐)에 강한 영향을 주는 유해 물질로 0.015[ppm]에서 그 냄새를 느낄 수 있다고 한다. ACGIH(American Conference of Governmental Industrial Hygienists)에서는 노동자에 대한 허용 농도를 0.1[ppm]으로 하고 있다.

정전기로 대전된 의복, 침구 등이 먼지를 흡착하는 경우에 사람의 입으로 흡입 될 가능성이 있다. 또한 의복이 휘감겨 시야가 방해 된다든지 하여 걷는데 지장을 주기도 한다.

5.2 정전기의 발생방지

정전기는 주로 물체의 마찰, 박리 및 정전유도 등 여러 요인으로 발생하지만, 일부의 정전기는 대지로 누설되고, 일부분이 물체에 축적해서 그 물체가 대전체로 된다.

이로부터 정전기의 대전을 작게 하는 방법으로서

① 정전기의 발생을 작게 할 것

② 발생한 정전기를 안전하게 대지에 누설시킬 것

③ 대전하고 있는 정전기를 제전하여, 대전을 작게 할 것

이상 세 가지의 방법이 기본이다. 이 기본적 방법에 입각하여 각종 대책이 실시되고 있다. 제전기는 ③의 방법에 기초한 대책이다.

그러나 정전기의 발생 방지에 대해서는 아직 확립된 방법이나 기술이 적다.
정전기의 발생 방지는 정전기 장해 방지에 가장 근본적인 대책이기는 하지만, 정전기의 발생은 물체, 물질의 운동에 뒤따라 일어나므로 이것을 완전히 방지하는 일은 실제로 불가능하다고 말할 수 있다.
또한 정전기 발생의 방지 및 억제는 제품의 특성, 상태, 공정상의 제약 등으로부터 실제적으로는 곤란한 경우가 많지만, 가능한 한 정전기의 발생을 방지하도록 설비의 설계나 물질 선택을 중요시해야 한다.

1 정전기 발생방지 대책

종이를 롤러에 넣어 돌리며 주행시키면 종이의 표면에 발생하는 정전기의 양은 종이와 롤러의 압력 및 종이의 주행 속도에 따라 크게 변화하고 종이의 종류, 롤러의 재질, 표면 거칠기, 주의의 환경 등에 따라 변화한다.

일반적으로 정전기의 발생량을 적게 하기 위해서는 속도, 압력을 작게 하는 방법이 채택되고 있다. 구체적으로는 속도를 1[m/sec], 압력을 약 50[kg/cm^2] 이하로 운전하여 정전기의 발생을 방지하고 있다. 한편, 액체를 파이프라인으로 보내면 액체에 발생하는 정전기의 발생량은 수송량을 일정하다고 하면 속도의 약 2배에 비례 한다. 따라서 일반적으로는 유속을 1[m/sec] 이하로 억제하고 있다.

그밖에 정전기의 발생을 작게 하려면 마찰이 일어나는 상호의 재질을 조사해, 정전기의 발생이 작은 재료를 사용한다.
그리고 정전기를 대지에 안전하게 누설시키는 데는 크게 나누어 다음과 같은 방법이 있다.

① 대전 물체와 대지를 전기적으로 접속하는 접지를 실시한다.
② 물체의 도전율(고유 저항)을 크게 (작게) 한다.
③ 대전 물체가 존재하는 주변의 환경을 다습화 한다.

이들은 어느 것이나 대전 방지 대책으로서 유효하다.
일반적으로 정전기 발생방지를 시행 하려면 다음과 같은 사항을 설계지침으로 한다.

① 설비와 물질 또는 물질 상호의 접촉 면적, 접촉 압력을 작게 한다.
② 접촉 횟수를 가능한 한 줄인다.
③ 접촉·분리 속도를 작게 한다.
④ 접촉 상태에 있는 것을 급격히 박리하지 않고 서서히 변화 시킨다.
⑤ 표면의 상태를 청정, 윤활하게 유지한다.
⑥ 불순물 등 이물의 흡입을 피한다.
⑦ 가능하다면 정전기발생이 적은 재료를 선정한다.

2 접지 및 본딩에 의한 대전방지

(1) 접지 및 본딩

접지란 물체와 대지를 금속선과 같은 전기 저항이 작은 도체에 의해 접속하는 것을 말하며, 이를 위해 사용하는 금속선을 **접지선**이라고 한다.
한편 **본딩**은 물체와 물체를 전기 저항이 작은 도체로 접속하는 것을 말한다. (그림 5.1)에 대전 물체인 파이프라인과 대지를 금속선으로 접속한 접지 및 개개의 파이프라인의 플랜지 간을 전기적으로 접속한 본딩의 예를 나타낸다.

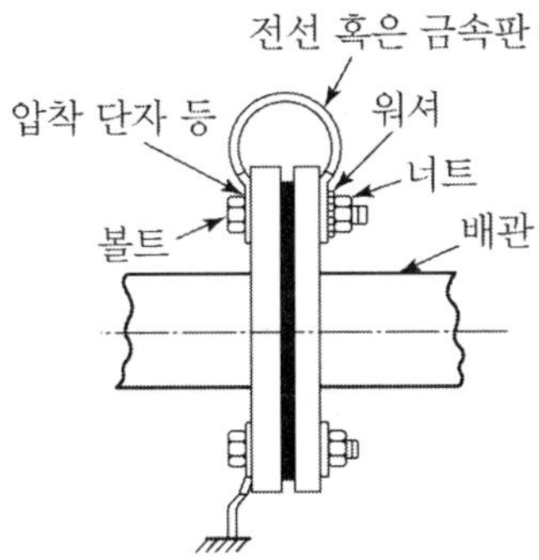

그림 5.1 접지와 본딩

접지나 본딩은 어떤 물체에 대해서도 적용할 수 있는 것은 아니고 물체의 고유 저항이 $10^8 [\Omega \cdot m]$ 이하의 도체인 경우만이 효과가 있다. 접지는 물체에 대전하고 있는 정전기를 대지에 흘려보내기 위한 수단이며, 부도체에서는 대전하고 있는 정전기가 대지로 달아나지 않기 때문에 의미가 없다.

즉 접지는 정전기의 대전 방지에 대해서만 유효한 수단이지 접지를 했다고 해서 정전기 발생을 방지하고 억제 할 수는 없다. 또한 절연물의 대전을 접지에 의해 방지하는 것은 불가능하다. 따라서 접지는 재해 방지를 위해 필요충분조건은 아니다. 접지선의 취부(取付)는 정기적으로 점검하고 접지선 등의 손상, 볼트의 헐거움 등을 체크함과 동시에 접지저항의 변화를 파악해 두는 것이 중요하다.

정전기의 접지는 일반 전기기기의 접지에 비교해서 그다지 기술을 요하지 않는다. 접속이 끊어지지 않도록 확실히 실시하는 것이 중요하다. 따라서 기계의 운전에 뒤따르는 진동이나 기계적 왜곡(찌그러짐) 등에 대해서 견딜 수 있으면 좋다. 예를 들면 기계적으로 충분한 강도를 갖는 1.25[mm^2] 정도의 단선, 구리 망선 등을 사용해서 접지하면 좋다. 또한 접지선의 취부는 확실하게 접속한다는 의미에서 납땜, 용접 혹은 (그림 5.2)에 나타내는 것과 같은 압착(壓着) 단자에 의한 볼트 조임 등으로 실시하면 좋다.

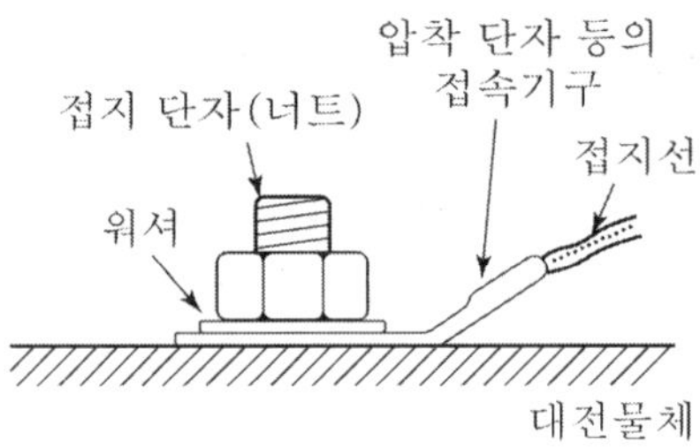

그림 5.2 너트 조임 부분을 이용한 접지의 예

(2) 정전유도의 방지효과

접지는 물체에 정전기가 발생하지 않아도 정전유도에 의한 정전기 대전을 방지하는 경우에도 유효하다. 따라서 대전된 물체의 근방에서 정전유도나 정전분극을 받을 가능성이 있을 경우에는 (그림 5.3)과 같은 접지 방법에 의해 대전을 방지할 수 있다.

① 금속과 도체는 직접 접지한다.

② 도전율이 1×10^{-10}[S/m]를 초과하는 금속 이외의 도체는 간접 접지한다.

③ 도전율이 1×10^{-12}[S/m] 이하인 부도체는 표면을 금속망 등으로 덮고 이것을 직접 접지한다.

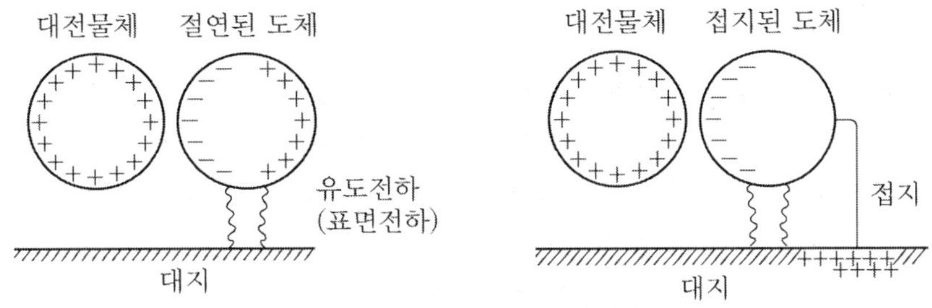

(a) 정전 유도에 의한 대전 (b) 접지에 의한 유도 전하의 누설

그림 5.3 정전유도에 의한 대전과 그 방지

3 부도체의 대전방지

부도체의 대전은 그 취급조건, 취급환경 등에 따라 변화하고 대전방지 대책의 효과도 모든 조건에 따라 변화하는 일이 많기 때문에 가능한 한 여러 가지 대책을 실시하는 일이 바람직하다. 부도체의 대전방지는 먼저 정전기 발생을 방지하는 일이 기본이고 다음에 대전방지 대책을 실시한다.

부도체에 발생 또는 대전되어 있는 전하는 전혀 이동이 불가능하기 때문에 일반적으로 부도체를 접지하거나 부도체에 접지체를 접속시켜도 이것만으로는 전하가 대지로 누설되어 대전 방지하는 것이 불가능하다. 그러므로 가능한 한 부도체가 아닌 금속재료를 사용하고 이것을 반드시 접지 하든가 또는 접지되어 있는 것과 본딩 한다. 그러나 금속재료의 사용이 불가능한 경우 되도록이면 도전성재료로 가능한 것 또는 대전방지 처리된 것을 사용한다.
결국 부도체 내 전하가 쉽게 이동되도록 부도체의 도전율을 향상 시켜야 하는데 다음과 같은 방법이 있다.

① **대전 방지제의 첨가**
대전 방지제는 고분자 물질, 종이, 탄화수소계의 액체 등 고유 저항이 큰 것에 첨가해서 이들의 도전성을 향상시키기 위해 사용된다. 이 대전 방지제는 양이온 또는 음이온의 이온계 혹은 비이온계의 계면 활성제이다. 현재 대전 방지제는 외부로부터 부가하는 외부용 대전 방지제와 이것을 내부에 혼입하여 섞는 내부용 대전 방지제의 두 종류가 있다.

외부용 대전 방지제는 용액 혹은 에멀전의 상태에서 물체의 표면에 도포, 분사하여 칠하는 것으로 플라스틱에 널리 이용되고 있다.

한편 내부용 대전 방지제는 이것을 내부에 혼입하여 사용하는 것으로 물체의 내부까지 계면 활성제가 균일하게 혼입되어 있기 때문에 외부용인 것에 비교하면 장기간에 걸쳐 효과가 있다. 예를 들면 세척에 의해 물체 표면의 계면 활성제가 이탈해도 내부의 것이 표면에 확산하므로 효과가 지속된다. 따라서 플라스틱, 섬유 등의 대전 방지는 내부용 대전 방지제가 사용된다.

② 도전성 물질의 첨가

절연물의 대전 방지로서는 그 도전성을 향상시키기 위해서 계면 활성제와 같은 화학적 방법이 아니고 카본, 금속 가루 등의 도전성 물질을 이용하는 방법이 있다. 이 방법은 물리적으로 도전성을 향상키는 방법이며 환경요인인 습도 등과는 무관하며 안정한 특성이 얻어진다. 즉 이것은 절연물을 도전성 재료로 개선하는 것에 의한 대전 방지 방법이다.

이들 도전성 재료는 이들을 확실히 접지해 사용하면 정전기가 대전하지 않고 장・재해 방지 대책으로서의 효과도 크다. 그러나 접지가 충분하지 않으면 이로부터 한번에 큰 방전이 발생할 염려가 있으므로, 이 점에 유의해야만 한다.

③ 환경의 다습화

정전기의 대전 특성은 습도와 연관이 있으며 겨울철과 같이 건조하면 대전하기 쉽게 된다. 따라서 대전 방지를 위해 대전물체 주위 환경의 습도를 높이는 것이 유효하며, 이것은 앞에서 서술한 대전 방지제에 대해서도 유효하게 작용한다. 구체적으로는 수증기의 방출, 물뿌리기, 가습기의 사용 등으로 분위기의 상대 습도를 65[%] 이상으로 하는 것이 좋다.

이처럼 습도를 높여서 대전을 방지하려는 대책은 모든 절연물에 대해서 효과가 있다고는 한정지울 수 없지만 대전 방지 대책의 하나로서 유효한 수단이며 널리 실시되고 있다.

④ 대전 물체의 차폐

차폐의 목적은 대전되어 있는 물체로부터 부도체에 대전 되는 것을 방지하고, 또한 대전된 부도체로부터 근방의 물체에 전기적 작용을 억제하는 것이 주된 것으로, 결과적으로는 부도체의 대전에 의해서 일어나는 대전 물체의 근방의 역학 현상 및 방전 현상의 발생을 억제하는 데 있다. 대전 물체의 차폐에 의한 효과는 차폐에 의해 대전물체의 근방에 일어나는 전기적 작용을 억제하는 것으로 구체적으로 다음과 같은 효과가 있다.

㉠ 전기적 작용을 억제하는 것에 의한 대전 방지 효과
㉡ 장해 원인이 되는 역학 현상의 발생 방지 효과
㉢ 대전 물체의 전위 상승 억제 효과
㉣ 재해, 장해의 원인이 되는 정전기 방전의 발생 경로 억제 효과

4 제전기에 의한 대전 방지

정전기는 어디에서나 발생하기 때문에 산업활동에 있어서 극히 다종 다양한 장해 및 착화 폭발재해를 유발한다. 이를 안전하게 관리하기 위한 방법으로는 접지·본딩에 의한 대전방지 등 여러 가지 대책이 있겠지만 그 중에서도 제전기를 사용해서 제전하는 방법에 대해 논한다.

(1) 제전기

제전의 원리는 제전기를 대전 물체 가까이에 설치하면 (그림 5.4)에서 보듯이 제전기에서 생성한 이온(양이온과 음이온) 중 대전 물체와 반대 극성인 이온이 대전 물체로 이동하여 이 이온과 대전 물체의 전하가 재결합 또는 중화됨으로써 그 결과, 대전 물체의 정전기가 제전되는 것이다.

즉 제전의 원리는 제전기에 의해 발생한 이온의 이동, 다시 말하면 제전기와 대전 물체의 사이에 이온 전류가 흐르는 것이며 이온 전류가 크면 단시간 내에 제전된다.

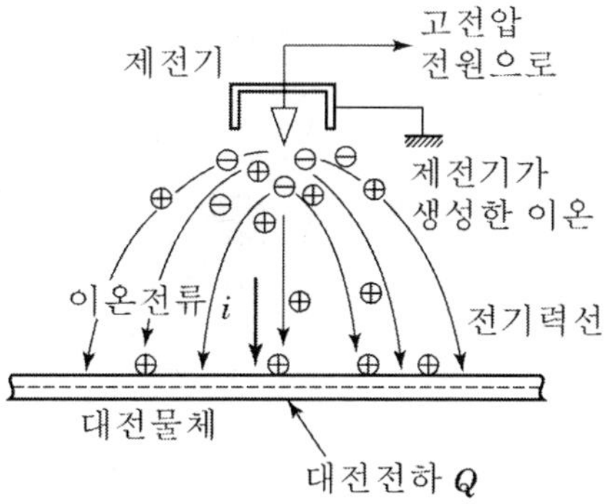

그림 5.4 제전 원리의 개요

즉 제전기는 대전물체의 전하와 역극성의 전하를 만들어 이것을 대전 물체에 공급하는 기능을 갖는 것으로 그 주된 기능인 제전에 필요한 역극성의 전하는 주로 기체분자를 전리해서 만들고 있다.
예를 들면 전계와 같은 전기 에너지에 의해 기체를 전리하면 정·부의 이온쌍이 발생하지만 이중 극성이 어느 것인가의 이온을 제전에 필요한 역극성의 전하로서 공급하고 있는 것이다.

(2) 제전기의 분류

제전기의 종류에는 전압인가식 제전기, 자기방전식 제전기, 방사선식 제전기 등의 이온 생성방법에 따라 분류할 수 있다.

① 전압인가식 제전기

전압인가식 제전기는 금속제 바늘이나 가는선 등의 전극에 고전압을 인가하여 전극의 앞 끝에 코로나 방전을 일으켜 제전에 필요한 이온을 발생시키는 것으로서 코로나 방전식 제전기라고도 부르며 구조와 구성을 (그림 5.5)에 나타낸다.
한편 전압인가식 제전기는 제전 전극의 형상, 구조 등에 따라 그 기종이 다양하므로 대전 물체, 사용 목적 등에 따라 적절한 것을 선택할 수 있다.
일반적으로 다른 제전기에 비해 제전 능력이 크므로 단시간에 제전할 수 있으며 이동하는 대전 물체의 제전에 유효하다. 즉 대전 전하량, 발생 전하량이 큰 대전 물체의 제전에 유효하다. 하지만 설치 및 취급이 다른 제전기에 비해 복잡하다.

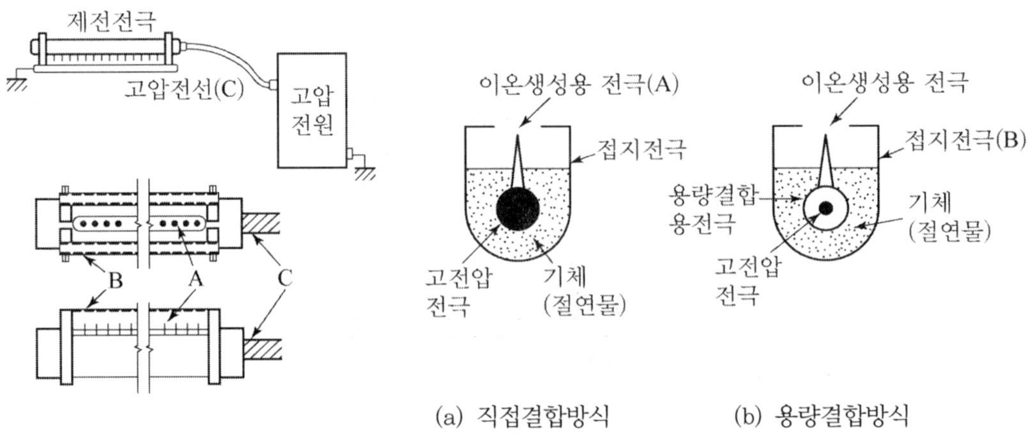

그림 5.5 전압인가식 제전기의 구조 및 구성

② **자기방전식 제전기**

자기방전식 제전기는 접지된 도전성의 바늘 모양이나 가는 선의 전극에 제전하고자 하는 물체사이 전계가 발생하고, 이 전계로 인하여 제전에 필요한 이온을 만드는 제전기이다. 이의 원리를 (그림 5.6)에 나타낸다. 전원을 사용하지 않으며 간단한 구조의 제전 전극만으로 구성되어 있으므로 설치가 용이하고 협소한 공간에서도 설치가 가능하다. 또한 **전압 인가식 제전기**처럼 제전기로 인한 착화원이 되는 경우가 적어서 안전성이 높은 제전기이다.

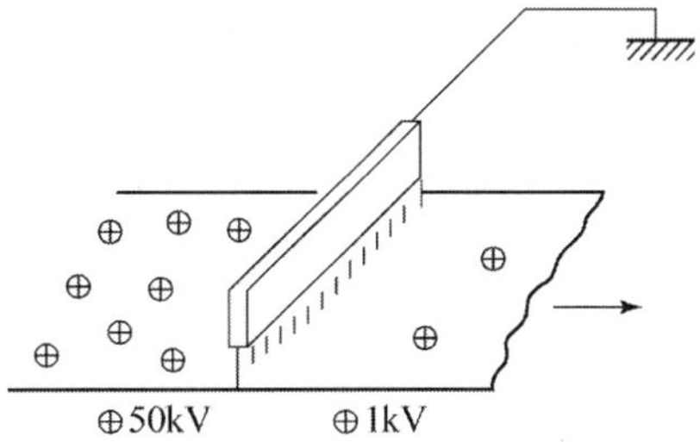

그림 5.6 자기 방전식 제전기의 원리

하지만 자기방전식 제전기는 제전기의 설치 방법에 따라 제전 효율이 크게 변화하므로 설치하는 데에는 세심한 주의가 필요하다.

③ **방사선식 제전기**

방사선식 제전기는 방사성 동위 원소의 전리 작용에 의해 제전에 필요한 이온을 만들어내는 제전기로서 착화원으로 될 위험이 적은 제전기이지만 방사성 동위 원소를 내장하고 있기 때문에 취급에 주의를 요한다. 또한 대전물(피제전 물체)이 방사선의 영향을 받아 변화할 위험이 있으며 제전 능력이 작기 때문에 제전에 시간이 필요하고, 이동하는 대전 물체의 제전에는 적합하지 않다.

각종 제전기의 특징 및 사용 예를 표 5.1에 나타낸다.

표 5.1 제전기의 종류

제전기	이온의 생성방법	특징	사용례
전압인가식 제전기	침상, 세선상 전극에 고전압을 인가하고 코로나 방전을 일으켜서 이온을 생성	· 제전능력이 크다 · 기종이 풍부하다.	필름, 종이, 포 등의 대전물체의 제전 · 유동하고 있는 분체 등 체적 대전물체의 제전
자기방전식 제전기	대전물체의 전계를 전극에 모아 고전계를 만들고 코로나 방전을 일으켜 이온을 생성	· 이온생성에 전원이 불요 · 취급이 간편	필름, 종이, 포 등 표면 대전물체의 제전
방사선식 제전기	방사선 동위원소의 전리작용에 의해 이온을 생성	· 착화원으로 될 가능성이 희박	탱크에 저장되어 있는 가연성 액체 등의 제전

5장 연 습 문 제

1 전자기기의 오동작에 대하여 기술하시오.

2 정전도장에서 스태틱 마크(static mark)에 대하여 기술하시오.

3 정전기로 인한 생체 상해(전격)에 대하여 기술하시오.

4 정전기 발생 방지 대책을 기술하시오.

5 정전유도의 방지의 대하여 기술하시오.

6 부도체의 대전방지에 대하여 기술하시오.

7 제전기를 분류하고 원리에 대하여 간단히 기술하시오.

제 4 편 철도운전에 응용 (전기철도)

제 1 장 철도에 대한 일반

철도[*1](Railway, Rail road)는 초기에 주로 영국에서 발달하였다. 18세기 말엽 공업이 비약적으로 발달할 때 철광석이나 석탄을 다량으로 채굴하게 되었으며, 그로 인하여 대량 수송이 요구되게 되었다.

철도는 일정한 교통 공간을 점유한 특정한 주행로(runway) 위를 전용의 차량이 유도되어 주행하는 육상 교통수단의 일종이다.

철도는 기술, 경제 또는 사회상의 관점에서 50여개의 종류로 분류되어지고 있으며, 이중에서 철도를 기술상의 동력 방식에 의하여 분류하면 **증기철도**(Steam Railway), **전기철도**(Electric Railway), **내연기관철도**(Internal Combustion Railway)로 분류된다.

전기철도는 전기를 주동력으로 하여 열차를 운행하는 철도를 말하는 것이다.

즉, 전기철도는 『전기를 주동력으로 하는 전기차를 운행하여 여객 및 화물수송을 하는 철도를 말한다.』라고 정의할 수 있다.

---

*1. 철도란 『철로 된 궤도를 부설하고 그 위에 차량을 운전하여 여객과 화물을 운송하는 설비를 말한다.』(철도법 제 2조)

1.1 전기철도의 발자취

전기철도(electric railway)는 전력을 공급받아 이를 동력원으로 하여 차량을 운전하는 철도이다. 전기철도의 시작은 1879년 5월 31일 독일의 Siemens-Halske사가 베를린에서 열리는 세계 산업 박람회에 제 3레일 방식으로 직류 150[V], 3[HP] 2극 직권 전동기를 사용하여 시속 12[km], 20 인승 전기 기관차를 출품한 것이 효시라고 할 수 있으며, 1881년에 베를린 남부 근교에서 영업을 개시한 것이 전기철도를 최초로 실용화한 것이다.

영국에서는 독일 Siemens의 기술을 도입하여 1883년 프라이던에 전차가 등장하였고, 미국은 1880년에 Edison이 소형 전기차를 개발하여 시내 전차를 운행하였다. 일본에서는 1890년 동경 우에노 공원에서 박람회가 열릴 때 미국에서 도입한 15마력 500[V]용 전차를 처음으로 선보였다. 우리나라는 미국인 콜브렌(H. Collblen)과 보스트위크(H.D Bostwick)가 조선 왕실의 특허를 얻어 서대문-동대문 간에 직류 600[V] 방식인 노면 전차를 1899년 5월 4일 처음 운행한 것이 전기철도의 시작이라 할 수 있다.

최근 산업의 고도화에 따른 물류량 증가와 도시 인구 집중에 따른 교통난 심화로 교통 문제 해결이 심각하게 부각되고 있고, 자동차의 급속한 증가와 함께 육로교통은 이제 한계 상황에 이르렀으며 공해, 소음 등 환경에 오염에 대한 우려도 그 어느 때 보다 높아지고 있다.

따라서 세계 각국의 전기철도는 설비의 근대화, 수송방식의 개선을 도모하여 대량 수송 수단으로서의 장점을 살리고, 수송원가의 경감 및 철도수송의 성격에 변화를 가하는 등 전철화를 통한 철도 근대화를 적극적으로 실시하고 있다.

최근에는 철도용 전기 차량의 응용도 급속한 발전을 이루고 있는데 이것은 항공 및 도로 수송과의 경쟁속에서 좀더 빠른 수송 서비스를 위하여 기관차의 동력을 현대화하고자 한 철도운영의 결과라 할 수 있다.

전기 차량을 위한 여러 설비 및 기기들이 개발 발전됨으로써 전기 차량이 경제적으로도 점점 유리해지고 있으며 상용 주파수의 교류를 전기차에서 직접 사용할 수 있게 됨에 따라 급전비용도 훨씬 줄일 수 있게 되었기 때문에 전철화는 종합적인 철도경영의 일환으로서 뿐만 아니라 대량수송을 위한 대중교통의 축으로서 그 역할을 다하고 있다.

1.2 철도전기화의 이점

(1) **유리한 점** – 전기철도의 유리한 점은 다음과 같다.

① 에너지를 유효하게 이용할 수 있다. 증기기관의 총 효율은 6[%] 정도인데 비하여 전동기(교류)는 27[%], 디젤 기관차에서는 20[%] 이다.

② 전기기관차는 증기기관차보다 대출력으로 제작할 수 있기 때문에 속도가 향상되고 수송력을 증대할 수 있다.

③ 견인력이 커서 속도를 향상시킬 수 있다.

④ 매연, 먼지 등이 없어서 쾌적한 여행이 가능하고 환경오염을 줄일 수 있다.

⑤ 운전이 간단하고 발차나 정차가 간편 신속하다.

(2) **불리한 점** – 한편 전기철도의 불리한 점은 다음과 같다.

① 건설공사에 고비용의 설비 투자를 요한다.

② 통신, 유도장해, 전식(電蝕) 등을 방지하기 위한 투자나, 보수비용도 크다. 이러한 점으로 승객이나 수송량이 많지 않은 곳에서는 적합하지 않다. 디젤기관에 의한 운전은 전기철도로 채산이 맞지 않는 구간에 이용된다.

1.3 전기방식

전기철도의 전기방식은 **직류전기철도**와 **교류전기철도**로 크게 나눌 수 있으며, 직류전기철도방식은 전압별로 분류하고 교류전기철도 방식은 전압별, 상별 및 주파수별로 분류하고 있다.

전기 차량을 위한 전기 방식으로는 직류식이 널리 이용되어 왔는데 영국, 프랑스, 이탈리아, 인도, 호주 등지에서 직류식을 사용하고 있다. 직류식의 급전방법은 제 3레일을 통하여 600~750[V]를 공급하는 방법과 가공선을 통하여 1,500[V] 또는 3,000[V]를 공급하는 방법이 있다. 3,000[V] 부근이 전기차에서 다룰 수 있는 최대전압이라고 할 수 있다.

전기방식						
직류식	전압 [V]	600,	750,	1200,	1500,	3000
단상 교류식	전압 [KV]	12	15	11	20	25
	주파수[KV]	$16\frac{2}{3}$		25	50	60
3상 교류식	전압 [KV]	3	6	6		
	주파수[KV]	$16\frac{2}{3}$		25		

스위스와 독일 등 유럽 몇 나라에서는 저주파 교류방식을 이용하고 있으며, $16\frac{2}{3}$[Hz] 1500[V]의 교류를 사용한다. 미국도 비슷한 방식으로 25[Hz], 1100[V]의 교류를 사용하는 곳이 있다. 저주파 교류의 급전에는 가공 트롤리선을 사용하며, 전기차 내부에 강압변압기를 두어 견인 전동기에 사용할 수 있는 400[V] 급으로 낮추어 준다. 이처럼 저주파를 사용하는 것은 상용주파수에서 운전할 수 있는 견인 전동기의 설계가 쉽지 않기 때문이다.

그러나, 최근에는 점점 상용주파수 교류를 광범위하게 채택하고 있다. 특고압의 급전은 급전손실을 줄여주며, 교류를 사용함으로써 강압변압기의 탭으로 전동기 인가전압의 조절, 즉 속도의 조절을 쉽게 할 수 있다. 상용주파수를 사용하게 됨으로써 변전소와 가공선 사이의 급전이 아주 간단해졌다. 급전전압은 통상 25,000[V]로서 이 전압은 전기차 내에서 강압되고 정류기를 통하여 맥류의 형태로 견인 전동기에 인가된다. 상용주파수 교류를 사용할 수 없었던 것은 앞에서 언급한 전동기 설계상의 문제와 전원장치의 문제 때문이었는데, 최근에는 마이크로 프로세서와 반도체 부품의 발달로 이러한 문제들이 해결되었다.

(1) **직류식** – 일반적으로 도로상의 노면전차는 750[V], 600[V] 가 사용되며, 직류 1500[V]는 운전 속도가 높고 수송량이 큰 간선에 이용된다. 이탈리아, 러시아에서는 3000[V]를 사용하고 있다.

직류식의 큰 **특징**은 직류 직권전동기를 사용하므로 전기차 설비가 간단하게 되고, 통신선에 대한 유도장해가 적으며 전압이 낮아서 절연이 용이한 장점이 있다.

반면, 전철용 변전소에 정류장치를 설치해야 하므로 건설비가 높고, 전압이 낮아 전류가 크게 되므로 전선의 굵기가 크게 된다. 또한 전력손실, 전압강하가 크게 되어 변전소간 간격을 길게 할 수 없으며 운행전류가 크게 되어 보호방식이 복잡하게 되고 전식에 의한 피해 등 문제점도 있다.

(2) **단상 교류식** – 직류식에 비하여 고전압이 이용될 수 있으므로 전류가 적고 전력 손실도 적다. 또한 전식에 의한 피해도 없는 등의 특징이 있으나, 통신선에 대하여 유도

장해를 발생시키는 결점이 있다.

단상교류식(그림 1.1(a))에는 저주파수식, 상용주파수식 및 단상-3상식 (분상식)이 있다. 저주파수식은 전기차의 주전동기로서 이용하는 단상정류자 전동기의 정류 불량을 경감하기 위하여 25[Hz], $16\frac{2}{3}$[Hz] 등의 특수 저주파를 사용하고 있으며, 유럽의 몇 나라, 미국 등지에서 채용되었으나 점차로 상용주파수로 변환시키고 있다.

상용주파수식에는 단상교류정류자 전동기를 이용하는 직접형과 실리콘 정류기를 이용하는 정류기형이 있다.

단상 3상식에서는 **전차선**에는 단상교류를 보내지만 전기차 내의 상변환 장치에 의하여 3상으로 변환시키는 것으로서, 주전동기를 3상유도전동기로 사용하는 방법이며, 정류의 문제는 없으나 전기차의 구조가 복잡하고 중량도 크게 되어 일반적이지 않다.

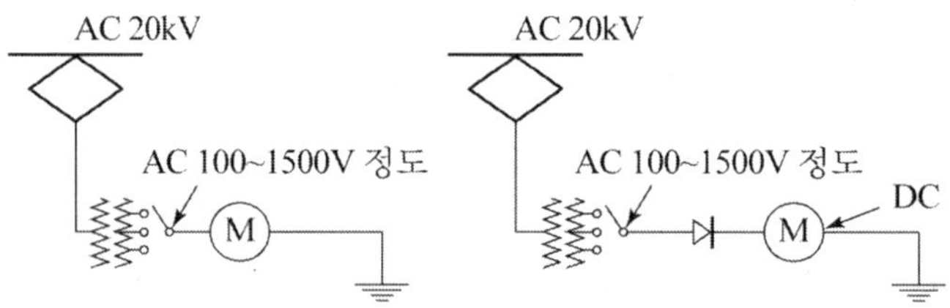

(a) 단상교류식 (b) 단상교류-직류식

그림 1.1 단상교류 전기방식

(3) **단상교류 - 직류식**[*2] - (그림 1.1(b))에 도시한 바와 같이 전동기는 종래의 직류직권전동기를 채용한 것이며, 차내에 실리콘 정류기를 설치하고 있다.

(4) **3상식** - 주전동기로 3상유도전동기를 사용하므로 정류의 문제는 없고 전기차 설비도 간단하나, 속도제어가 곤란하고 기동 토크도 적다.
3상식은 교류전철화의 초기에 사용되었으나, 현재는 사용하지 않고 있다.

*2. 일본의 국철은 최근 이 방식을 채용하고 있다.

1.4 전기철도의 분류

전기철도는 수송 수단으로서 중요한 지위를 차지하고 있으며 이를 다음과 같이 분류할 수 있다.

(1) 전원의 종별에 따라 즉 전기방식에 의하여 직류전기철도와 교류전기철도로 분류된다.

(2) 전력의 공급 방식에 의하여 가공전차선 방식(over-head contact wire system), 제 3레일 방식(third-rail system)으로 분류된다.
법규에 의하여 국유철도, 지방철도 및 궤도법에 의하여 도로 위에 부설한 레일 위를 운행하는 궤도 혹은 노면전차(tram-way, street-car), 그리고 삭도(索道)규칙에 의한 삭도(aerial ropeway) 분류된다.

(3) 수송목적에 의하여 시가철도 혹은 노면전차(路面電車), 교외철도, 도시고가철도, 시간철도(市間鐵道), 등산철도, 간선철도(幹線鐵道) 및 지선철도(支線鐵道) 등으로 나누어진다.

(4) 철도선로의 구성에 의하여 보통철도, 지하철도(under ground railway), 고가철도(elevated railway), 치궤조식 철도(齒軌條式鐵道)(abt-system railway), 강삭철도(鋼索鐵道)(cable way), 모노레일(mono-railway) 및 무레일 전차(trolley coach) 등으로 나누어진다.

(5) 전기차 형태에 의하여 경전철*3[철제 차륜 경량전철, 고무차륜 경량 전철, 모노레일 경량전철, LIM(Linear Induction Motor) 형 경량 전철]과 중전철*4(重電鐵)[전동차, 전기기관차]로 나누어진다.

(6) 운전속도에 의하여 완속전철*5, 고속전철 및 초고속 전철로 나누어진다.

(7) 수송목적에 의하여 노면전철, 시가지전철, 도시전철, 교외전철, 간선전철, 도시간 전철, 산업선 전철 및 특수전철로 나누어진다.

---

*3. 수송능력이 Bus와 일반전철의 중간정도이고, 1970년대 미국에서 실용화되어 1980년대 유럽, 일본 등에 건설되었으며, 특징은 차량의 크기가 작고, 노선계획에 탄력성이 있으며 건설비가 저렴하고 운영비가 절감된다.

*4. 일반 전철의 전기차를 말하며, 크게 나누어 여객 수송을 목적으로 하는 전동차와 여객과 화물 수송 겸용인 전기 기관차를 구분할 수 있다.

*5. 일반적으로 운전속도가 200[km/h] 미만인 경우를 말한다. 완속전철의 대표적인 것은 시가지 철도나 도시철도, 도시간 철도 등을 운행하는 전철이다.

1장 연습문제

1 전기철도 수송의 특징을 열거하시오.

2 전기철도의 전기방식 중 직류식과 단상교류식의 장・단점을 비교하시오.

3 철도전기화의 이점을 열거하시오.

4 전기철도의 전기방식에는 어떠한 것이 있는가?

제 2 장 선로(rail way)

차량을 운행하게 하는 선로(rail way)는 레일(궤조, rail), 침목(sleeper), 도상(ballast) 및 노반(road bed)으로 구성된다. 노반의 높이를 나타내는 기준면을 시공기면(formation level)이라 칭하며 선로구조의 기준이 된다. (그림 2.1 참조)

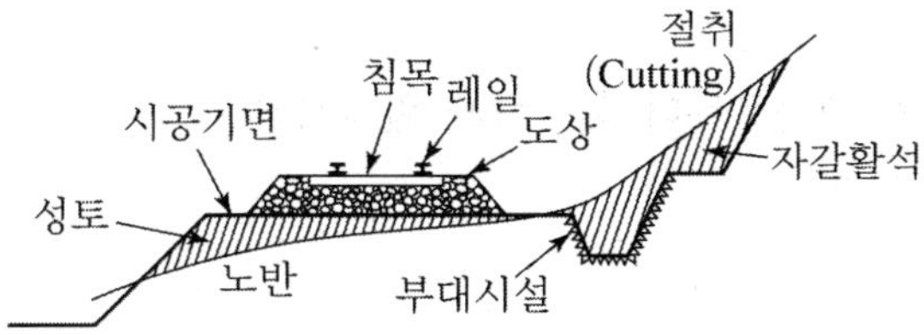

그림 2.1 선로의 구성

선로는 가능한 직선이고 고저차가 없는 것이 이상적이겠지만 지형과 구조물의 영향으로 부득이 곡선이 필요하거나 구배가 생기게 된다.
또한 수송력에 직접적인 영향을 주는 구배 역시 수평에 가까울수록 좋으나 선로를 수평으로만 건설하는 경우 절취(cutting) 또는 성토를 위한 많은 양의 토사작업과 긴 터널이 필요하게 되어 건설비가 과다하게 소요된다.

2.1 궤도구조

궤도는 레일과 그 부속품, 침목 및 도상으로 구성되며, 이것을 견고한 노반 위에 자갈, 활석 등으로 도상을 정해진 두께만큼 깔고 그 위에 침목을 일정한 간격으로 부설하여 두 개의 레일을 평행하게 고정시킨 구조이다.

침목은(sleeper)은 레일의 위치를 일정한 장소에 고정시켜 주고 차량으로부터 하중을 받아 도상에 전달하는 역할을 한다.

도상(ballast)은 침목의 위치를 일정한 장소에 고정시키고 레일로부터 전해지는 열차 하중을 노반에 균일하게 분포시킨다.

또한 궤도에 탄력성을 주어서 승차감을 좋게 하며 배수가 잘 되게 하여 궤도의 수명을 연장시키는 역할을 한다.

자갈, 활석 등을 사용한 도상을 **탄성도상**, 콘크리트 등을 사용한 도상을 **비탄성 도상**이라 한다. 탄성도상은 유지보수가 용이하고 진동에 의한 소음이 적어 일반적으로 많이 채용되고 있으며 전기적으로도 궤도와 대지 간의 절연을 양호하게 하여 누설전류도 적다.

또한 주행 중인 열차로부터 충격력을 완화시킨다.

1 레일

차량을 지지하고 차량의 운행을 유도하는 레일(rail)의 재질은 강(탄소 0.6~0.8[%], 망간 0.6~1[%], 규소 0.4[%] 이하, 인・황 0.05[%] 이하)을 압연하여 만든다. 모양으로는 쌍두, 평저(flat bottom), 구부형 등 여러 가지가 있으며(그림 2.2 참조), 쌍두형의 것은

그림 2.2 레일의 모양

영국의 일부에서 사용하고 있을 뿐이며 평저형이 침목 위에 놓기 좋아 가장 널리 사용되고 있다. 구부형은 노면제도에 사용되는 것이며 노면을 포장하는 경우에 시공하기가 좋은 편이다.

평저형의 크기 표준은 보통 3종류가 있으며, 그 굵기를 표시하는데 1[m] 당의 중량으로 나타낸다. (표 2.1 참조)

표 2.1

1m의 중량(kg)	전기 저항($\mu\Omega$/m)
50	약 32
37	약 41
30	약 51

길이*6가 길수록 접속시키는 것이 적어져서 좋으나, 너무 길게 하여도 운반이나 취급에 불편하다. 레일은 차륜과의 마찰에 의하여 점차로 마모되며 두부의 차륜 노면만이 아니고 측면에도 마모*7된다. (마모되어 가는 경향은 열차의 통과 횟수나 중량이 클수록, 그리고 곡선이나 구배선에서 현저히 빠르게 된다.)

레일의 마모는 상황이 현저하게 되면 운전에 지장을 줄 우려가 있기 때문에 레일을 바꾸어 설치한다. 특히 운전에 가장 큰 문제로 되는 것으로는 레일의 파손이다. 이의 원인은 레일의 제조상 또는 사용상으로 결함이 있을 때 주로 접합 부근에서 발생하는 일이 많다. 그래서 탐상기로 종종 레일을 점검해야 할 필요성이 있다. 마모가 현저하게 일어나는 부분, 예를 들면 교차부나 레일전환부의 레일에는 특히 내마모성이 큰 만강강 등을 사용하고 있다.

*6. 일본 국철의 경우 30[kg] 레일에서는 20[m], 37[kg] 과 50[kg] 레일에서는 25[m]를 표준으로 하고 있으나 점차로 장척으로 되어가는 경향이 있다. 200[m] 미만을 장척레일, 200[m] 이상으로 용접한 레일을 장대레일(long rail)이라 부르고 있다.

*7. 노면에는 파상마모가 이따금 일어난다. 파장은 2~3[cm]에서 50~60[cm]까지이며 그 원인은 아직도 구명되어 있지 않다.

2 레일의 접속

레일에서 가장 약한 곳은 접합부(接合部)이며, 접합을 잘 하지 않으면 레일 및 차량에 많은 손상을 준다. 그러므로 레일의 접합은 하중에 견딜 수 있도록 견고한 구조로 해야 한다.

접속에 요구되는 필요조건은 다음과 같다.

① 접합 개소 이외의 부분과 동등 이상의 강도를 가지면서 사용 중에 헐거워지지 말 것
② 온도 변화에 의한 레일의 팽창 수축이 가능한 한 적을 것
③ 공사가 간단하고 붙이고 떼어내는 작업이 쉬울 것
④ 가격이 저렴할 것

레일을 접속시키는 일반적인 방법은 (그림 2.3), (그림 2.4)에 표시한 바와 같이 레일의 양쪽에 접합판(joint bar, splice plate)을 붙여서 볼트로 죄는 방식인 기계적접속(mechanical joint)이 있으며, 이 밖에도 용접접속(welded joint) 방식도 있다.
여름과 겨울의 기온차로 레일이 무시 못 할 신축이 있으므로 건설할 때 기온의 차이를 고려하는 유간(遊間)(clearance)을 주어야 하며 볼트 구멍에도 여유를 가지게 한다. 그러나 터널 속에서와 같이 온도차이가 적은 장소에서는 유간*8을 적게 하여도 좋으며, 긴 터널에서는 용접하여 장대레일로 하는 일이 많다.

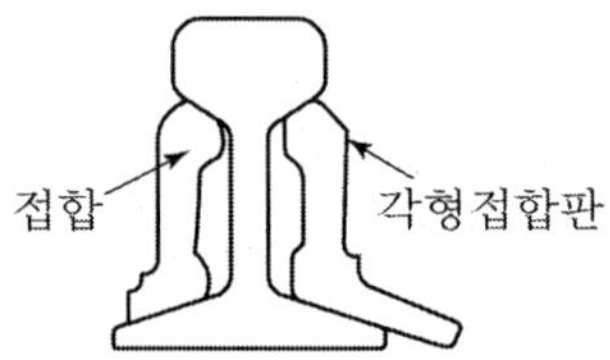

그림 2.3 접합판

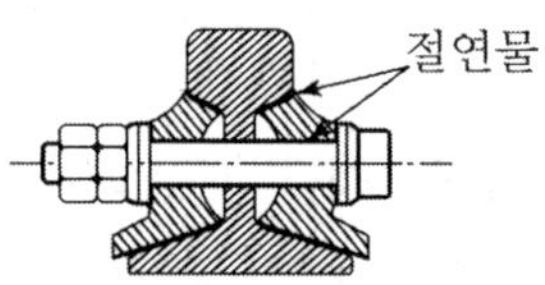

그림 2.4 절연 접합

*8. 온도 변화에 대한 레일의 신축에 대응하기 위하여 이음 장소에 적당한 간격을 둔다. 이 간격을 말함. 유간 $\lambda(\mathrm{mm}) = al(t_m - t)$로 표시할 수 있다.
a : 팽창계수, l : 레일의 길이 [mm]
레일강의 온도계수를 0.0000114/℃ 라 하면 25[m] 레일에 대하여 50[℃]의 온도차에서는 $25000 \times 0.0000114 \times 50 = 14.3$[mm]의 신축이 있다.

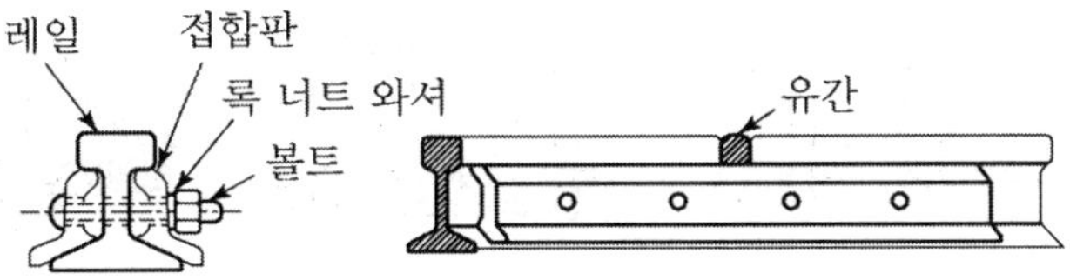

그림 2.5 레일의 접속법

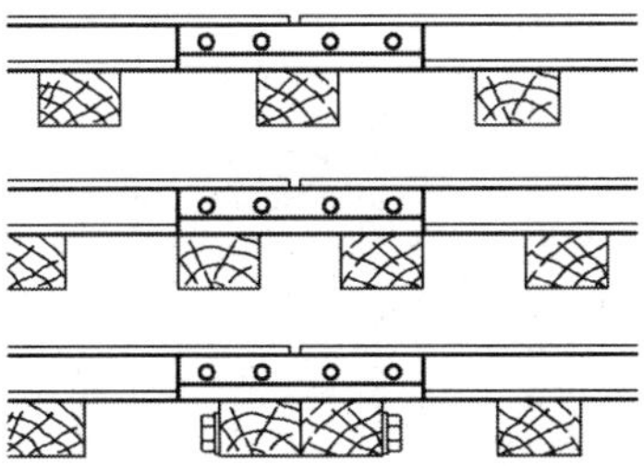

그림 2.6 레일의 접속법

접합판 접속법에는 좌우의 레일을 같은 침목의 곳에 놓아서 접속하든가 2개의 침목을 배열하여 접속하든가 하여 충분히 지지할 수 있도록 한다. (그림 2.5), (그림 2.6) 참조

3 복진방지(匐進防止)

열차가 진행하면 레일은 반작용 받아서 후퇴한다. 이것을 일반적으로 **복진**(Creeping)이라 한다. 이는 구배 구간, 브레이크 구간, 도상이 견고하지 않은 구간, 교량의 전후 및 분기점 부근에서 일어나는 경우가 많다.

이를 방지하기 위하여 복진지(anti-creeper, rail anchor)를 (그림 2.7)에 도시한 바와 같이 레일 저부에 탄성*9의 물질을 설치시키든가 레일 또는 접합판에 구멍을 뚫어서 철도용 못(그림 2.8)으로 침목에 박아 둔다.

그러나 레일이 침목과 함께 복진할 수도 있기 때문에 이 경우에는 침목의 부분에서 도상으로 갱(坑)을 넣기도 하며(그림 2.7(a)), 침목과 침목을 연결하기도 한다.(그림 2.7(b))

*9. 탄성판을 이용하면 레일의 진동을 흡수할 수가 있다.

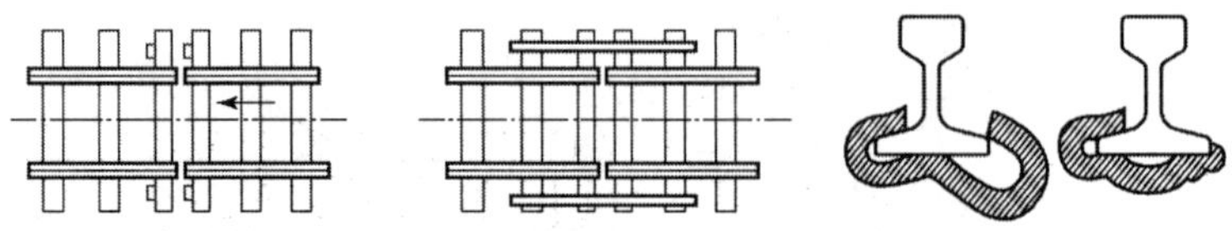

(a) (b) (c)

그림 2.7 복진지금구

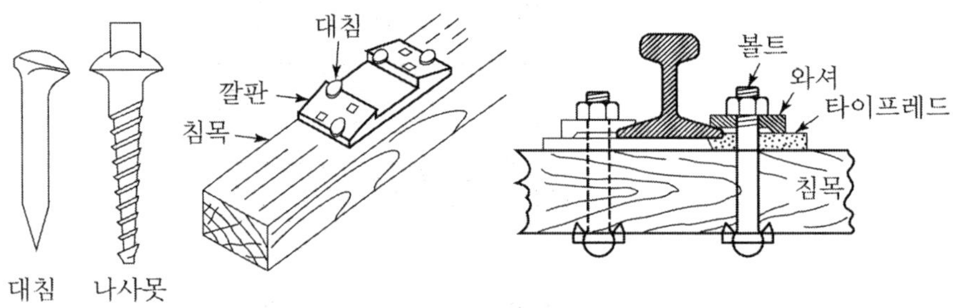

(a) 대침 (b) 타이프레드

그림 2.8 대침(a) 큰 못과 타이프레드(b)

4 궤간(gauge)

궤간(gauge)은 양 궤조 두부 내측간의 최단거리를 말하며 세계적으로 많이 사용되고 있는 1,435[mm]를 표준궤간이라 한다.

① 협궤 (Narrow Gauge) : 1,067[mm] (표준보다 좁은 것)
② 표준궤간 (Standard Gauge) : 1,435[mm]
③ 광궤 (Broad Gauge) : 1,676[mm] (표준보다 넓은 것)

협궤는 러시아, 인도 등에서 이용되고 있으며 일본의 동경전철 혹은 요코하마시전철 등에서는 1,372[mm]가 이용되며 이를 **변궤**라 한다.
일반적으로 궤간이 넓을수록 안전 운행과 속도를 높일 수 있지만, 경제적인 문제가 뒤따르므로 양쪽을 고려하여 궤간을 결정해야 할 것이다.

2.2 구배와 곡선로

1 구배(grade)

구배는 열차의 운전에 큰 영향을 주므로 가능한 한 완만하게 하는 것이 바람직하다. 그래서 선로의 중요도에 대응하여 그 한도가 제한되며 가장 급구배는 중요한 선로에서는 10[‰], 보통 25[‰], 간이선 및 전차 전용선에서는 35[‰] 등으로 정해져 있다. 전기철도에서는 수평거리 1000[m]에 대하여 몇 [m] 높아졌는가로 표시하며 15[m] 증가한 경우는 15/1000, 즉 (15[‰]), 15(퍼밀)의 구배라 한다. 이와 같이 구배는 천분율[‰]로 표시하는 것이 보통이다.

구배는 열차의 운전에 큰 영향이 있기 때문에 선로에 따라 일정한 제약을 받게 된다. 동일 구간 내에서도 선로의 구배는 오름, 내림, 완급 및 장·단 등 여러 형태이므로 임의의 대표적인 구배를 결정하여 열차의 편성 및 운전 속도 등에 적당한 제한을 주도록 고려해야 한다. 이러한 구배를 **표준구배**[*10](standard grade)라 한다.

2 곡선로

곡선의 정도는 궤도가 그리는 곡선을 원으로 해서 그의 반지름 R[m]로 표시한다. 운전의 안전을 유지하고 승객의 기분을 좋게 하기 위해서는 최소 곡률반지름을 정해 둘 필요가 있다.

노면철도는 11[m], 지방철도는 100[m], 국철에서는 중요도에 따라 300, 250, 200, 160[m]로 되어 있다. 직선에서 곡선으로 들어가는 경우에는 급격한 변화를 완화시키기 위하여 특별한 곡선을 설계할 필요가 있다. 이러한 곡선을 완화곡선(緩和曲線)이라 한다.(그림 2.9 참조)

*10. 임의 구간에서 1km 떨어진 선로의 2점 사이를 연결하는 직선의 구배 중 가장 급구배를 천분율로 표시한 것. 이 구간 내 견인 중량을 제한하는 구배를 제한구배 혹은 사정구배(査定勾配)라 한다.

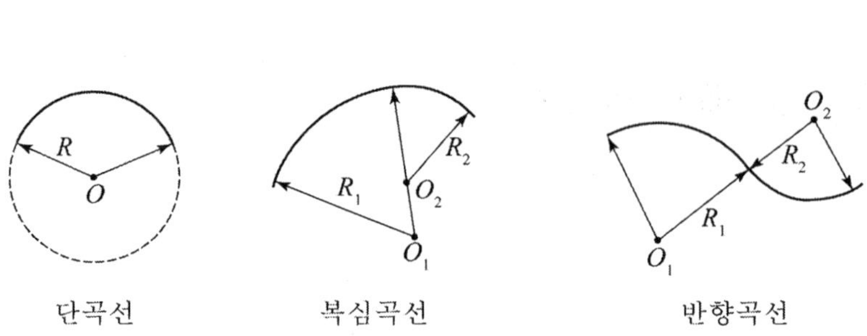

그림 2.9 곡선의 종류

3 캔트와 슬랙

(1) 캔트(고도 : cant)

열차가 곡선부를 주행할 때는 원심력에 의하여 궤도 밖으로 나가려고 한다. 이것을 막기 위하여 곡선궤조의 바깥쪽 레일을 안쪽보다 높게 한다. 이 고저차를 **캔트**(高度)라 한다.

(2) 슬랙(확도 : slack or widening of gauge)

직선로에서는 대차의 전후축은 레일과 직각이지만 곡선로인 곳에서는 직각으로 되지 않으므로 차륜의 플랜지가 레일 측면과 꽉 끼워져 때로는 탈선되려고 한다. 이를 방지하기 위해 곡선부의 궤간을 직선부보다 조금 넓게 한다. 이와 같이 궤간을 넓히는 정도를 **슬랙**이라 한다.

4 차량 한계와 건축 한계

차량의 어떠한 구조물도 일정한 한계를 정하여 이것보다 돌출되지 않도록 하는 한계를 차량 한계(Rolling stock Gauge)라 하며 차량단면의 최대치수를 제한하는 것이다. 또한, 차량운전에 지장이 없도록 선로의 전주, 플랫홈, 신호기 등의 건축물은 차량 한계보다 상당한 여유를 가진 위치에 설치되어야 하며 이러한 건출물의 한계를 건축 한계(Construction Gauge)라 한다.

2장 연습문제

1 선로의 구성을 간단히 설명하시오.

2 궤도 각부의 명칭과 그의 역할을 설명하시오.

3 레일의 종류를 표시하는 방법을 기술하시오.

4 레일의 접속에 용접법을 사용할 경우 이해 득실을 기술하시오.

5 건축한계와 차량한계와의 관계에 대하여 설명하시오.

6 다음용어에 대하여 간단히 기술하시오.

① 복진지 ② 확도(스랙)
③ 구배 ④ 레일캔트
⑤ 곡선로 ⑥ 궤간

7 레일의 선팽창 계수를 0.0000114[/℃]라 하고, 1500[m]의 레일이 아무런 구속 없이 신축한다고 하면 40[℃]의 온도차에서는 어느 정도의 신축이 있는가?

8 곡선 반지름 2000[m]의 곡선로를 50[km/h]의 속도로 통과하고자 할 때, 캔트는 얼마 정도로 하면 좋은가? 단, 궤간은 협궤라 한다.

제 3 장 차량(rolling sock)과 부속장치

3.1 전기차

전기에너지를 받아서 주행하는 차량을 **전기차**(electric motor vehicle) 라 하며, 직접적으로 수송을 담당하는 매우 중요한 역할을 한다. 전기차는 일반적으로 차체, 대차, 주전동기, 동력전달 장치, 브레이크 장치 및 제어 장치, 그리고 전기차를 운전하는 데 필요한 장치로 구성되어 있다.

1 전기차의 분류

전기 방식, 구조 · 기능 · 사용 목적에 따라 다음과 같이 분류된다.

① **전기방식에 의한 종류**
ⓐ 직류전기차 ⓑ 교류전기차 ⓒ 교 · 직류 전기차

② **형태에 의한 종류**
ⓐ 밀폐차 ⓑ 개방차 ⓒ 2계부차

③ **성능에 의한 종류**
ⓐ 전동차(motor car) : 구동용 전동기를 가지고 단독 또는 다른 차량을 연결하여 운전한다. 제어장치를 가지는 것을 제어전동차라 한다.
ⓑ 제어차(control car) : 제어 장치(운전대)를 구비한 차량
ⓒ 부수차(trailer car) : 전동기도 제어 장치도 없는 차량으로 이른바 객차, 화차를 말한다.

ⓓ 전기기관차(electric locomotive) : 강력한 구동력의 전동기를 가지고 다수의 부수차로 된 열차를 견인하는 것이다.

④ **대차(臺車)에 의한 종별** : (그림 3.1 참조)

ⓐ 4륜차(단 대차 : four-wheel car) : 한 개의 대차 위에 차체를 고정시킨 것(소형용)

ⓑ 보기차(bogie car) : 차체가 2대의 대차로 지지되며, 대차는 차체에 대하여 자유로이 회전하므로 급커브 부분에서도 원활하게 주행할 수가 있다. 최근의 전기차는 모두 이 형식이다.

ⓒ 연접차(連接車)(articulated car) : 2대의 차체가 1대의 대차를 공유하고 있는 것이며, 두 차량을 분리할 수가 없으나 대차의 수를 줄일 수 있으므로 전체의 중량이 경감된다. 이로 인하여 가속도 및 속도를 증대시킬 수 있다. 그리고 보수비가 적게 들고 가격도 싸게 되는 특징이 있다.

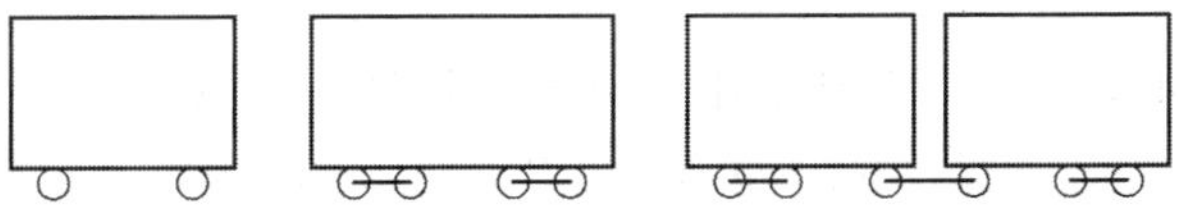

(a) 4륜차 (b) 보기차 (c) 연접차

그림 3.1 대차에 의한 차량의 종류

기타 모양이나 재질, 국내법규 상 및 수송 영업의 형태에 의해서도 분류된다.

2 전기차의 구성

전기차는 다음과 같은 부분으로 구성된다.

① 차체 ② 대차
③ 연결기 ④ 주전동기
⑤ 구동장치 ⑥ 속도 제어장치
⑦ 브레이크장치 ⑧ 집전장치
⑨ 주회로와 제어장치 ⑩ 보조기기
⑪ 각종 부속장치

3 차체

차체는 차량의 외형을 구성하는 주요한 부분이며, 승객, 화물 및 전기기기, 기타 필요한 장치를 수용한다. 전기기관차에서는 운전실 및 기계실 등을 포함하고 있으며 전차에서는 운전실 및 객실 등을 포함한다.

수송에 대한 안전성, 승객에 대한 쾌적성 혹은 경제성면에서 경량화를 시도하는 등 고성능의 차량이 사용되고 있다.

차체는 사용 재료에 따라서 다음과 같이 분류한다.

① 목조차(wooden car)
② 전강차(全鋼車)*11(all steel car)
③ 반강차(semi-steel car)
④ 경합금차*12(aluminium alloy car)
⑤ 스테인레스차(stainless car)
⑥ 합성수지가 발달하여 차체의 각부에 사용되고는 있으나 본체에까지는 이르지 못하고 있는 현황이다. 향후 사용되어질 가능성이 있다.

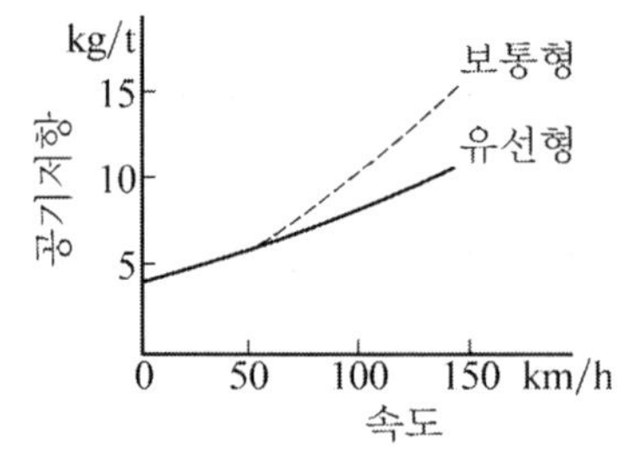

그림 3.2 속도와 공기저항의 관계 곡선

---

*11. 차체 전체가 강재이어서 대단히 튼튼하기는 하나 수리가 불편하고, 보온 및 소음의 관점으로 보면 별로 좋은 편이 아니며 내측과 외측의 강판 사이에 보온방음재로서 유리섬유류 등을 넣는다. 강도나 화재에 의한 방재의 점에서 현재 거의 이 형식이 채용되고 있다.

*12. 이것은 미국에서 발달한 것이며 경합금을 열처리하여 강재에 뒤떨어지지 않는 강도를 가진 차가 만들어지고 있다. 차체 및 대차를 모두 경합금으로 하면 비중은 1/3 정도로 가볍게 되나, 탄성계수가 강의 1/3이기 때문에 구부러지기 쉽다. 그래서 경합금의 치수를 크게 해야 하므로 그다지 중량이 가볍게 되지는 않게 된다. 보통 10~20[%] 가볍게 된다.

차체를 유선형으로 하는 것은 항공기의 발달에 따라 촉진되어졌다고 생각된다. 실제 시속 150~200[km]에서와 같이 고속차량에 대해서는 이미 시도되어졌으며, 공기 저항이 적기 때문에 견인력의 면에서 상당히 이익이 있다.(그림 3.2 참조) 이 목적 이외에도 외관을 좋게 하는 의미도 있다.

4 대차(truck)

대차는 차체를 지지하고, 궤도 위를 주행하는 데 필요한 전동기, 브레이크 장치 및 차륜 등을 구비하고 있다. 그리고 대차는 궤도로부터 주어지는 충격을 완화시켜서 승객 및 기기에 주는 영향을 적게 하는 기구가 필요하며, 또한 충분한 내구력을 겸비해야 한다.

최근 선진 외국에서와 같이 차량의 고속화 및 경량화를 시도하고 승객들이 가지는 쾌적성의 개선 및 탈선에 대한 안정성의 향상 등 많은 조건을 요구하게 됨에 따라 대차의 구조도 점차로 개량되어 가고 있다.

대차에는 단대차와 보기대차(그림 3.3)로 분류된다.

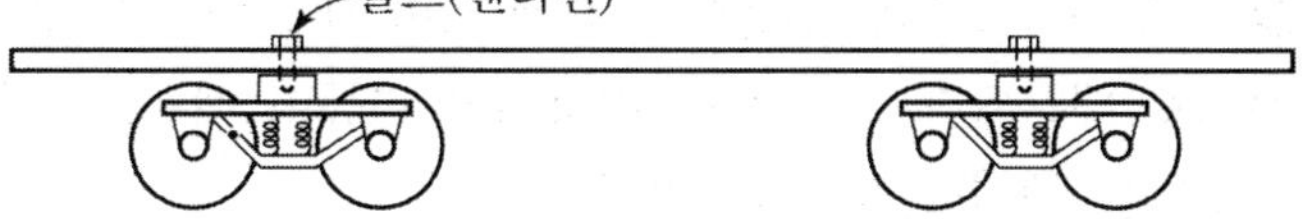

그림 3.3 보기 대차

① **종래의 대차** : 하중을 받는 볼스터(bolster)가 고정되어 있는 형태로부터 주로 발달되어 상하좌우로 움직이는 요동 볼스터형(swing bolster type)인 축 스프링식*13 (그림 3.4)과, U자형의 균등분포대(equalizer)로 대차에 걸리는 중량을 전후의 차축에 균등히 분배하는 형의 대차*14가(그림 3.5) 사용되고 있다.

*13. 비교적 가벼운 보기 대차에 이용되고 있으며, 축상의 습동부가 마모하면 축상의 인정이 나쁘게 되어 진동하기 때문에 최근 이의 부품으로 내마모레진판을 사용한다.

*14. 종래 대부분의 전차는 이 형식을 채용하였으며, 특히 고속도·대중량의 차에도 채용되어 왔다.

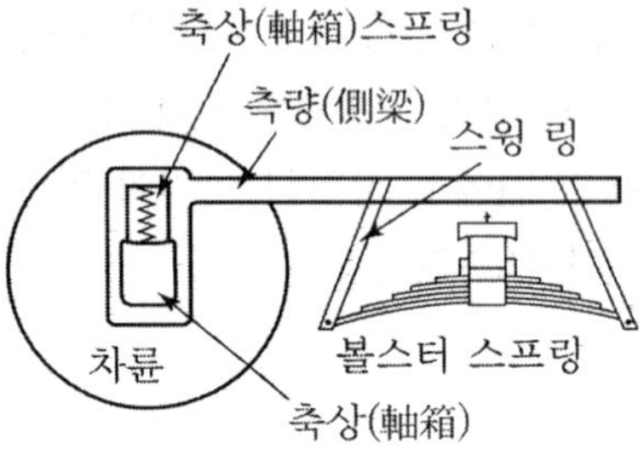

그림 3.4 축스프링 식 대차

그림 3.5 균등분배형 대차

② **고속대차** : 고속도로 되면 진동이 심하게 되며 차량이나 궤도의 손상과 승객의 쾌적성이 문제로 대두된다. 그리하여 경량이고 진동이 적은 대차*15를 세계 각국에서 개발하고 있는 중이다. (그림 3.6 참조)

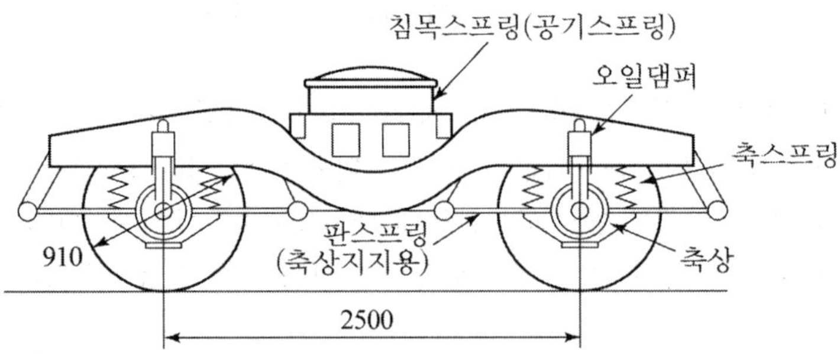

그림 3.6 특수형 대차 (일본 신칸센용)

*15. 독일에서 개발한 미네덴형 대차가 있으며 이는 일본의 신칸센에 채용되고 있다. 판스프링으로 축상과 대차테를 연결하여 붙이고 습동부가 전혀 없다. 중앙 상부에 공기 스프링이 있으며 이는 대차와 차체의 중간의 볼스터에 설치되어 있다. 이 밖에 미국의 파이오니어형 대차도 유명하다.

3.2 차체 부속장치

차체의 부속 장치로는 집전장치, 차내의 보조전원, 전동공기압축기, 차량의 문을 개폐하는 호폐기장치, 냉난방 장치, 조명 장치 등이 있으며, 여기서는 이들 중에서 주된 것에 대하여 기술하기로 한다.

1 집전장치

가공전차선이나, 제 3레일 등에서 차량 내에 전류를 끌어들이기 위한 장치이며, 속도가 낮은 시가전차 등에는 트롤리폴(trolley pole), 궁형집전장치(bugel, current collector bow)가 일반적으로 사용되고, 고속도의 것에는 팬터그래프(pantagraph)가 사용된다.

(1) 트롤리폴

이는 주상(柱狀)의 봉(강관)의 위쪽 끝부분에 집전자(集電子)(황동 주물의 트롤리폴)를 설치하고 폴이 하부의 스프링 장치에 의하여 올려지는 구조이다.

이는 간단한 구조이나 트롤리선*16에서 빗겨나가기 쉽고 접촉할 때 아크가 발생하기 쉬울 뿐 아니라 집전자나 트롤리선의 전기적 마모도 크기 때문에 소형의 전차 또는 무레일전차 및 노면전차에 많이 채용되고 있다.

(2) 궁형 집전기(弓形集電器)

궁형(화살형)으로 된 집전장치이며 테의 상부가 궁형으로 되어 있고 그의 상부에 트롤리선과 접촉하는 미끄럼판*17(contact trip)이 설치되어 있으며 하부에 스프링장치로 되어 있다(그림 3.7 참조). 접촉 압력은 5~7[kg] 정도이다. 트롤리선에서 빗겨나가는 일도 없고 방향을 전환할 때에도 편리하므로 트롤리폴 대신에 노면전차에 널리 이용되고 있다.

---

*16. 궤도상 전력공급용 나전선을 트롤리선이라 한다. (6장 참조)

*17. 강 알루미늄 합금, 탄소 등으로 만들어진 것이다.

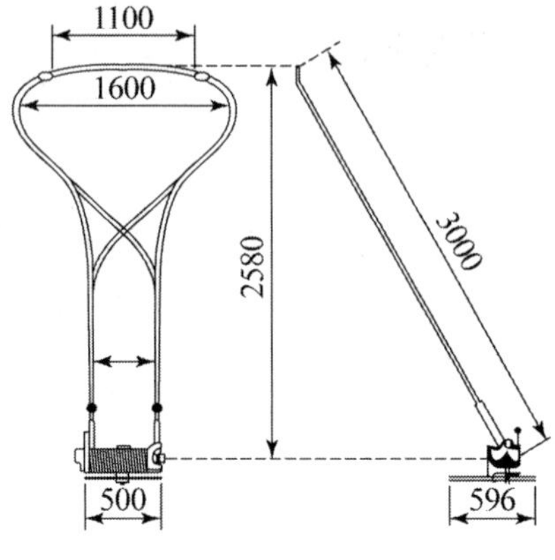

그림 3.7 bugel

(3) 팬터그래프

(그림 3.8)에 도시한 바와 같이 5각형이며 경량의 강관(鋼管)으로 되어있다. 상부의 주형(배모양)(舟形)인 강판(鋼板)을 **팬슈우**(pan shoe) 또는 **팬플레이트**(pan plate)라고 한다. 그림에서는 두 개 있으므로 2중 팬슈우(double pan shoe)라 하며 단일(single)의 것도 있다. 이의 상부에 미끄럼판(slider) 혹은 접촉편(contact plate)이라는 강판(1매 또는 수편으로 구성되어 있다)이 있다. 요소(파인부분)가 있어서 여기에 윤활유를 칠하여 트롤리선과의 마모를 방지하고 있다.

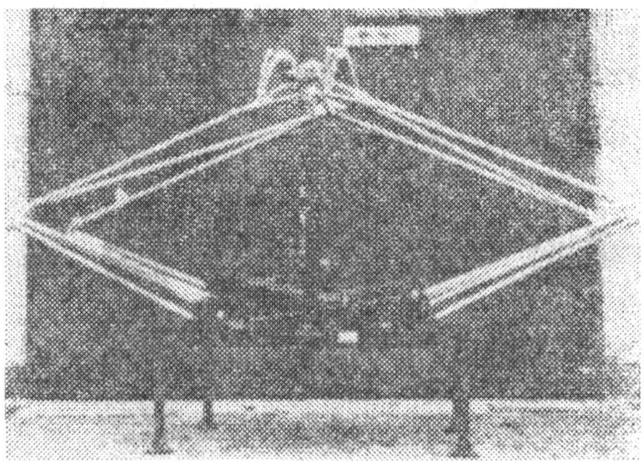

그림 3.8

트롤리선에는 다소의 고저가 있어서 여기에 팬터그래프가 스쳐가므로 팬터그래프를 올리는 힘을 항상 일정하게 유지하는 스프링*18이 필요하다. 이따금씩 선이 조금씩 이탈하여 불꽃이 발생하면 전기적 마모가 크게 된다. 보통 5~10kg의 상승력을 갖게 하지만 교류전차는 전류가 적으므로 이와 같은 상승력은 스프링 또는 압축공기*19에 의하여 상하로 움직이게 할 수 있다.

(4) 집전슈우(current collector shoe)

제 3레일방식의 집전장치로 이용되는 것이며, 주철・주강으로 된 미끄럼판을 대차에 절연시켜서 설치하고 스프링의 힘으로 레일에 접촉시켜서 집전한다. 접촉 압력은 10~20[kg] 정도이다. 접촉의 상태에 따라서 상면접촉식, 하면접촉식, 측면접촉식이 있다.

2 전동공기 압축기(air compressor)

전기차에서 공기 브레이크, 팬터그래프의 상승・하강 및 호폐장치 등의 조작에는 압축공기가 사용된다. 전동공기압축기는 직류에서는 직권전동기, 교류에서는 유도전동기를 사용하여 전동기에 직결 또는 기어 혹은 벨트 장치에 의하여 구동되는 왕복동(往復動)의 압축기가 이용된다.

3 보조전원

제어회로, 호폐장치의 전원으로서는 저압의 직류가 필요하며, 전등 회로 및 냉난방 기기용으로서는 교류가 필요하다.

(1) 축전지 : 트롤리선을 전원으로 하는 방법

① **축전지** : 24~32[V] 정도의 전압을 채용하고 있다. 각 차량마다 겸비하고 있는 예비등의 전원 혹은 노면전차의 일부에서는 전자브레이크의 전원으로도 사용하고 있다.

② **트롤리선** : 저항기로써 전압을 저하시켜 사용하는 것이므로 경제적이 아니다. 현재는 그다지 사용하지 않는다.

---

*18. 스프링 상승식은 압축 공기를 하부공동에 보내서 그 힘에 의하여 스프링의 힘을 넣어서 강하시키며, 상승시키고자 할때는 상승기동에 압축 공기를 보내어 밸브를 열어 주면 스프링의 힘에 의하여 상승한다.

*19. 공기상승식은 공기를 빼버리면 자연적으로 팬터그래프는 강하한다.

(2) 직류전동발전기법

일반적으로 널리 이용되고 있는 전동발전기는 전차선전압으로 구동되는 전동기와 여기에 직결된 직류복권형발전기로 구성되며, 특성으로는 전차선전압이나 부하전류의 변동에 대하여 단자전압이 일정해야 된다.

최근 차량 내에서 사용이 빈번하게 된 교류부하에 대하여 전동발전기로서는 엄밀한 회전수 제어에 의하여 주파수를 정확히 일정하게 할 필요가 있다.

① **여자기부(勵磁機付) 전동발전기** : 전동기·발전기 및 여자기가 동일축에 있으며 전동기의 회전수가 저감되면, 불포화로 설계되어 있는 여자기의 기전력이 저하하여 전동기계좌를 약하게 하므로 회전 속도가 상승하게 되고, 과포화인 복권발전기의 전압은 일정하게 유지된다.

② **비직선저항기부 전동발전기** : (그림 3.9)와 같이 전동기의 분권계좌회로에 저항밸브(resistor valve) 저항기를 넣어 두면 저항밸브의 전압-전류 특성이 비직선적이며 전압이 미소하게 변화하는데 대하여 전류는 크게 변화 하므로 전압이 조금 변화하여도 계좌전류는 대단히 크게 되며, 회전수는 그다지 변하지 않는다. 결국 회전수를 일정히 유지하게 된다.

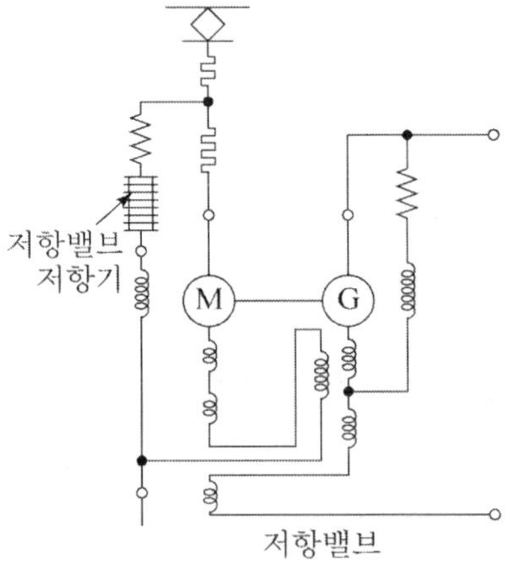

그림 3.9 저항밸브 저항기부 발전기

③ **복식전류(復式電流) 전동발전기**(double-current motor-generator) : 제어 회로용에 직류 100[V], 형광등 회로용에 교류 100[V], 120[Hz]라는 두 가지 전원을 동일 발전기로부터 발생시킬 수 있는 것이며, 교류측은 구조상 2상식 또는 3상식이 채용된다.

④ **역회전 변류기**(inverter) : 직류 전원에서 교류형광등용 전원을 얻으려 하는 경우에 사용된다.

(3) 정지형(靜止形) 보조 전원장치

앞에서 기술한 전동발전기는 효율이 그다지 좋지 않은 한편 소음이 높으므로 사이리스터(thyristor)에 의한 인버터가 이용되는 경향이 있다. 그 한 예로서 (그림 3.10)에 도시한 바와 같이 브리지형 인버터가 있다.

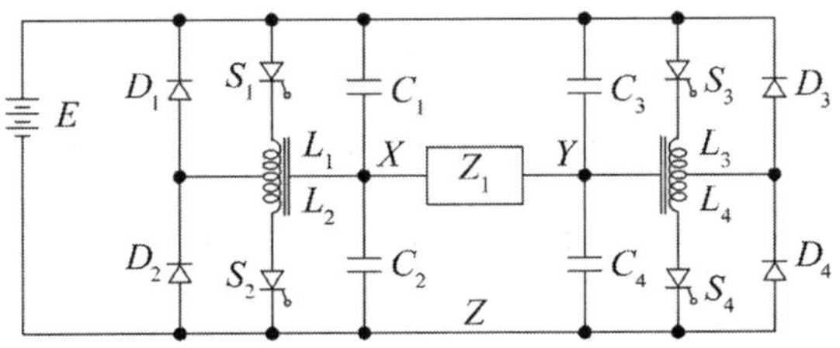

E : 직류전원
Z_1 : 교류측부하
S_1, S_2 : 사이리스터
D_1, D_2 : 실리콘 다이오드
L_1, L_2 : 전류(轉流)리액터
C_1, C_2 : 전류(轉流)콘덴서

그림 3.10 브리지형 인버터

4 기타 부속 설비

(1) 피뢰장치

피뢰 혹은 기타의 원인으로 전차선에 서지(surge)가 생기는 경우 이로 인하여 차내기기에 장해를 주지 않도록 피뢰장치를 한다. 이 장치에는 **색류선륜**[*20](塞流線輪)(choking coil)과 피뢰기[*21](lightning arrestor)가 사용된다.

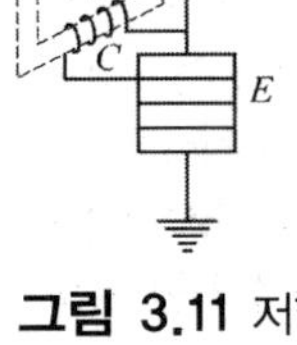

G_M : 주 gap
G_A : 보조 gap
M : 전자석
C : 마그넷 코일
E : 특성요소

그림 3.11 저항밸브 피뢰기

*20. 서지 또는 뇌가 차내에 유도되지 않도록 작용한다.
*21. 서지 또는 뇌를 대지로 유도시키는 작용을 한다. 일반적으로 사용하고 있는 레지스터 밸브 피뢰기의 접속을 (그림 3.11)에 도시한다.

(2) 전동송풍기

주전동기・주저항기・정류기의 냉각 등에는 전동 송풍기를 사용한다. 일반적으로 축류식(軸流式)과 많은 날개식이 이용되고 있다.

(3) 조명장치

객실 조명에는 주로 형광등*22이 사용되며, 교류식과 직류식이 있다. 정전시의 예비로서 24[V]의 축전지에 의하여 점등하는 예비등도 준비되고 있으며, 전조등(前照燈)(head light)은 반사경의 초점에 전구를 놓아서 원거리까지 조명되도록 하고 있다.
속도가 높게 되면 원거리를 볼 필요성 때문에 100~150[V]의 전구가 이용되고 있으며, 자동차에서와 같이 쉴드 빔이 채용되고 있다.
최근에는 객실 조명의 주광원이 LED로 대체되고 있으며, 향후 점차 확대될 추세이다.

(4) 냉난방장치

일반적으로 객실 난방에는 전열난방기를 사용하고 있다(500~1000[W] 정도). 종래에는 나전열선(裸電熱線)을 발열체로 하였으나 최근 시스선*23(sheath wire)식을 채용하고 있다.
특급 열차 등에는 냉방 장치가 설치되어 있으며, 냉동기로 온도를 내리면 공기 중의 수분은 물방울로 되며 습도는 내려가는 것이다. 냉방전차에서는 집중식과 분산식이 있다.

(5) 환기장치

공기의 유동을 승객이 느낄 수 없을 정도이어야 하며, 탄산가스는 공기량의 1/10,000 이하가 요망된다. 환기 장치의 주된 형식으로는 흡출식(吸出式)(garland type와 glove type ; (그림 3.12 참조)), 압입형 및 강제 통풍형이 있다.

---

*22. 형광등을 직류로 점등하면 수은증기가 (−)극으로, 아르곤이 (+)극으로 모여서 다소 어둡게 된다. 이것을 darkend 효과라 한다. 그래서 교류 전원을 이용하고 있는 편이 많다. 이 경우 50~60[Hz]보다 120[Hz]의 쪽이 깜박이는 횟수(flicker)가 적으므로 120[Hz]가 이용되고 있다.

*23. 시스선(sheath wire)은 합금 발연체를 금속관에 넣어 그 사이를 알루미나(AI_2O_2), 마그네시아(MgO)나 석회분말 등으로 절연한 것이다. 또한 석영관 내에 발열체를 봉입한 것도 있으며, 발열체의 표면에 세라믹 코팅을 실시한 것도 있다.

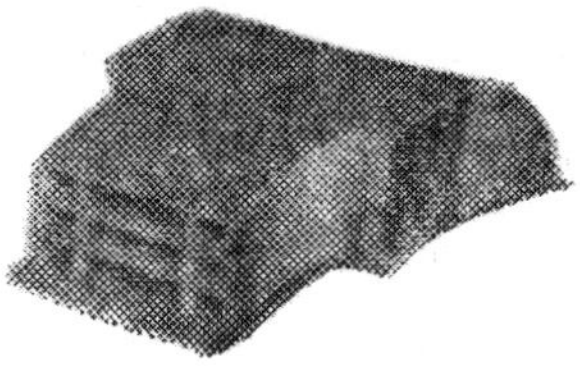

(a) garland 형

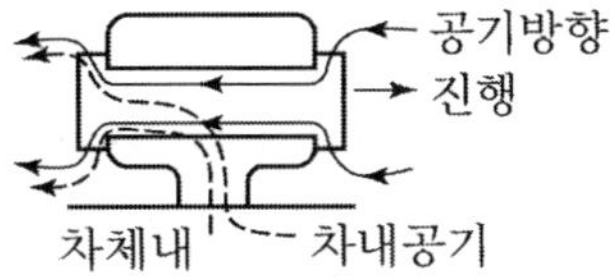

(b) glove 형

그림 3.12 자연 통풍

(6) 호폐장치

승·하차를 신속히 하고 정차 시간을 단축시킬 뿐 아니라, 위험 방지의 역할을 하므로 차량에는 이 장치를 사용한다. 조작법은 차장실에 설치되어 있는 버튼식의 개폐기를 조작하면 열차 전체의 도어에 붙어 있는 전자밸브가 열리고 공기통에서 압축 공기가 작용하여 개폐되도록 한 것이다.

개폐 장치의 전기회로에 접속되어 있는 표시등의 점멸에 의하여 개폐 상태를 알 수 있도록 되어 있으며, 또한 제어기와 연동시킬 수도 있으므로 도어가 열려져 있는 사이에는 제어기를 조작하여도 주전동기에 전류가 유입되지 않아 전기차의 발차를 저지시킬 수가 있다.

(7) 속도계(Speedmeter)

전기차가 고속화되고 있어서 운전의 안전을 위하여 속도계가 사용된다. 주로 전기식이며 직류 또는 교류발전기를 차축과 직결 또는 기어에 의하여 구동하고, 그 발생전압을 직류전압계로 측정하여 속도를 지시한다.

(8) 연결장치

열차운전을 하는 경우 전동차의 전동기 주회로는 각차 모두 연결선(jumper cable)으로 연결한다. 연결선의 양단에 연결플러그(jumper plug)가 있고, 각 차량의 단에는 연결소켓(jumper socket)이 있어서 여기에 연결플러그가 삽입된다. 제어회로 및 신호회로 등의 저압전기회로도 이상과 같이 연결선으로 각 차량마다 연결되도록 한다.

3.3 차량의 진동

차체를 강체(剛体)로 보면 차체는 스프링을 개재한 대차 위에 놓여있고, 대차는 다시 스프링을 개재한 차륜 위에 놓여져 있다.
그러므로 차체는 다음과 같은 여섯 가지 고유진동을 한다.

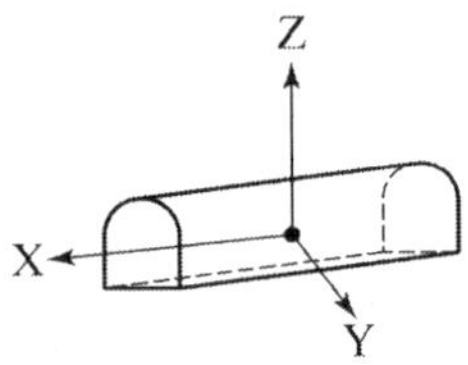

그림 3.13 차량의 직선운동

(그림 3.13)에서 ① 상하진동(Z 축 방향) ② 좌우진동(Y 축 방향) ③ 전후진동(X 축 방향), 이상이 **직선진동**이다. ④ 요오잉(yawing, Z 축 중심), ⑤ 로울링(rolling, X축 중심) ⑥ 피칭(pitching, Y축 중심) 이상은 **회전진동**이다. (그림 3.14 참조)

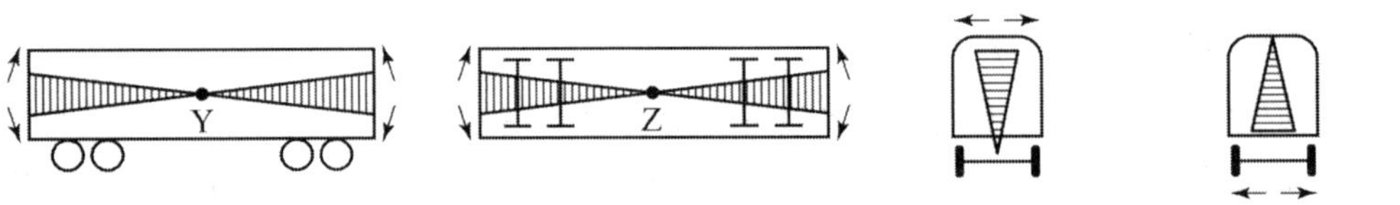

(a) 피칭 (b) 요오잉 (c) 제1차 로울링 (d) 제2차 로울링

그림 3.14 차량의 회전 운동

이 중 ①③④⑤는 단독으로 존재하나, ②⑥은 연계하여 일어난다. 실제로 진동은 한 종류뿐만이 아니라 중합하여 복잡한 것이 많다.
이들의 진동에 의한 진동수는 3[c/s] 이하를 **동요**(動搖), 그 이상을 **탄성진동**이라고 한다. 그리고 10[c/s] 이상을 **비비리 진동**[*24]이라 하고 있다.

*24. '덜덜덜' 소리를 내는 진동 → 일어 원어 : ビビリ 원뜻 '겁쟁이'

1 진동 방지법

① **상하진동** : 스프링의 강성이 적을수록 결국 탄성이 유연한 편이 좋다. 그러나 너무 연하여도 연결기 높이의 제한으로 곤란하게 된다. 스프링의 진동을 방지하기 위해서는 오일댐퍼(oil damper) 및 스너버(snubber) 등을 사용한다. 공기 스프링이나 방진고무도 유효하다.

② **전후진동** : 볼스터 앵커를 사용하여 swing bolster를 끌어 정지시킨다. 연결부에 방진고무를 넣는 등의 방법도 채용하고 있다.

③ **좌우진동과 로울링** : 차륜의 답면(踏面)(레일과 닿는 면)은 보통 1/20인 구배가 있어서 구배의 평방근에 역비례하는 파동의 사행동*25(蛇行動)(snake motion)을 한다. 구배가 0이면 파장은 무한대로 되며 사행동을 하지 않는 것으로 되나 차륜의 복원성이 없게 된다. 축상(軸箱) 부분이 마모하면 전후 차륜이 서로 독립한 자유 행동을 하므로 파장이 짧게 되어서 진동수가 많게 된다. 그래서 전후의 차축을 연결하든가 특별한 방식의 축상지지법을 채용한다.

2 진동 방지에 필요한 부품

중첩판 스프링(laminated spring, (그림 3.15(a) 참조)은 충격에 대하여 완화작용이 적고, 비비리 진동을 전달하기 때문에 그다지 사용하지 않는다.

(a) 중첩판스프링 (b) 코일스프링

그림 3.15 스프링

*25. 차륜차축은 평행한 2개의 레일 위를 굴러가는 경우에 차륜이 가지고 있는 도면의 경사 때문에 정현파상의 운동을 한다. 이것을 사행동이라 한다.

코일 스프링(coil spring)은 단권, 이중권, 삼중권 등이 있으며 유연하게 충격을 완화시키지만 진동을 연속시키는 결점이 있으므로 오일댐퍼*26나 스너버를 병용하여 감쇠 작용을 하도록 하고 있다. 전자는 오일의 이동, 후자는 금속 원통의 마찰에 의한 것이다. (그림 3.16 참조)
그리고 압축, 인장, 비틀림의 어느 것에나 사용되며 고유 진동이 없고 진폭도 적어서 유효한 작용을 하는 방진고무도 있다.

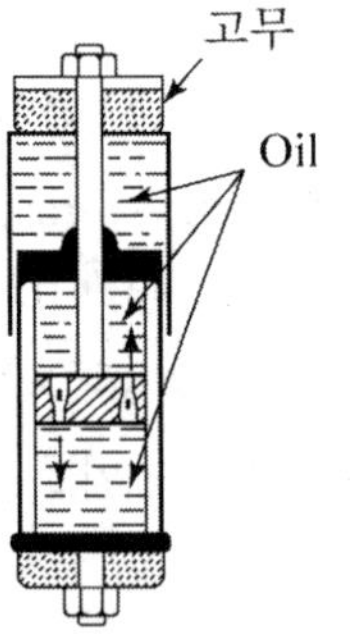

그림 3.16 오일댐퍼

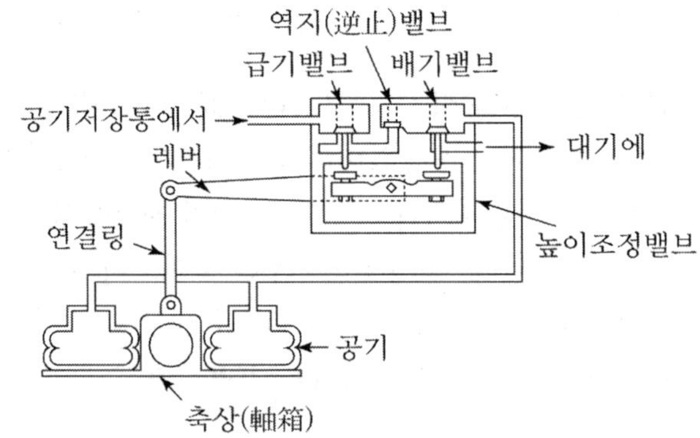

그림 3.17 공기스프링의 작용 설명

공기스프링은 스프링 대신에 공기 넣은 통을 사용하는 것이며 공기의 압축 탄성을 이용하여 스프링 작용을 시키는 장치로서 비비리 진동의 방지에 유효하다. 그 구조는 (그림 3.17)과 같이 되어 있다. 하중이 무겁게 되어서 스프링의 높이가 내려가면 (그림에서는 공기 bellow를 눌러 올린다.) 레버가 동작하여 높이 조정밸브의 급기밸브가 열리고, 공기를 모아둔 통으로부터 급기한다.

*26. 오일이 좁은 갭(gap)을 통과할 때 유체 저항에 의하여 감쇠력이 발생한다.

3.4 차량의 소음

차량이 주행할 때는 여러 가지 소리가 발생하지만 주된 것은 차륜이 레일 위를 달리기 위한 소리, 레일의 접합음, 주전동기나 공기압축기의 회전음, 기어의 소리, 바람에 의한 소리, 기적, 차내 방송 및 승객들의 대화음 등을 들 수 있다.
이들의 소리는 차체의 구조, 대차의 구조, 궤도의 상태, 주위의 반향물(反響物)의 유무, 기후 등에 의하여 지배되는 복잡한 복합음으로 되어 있다.
차내의 소음을 경감하기 위한 **소음 방지 대책**으로서는 다음과 같은 점을 들 수 있다.

① 객실 내의 흡음을 크게 할 수 있게 할 것
② 진동의 전파를 방지하게 할 것
③ 차체의 차음(遮音)을 크게 할 것
④ 발생원에서 소리를 억제시킬 수 있도록 할 것
등을 고려할 수 있다.

가장 큰 요소에 속하는 대차 부근의 소리를 억제하는 데에는 스프링 하부의 중량을 경감시키는 것이 유효하다고 알려지고 있다.
차음 효과를 크게 하기 위해서는 문 사이의 틈을 없게 하고 이중창 구조를 하는 방법이 있으며, 진동의 전달을 방지하는 것은 차체 진동에 의한 소리를 적게 하는 결과가 되므로 공기스프링을 채용하는 것이 좋은 효과를 얻고 있다.

3장 연 습 문 제

1 근래 일반적으로 사용하는 전차에서 채용되고 있는 대차(truck)의 종류 및 적절한 용도를 기술하시오.

2 차체가 구비해야 할 주된 조건을 열거하고 간단히 설명하시오.

3 차량을 유선형으로 하는 득실을 기술하시오.

4 차체 및 대차의 최근의 경향을 기술하시오.

5 전기철도용 집전장치의 종류를 열거하고 설명하시오.

6 정지형 보조전원 장치에 대하여 기술하시오.

7 차량용 호폐장치의 1종에 대하여 그 구조 및 동작을 기술하시오.

8 전차의 소음을 발생하는 주된 원인에 대하여 약술하고, 이들에 대한 방지 방법의 유효 수단을 논하시오.

9 다음 사항에 대하여 간단히 설명하시오.

① snake motion ② oil damper
③ air spring ④ snubber
⑤ yawing ⑥ aluminium alloy car
⑦ control car ⑧ 팬터그래프
⑨ 집전슈우 ⑩ choking coil
⑪ jumper cable ⑫ inverter

제 4 장 전차선로와 급전 및 변전소

4.1 전차선로

전기차에 전력을 공급하기 위하여 궤도에 따라 설치된 선로를 **전차선로***27라 한다. 그 종류에는 일반적으로 사용되고 있는 가공식 전차선로(overhead contact system), 주로 지하철도에 사용되는 제3레일식 전차선로(third-rail conductor system) 및 모노레일에 사용되는 강체식 전차선로(rigid system) 등이 있다.

전차선로는 전기차에 양질의 전력을 공급하고 전기차 집전장치에 전력공급이 원활히 되기 위한 집전 성능을 갖도록 하는 것이 그 설치목적이다.

전차선로는 일반적인 송·배전 선로와는 달리 전기 방식이나 급전 방식 및 각종 가선 방식이 다르기 때문에 기본적으로 전차선로의 구성은 가선계(架線系)로서의 특성, 신뢰도, 보안도의 협조를 고려하여야 할 필요가 있다.

또한, 전기철도의 부하는 일반 전력선로에서와 같이 일정한 지점에 고정된 부하가 아니고 이동하는 부하이기 때문에 급전하고자 하는 전기차 부하 변동에 대하여 충분한 검토가 요구된다.

---

*27. 철도청 전설설비 시설규정 제 5조 24항 (정의) "전차선로"라 함은 가공식 전차선로, 급전선로, 귀선로 및 이에 부속하는 설비는 총괄하는 것을 말한다.

1 가공식 전차선로

가공식 전차선로는 지지물, 트롤리선(전차선), 가선금구, 애자, 전선, 귀선 및 각종 부속설비 등으로 구성되어 있다.

(1) 지지물

가공전차선로의 지지물에는 다음 세 가지 방식이 있다.

① **고정빔(fixed beam)** - 이는 다시 세 종류로 나누어진다.

㉠ 전차선로에서 강재(鋼材)를 트러스로 조립하고 2개의 전주에 문 모양으로 설치한 트러스 빔(truss beam) (그림 4.1 참조)

㉡ 1개의 강재 또는 2개를 부합시켜 2개의 전주에 문 모양으로 설치한 크로스 빔(cross-span beam) (그림 4.2 참조)

㉢ 1개의 강재 또는 2개를 부합시켜서 전주에 한쪽으로만 지지시켜 설치한 고정브래킷(bracket) (그림 4.3 참조)

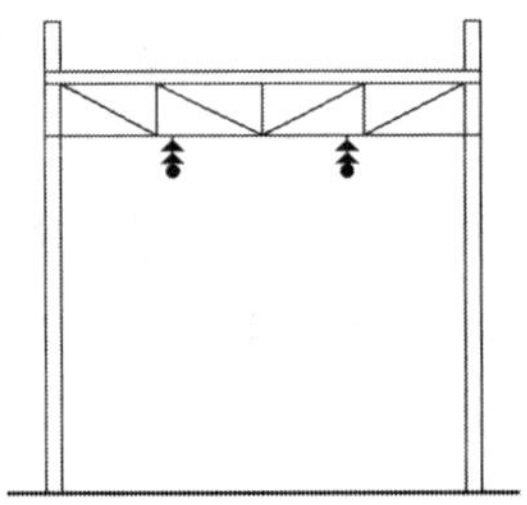

그림 4.1 트러스 빔

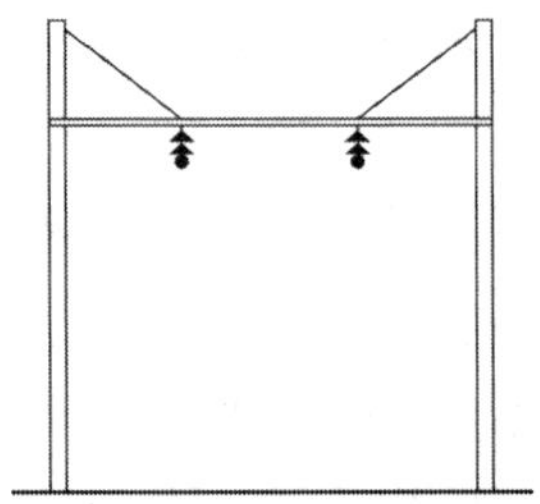

그림 4.2 크로스 빔

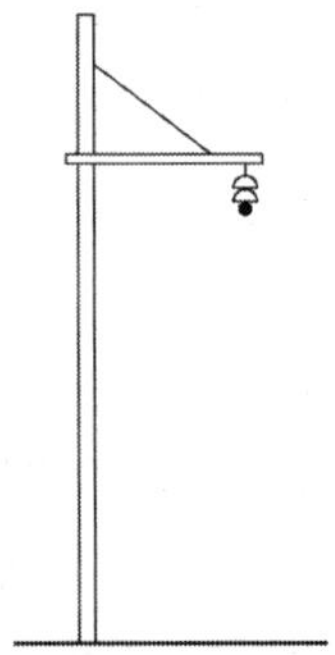

그림 4.3 고정브래킷

② **가동브래킷(hinged cantilever)** - 강관을 조합시켜 구성하고 전주와의 설치점을 중심에서 회전하도록 한 브래킷이며, 주로 교류전차선로 및 고속용의 전차선로에 사용된다. (그림 4.4 참조).

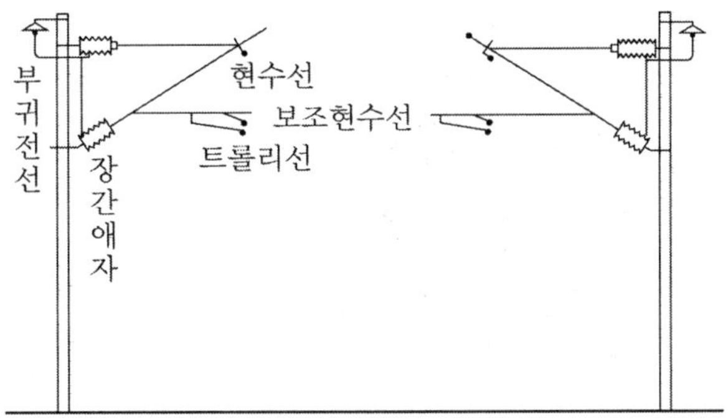

그림 4.4 가동브래킷

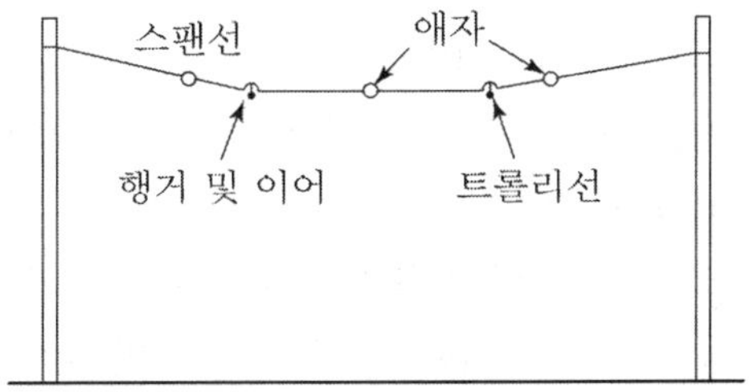

그림 4.5 스팬선 빔

③ **스팬선 빔(cross-span wire suspension beam)** – 궤도의 양측 선로와 직각으로 가설된 스팬선에 의하여 구성되어진 빔이며, 주로 직접현가식으로 이용되는데 시가지의 노면절차에 사용된다. (그림 4.5 참조)

(2) 트롤리선(contact wire, trolley wire)

차량의 집전장치와 접촉하여 전력을 공급하는 가공전선을 말하며, 트롤리선에는 경동, 합금동(은동・카드뮴동 등)이 이용되며 단면적은 85[mm^2], 110[mm^2] 및 170[mm^2] 등, 형상으로는 구부원형(溝付圓形) 및 구부제형(溝付梯形) 즉 구형(溝形, grooved type)과 원형 등이 있다.*28

*28. 일본에서는 일반적으로 110mm^2 또는 85mm^2의 경동구부원형 트롤리선이 사용된다.

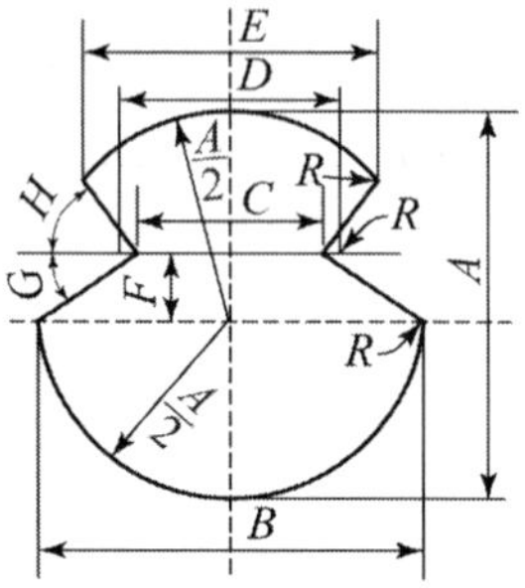

그림 4.6 구형 트롤리선

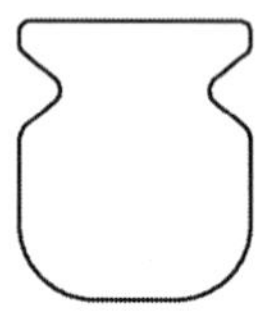

그림 4.7 제형(梯形) 트롤리선

트롤리선은 집전장치와의 마찰이나 충격에 의한 기계적 마모 및 집전에 수반하여 발생하는 아크로 인하여 전기적 마모가 일어난다. 마모의 한도는 저전압의 가공식전차선로에서는 지름 7[mm]로 정하고 있다.

전기차가 주행하는 중에 트롤리선 또는 도전용 레일과 집전장치와의 접촉이 이탈할 수가 있다. 이것을 이선*29(loss contact)이라고 하며, 트롤리선과 집전장치의 미끄럼판(contact strip)의 마모, 손상 등을 일으킨다. 그 원인은 트롤리선의 접속 개소나 변형한 부분 등 국부적으로 유연성이 결여되어 있는 점, 즉 경점(硬点, hard spot)에 의한 것 등이 있다.

이선에 의하여 또한 전기적 마모가 일어나므로 이를 방지시킬 대책을 고려해야 한다.

[참고]

1. **이어(ear)** : 트롤리선을 붙들고 지지하는 금구를 말하며, 여기에는 hanger ear, feed ear, double ear, curve ear, anchor ear 등이 있다.
2. **현수선(messenger wire, catenary cable)** : 트롤리선을 수평으로 현가하기 위하여 가설되는 전선을 말한다.
3. **보조현수선(auxiliary messenger wire)** : 복식 catenary 식 가선에서 가선의 성능을 좋게 하고 전류용량을 증대시킬 목적으로 현수선의 하부에 가설하여 트롤리선을 붙들고 있는 전선이며 주로 경동연선이나 카드뮴동 연선을 사용한다.

*29. 집전장치인 팬터그래프와 전차선은 계속 접촉된 상태로 있어야 하나 팬터그래프의 이동에 따라 순간적으로 이탈이 발생한다. 이러한 현상을 이선현상이라 한다.

(3) 가선방식

트롤리선을 레일면상 정하여진 높이(5m 이상)로 지지하는 방법에는 다음 세 종류가 있다.

① **직접현가식(懸架式, direct suspension system)** – 현수선(懸垂線)을 설치하지 않고 트롤리선을 스팬선 등에 의하여 직접 지지하는 방식이며, 이 방식에서는 트롤리선의 지지 간격이 길고 고저차를 주므로 고속운전에는 적합하지 않고 주로 노면전차에 이용된다. (그림 4.8(a) 참조)

② **카테너리현가식(catenary suspension system)** – 현수선을 설치하여 행거(hanger) 등으로 일정한 간격마다 트롤리선을 붙들어 두는 방식이며, 가선의 구조는 복잡하게 되지만 직접 현가식에 비하여 트롤리선의 높이가 균일하게 되며 성능이 우수하므로 고속운전에 적합하며, 다음과 같은 여러 가지 구조가 있다.

㉠ **단식 카테너리(simple catenary)** : 1조의 현수선에서 트롤리선 1조를 붙잡아 두는 구조이며 구조가 매우 간단하여 널리 이용된다. (그림 4.8(b) 참조)

㉡ **복식 카테너리(compound catenary)** : 현수선에서 드로퍼(dropper)로 붙잡아 둔 보조 현수막에 의하여 트롤리선을 붙잡아 놓는 구조인 가선(架線)으로서 고속용·대용량의 경우에 사용된다. (그림 4.8(c) 참조)

㉢ **이중 카테너리(double catenary)** : V형 카테너리 라고도 하며 현수선 2조를 사용하여 1조의 트롤리선을 V형으로 붙잡아 두는 구조의 가선이며, 장경간(長經間)의 개소 등에서 풍압으로 인한 편위(偏位)를 받는 경우에 사용된다. (그림 4.8(d) 참조) 가소성이 빈약한 결점이 있다.

㉣ **변형 Y 형 카테너리(stitched catenary)** : 현수선의 지지점 전후에 Y형(stitched wire)이라 하는 보조적인 현가용전선을 설치한 구조인 가선이고, 가선의 탄성을 균일화하기 위한 방식이며, 고속용(130[km/h] 이상)에 적합하도록 개선한 것이다. (그림 4.8(e) 참조)

㉤ **합성소자부(合成素子付) 카테너리(composite type catenary)** : 카테너리 현가식의 드로퍼 또는 행거에 합성소자를 삽입한 구조의 가선이며, 합성소자는 스프링과 공기댐퍼를 조합시켜 현수선에서 트롤리선 또는 보조 현수선을 붙잡아 둔다. 댐퍼의 삽입 위치와 스프링의 특성을 변화시켜 가소성을 좋게 함으로써 고속도에 적합하도록 성능을 개선하고 고속용·대용량용에 이용된다. (그림 4.8(f) 참조)

ⓑ **강체현가식(剛體懸架式, rigid suspension system)** : 터널 등의 천장에 애자로 절연하고 알루미늄합금 또는 도전강(導電鋼)으로 된 T형의 강성(剛性)도체를 설치하고 그 하면에 "이어(ear)" 등을 사용하여 트롤리선을 고정시키는 방식이다. 지하철도 일부에 이용되며, 이는 직통 운전을 가능하게 할 수 있다.

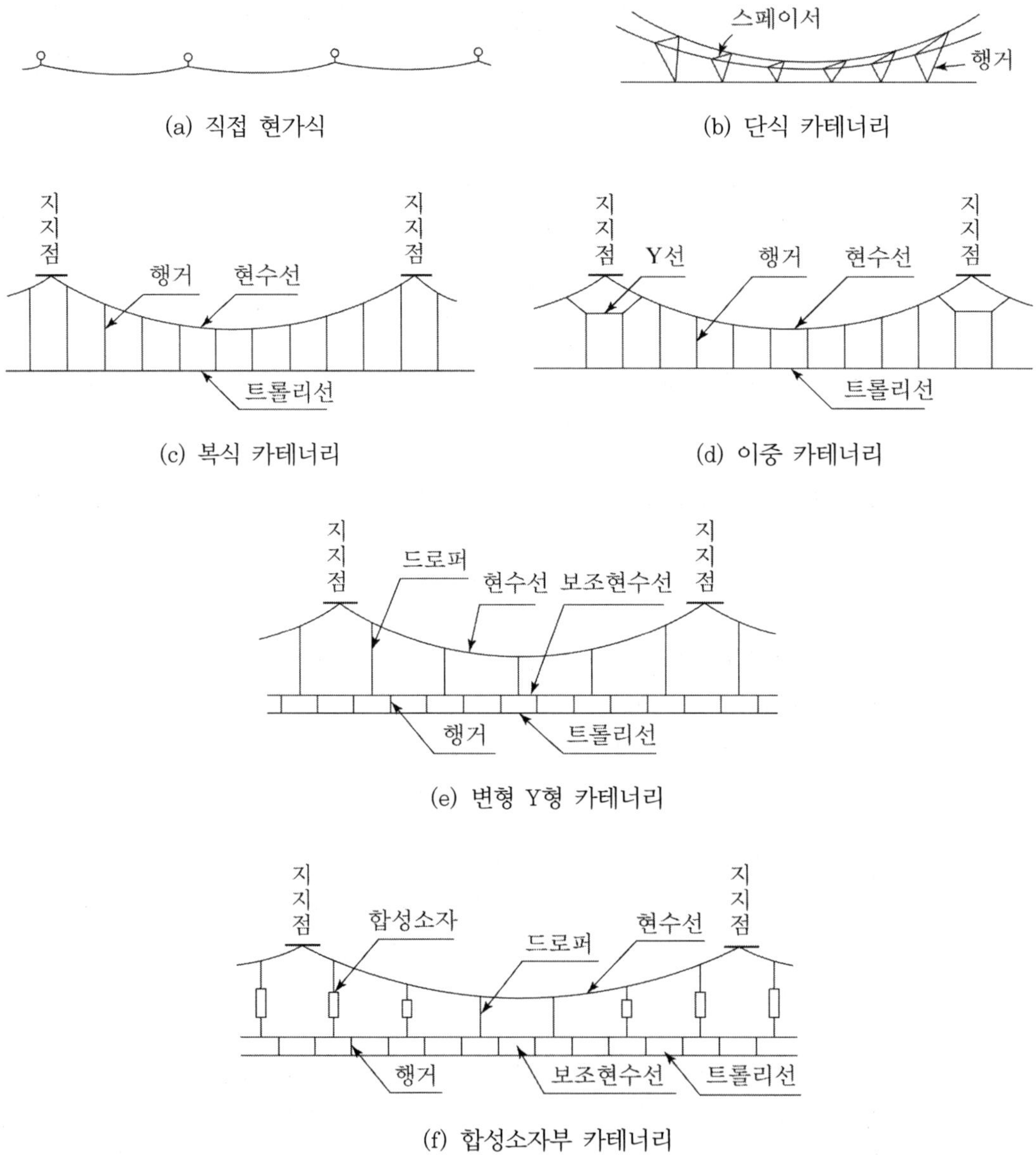

그림 4.8 현가방식(懸架方式)

[참고]

드로퍼와 그 길이···드로퍼와 행거는 간단한 칠선 또는 평철로 만들어지며 그 길이는 이도(弛度)(D)의 공식

$$D = \frac{S^2 W}{8T} \text{(m)} \quad \cdots\cdots\cdots\cdots ⓐ$$

여기서, D : 이도(m), S : 지름간 거리(m), W : 메신저(현수선) 단위 길이의 중량(kg),
T : 메신저의 장력(kg)

식 ⓐ에서 이 곡선의 중심점에서 $S/2$인 점의 곡선의 높이 y는 D와 같다.
또한 포물선의 공식은 $y = kx^2$이며, $x \to S/2$인 경우 $y \to D$이면 $k = \frac{4D}{S^2}$ 로 된다.

$$\therefore y = \frac{4D}{S^2} x^2 \text{(m)} \quad \cdots\cdots\cdots\cdots ⓑ$$

이로부터 y가 구해진다.
여기서 메신저와 트롤리선의 거리 (M_0)를 보탠 것이 드로퍼의 길이로 된다. (그림 4.9 참조)

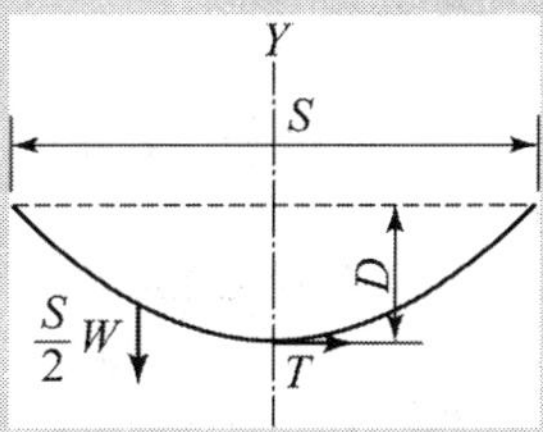

그림 4.9 이도

2 제 3레일식 전차선로

주행용 레일 외에 궤도 측면에 설치된 급전용 레일(제 3레일)로부터 전기차에 전기를 공급하며, 귀선으로 주행레일을 사용하는 방식이다.

(1) 특징

비교적 저전압으로 대전류로 되면 트롤리선으로는 불가능하게 된다. 지하철은 600~750[V]인 저전압으로 안전상 제한되고 있으며, 또한 운전 간격도 짧으므로 대전류로 된다. 그리고 터널 내의 높이에 제한을 받기 때문에 가공트롤리는 채용하기 어렵다. 이 밖에도 트롤리선은 견고하지 않으며 보수가 곤란하기 때문에 지하철에는 적합하지 않은 편이다.

(2) 구조

제 3레일은 주행레일보다 전기저항이 적으며 저탄소강(탄소 0.06[%] 이하)이 사용된다. 비저항은 동의 6~8배, 경도는 보통 레일의 1/2(브리넬경도 90~100)인 45~50[kg/m]의 중량이고, 모양은 (그림 4.10)과 같이 여러 가지 형태가 있다.

(그림 4.11)에 도시한 바와 같이 상면(上面) 접촉식이 이용되며 애자는 5개 정도의 간격(대체로 약 3[m] 정도)마다 긴 침목에 설치한다.

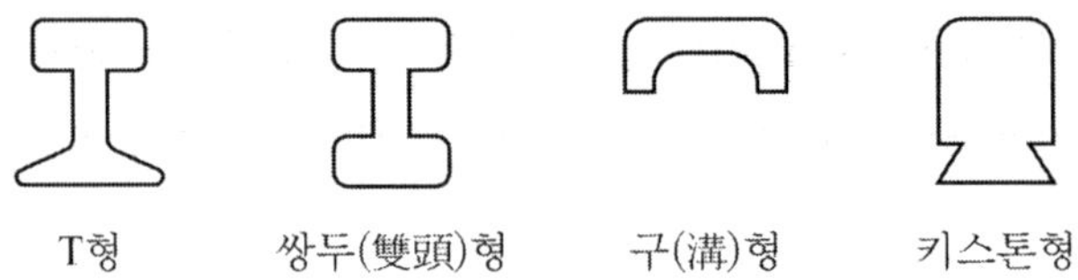

그림 4.10 제 3레일의 모양

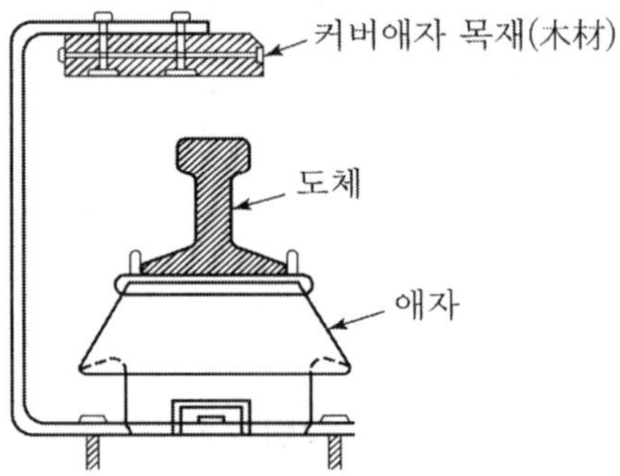

그림 4.11 상면접촉식

레일은 용접본드로 결합되어 저항의 증가를 방지하고 있으며, 교차점이나 분기점에서는 전기적으로는 점프 케이블(jump cable)로 접속되고 있다. 집전주(集電舟)가 레일을 원활하게 미끄러지듯 지나가도록 한다.

습동(褶動)으로 올라가기 위하여 (그림 4.12)와 같은 어프로치(end approach)라는 형태도 있다. 그리고 레일의 분기점에서는 사이드 인클라인(side incline)을 설치하여 집전주가 원활하게 분리되고 또한 접촉되도록 하고 있다. (그림 4.13 참조)

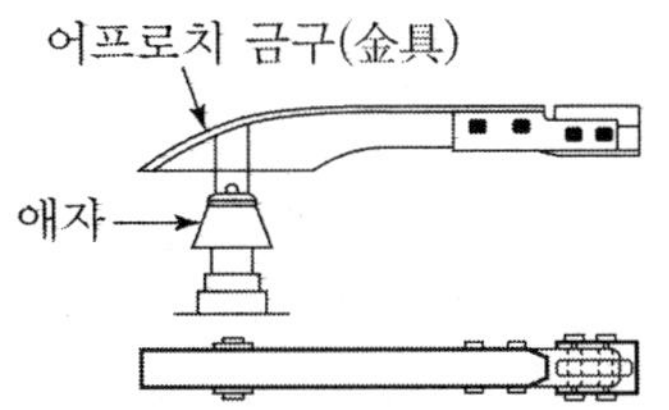

그림 4.12 어프로치

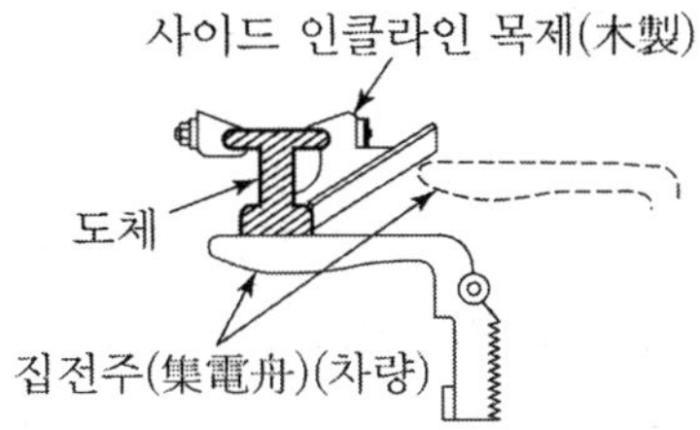

그림 4.13 사이드 인클라인

3 강체식 전차선로

강체식(rigid system) 전차선로에는 강체 단선식(single rigid system)과 강체 복선식(double rigid system)이 있다.

① **강체 단선식**은 지하구간에 적합하도록 개발되어진 가선 방식이며 지하구간의 대표적 방식으로 교외전차가 도시의 지하로 들어가는 경우 이 방식이 채용된다.
강체 전차선은 터널 등의 천장에 애자 또는 측면에 브래킷을 취부하고 그 하면에 트롤리선을 일체화하여 고정시키고 전기차의 집전장치로 집전하는 방식이다.
트롤리선에는 (그림 4.14)에 보는 바 같이 경동선을 사용하지만 파이프형 알루미늄을 사용한 것도 있다.

② **강체 복선식**은 모노레일 등에 사용되고 있으며 주행궤도 구조물에 강체구조로 한 급전용 및 귀선용의 정(+), 부 (−) 도전 레일을 설비한 방식이다.

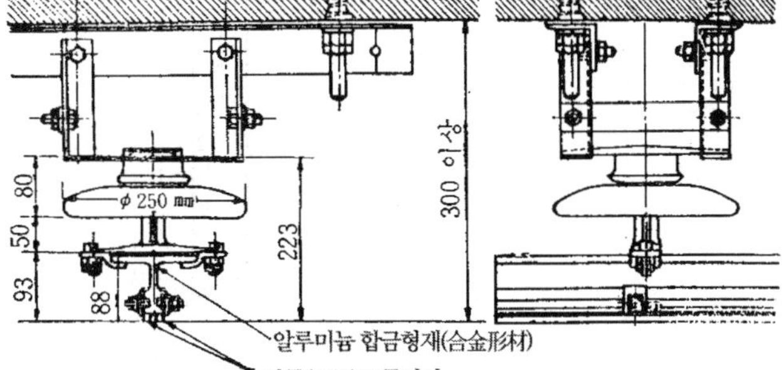

그림 4.14 강체트롤리

4 전차선로 부속장치

(1) 구분(口分)장치

사고 시 또는 보수 작업 시에 전차선을 국부선으로 구분해서 정전시키기 위한 절연 장치를 **구분장치**(sectioning device)라 한다. 전기차의 통과를 방해하지 않고 원활하게 집전이 되고 더욱 절연성이 좋아야 한다. 절연강화목(强化木)을 사용한 **우드 섹션**(wood section) 및 애자를 절연으로 사용한 **애자형 섹션** 등이 있다. 그리고 위상 혹은 전압이 다른 전차선을 접속하기 위한 구분 장치를 **데드 섹션**(dead seetion) 또는 **무전압 섹션**이라 하며, 교류이상구분용과 직류구분용의 것이 있다.

(2) 자동장력조정장치

트롤리선·현수선은 기온에 의하여 장력이 변하고 이로 인하여 단선이나 해이(解弛)(slackening 늘어짐)가 일어날 수 있다. 그래서 장력을 일정하게 유지하고 집전 상태를 양호하게 하기 위한 장치를 **자동장력조정장치** 또는 automatic tensioning device라 한다. 현수식, 스프링식 및 유압식이 있으며 중수식(重垂式)에는 활차식(滑車式)(그림 4.15 참조)과 레버식이 있다. 스프링식은 트롤리선에 스프링을 직접 설치해서 스프링의 신축에 의하여 자동 조정된다. 유압식은 실린더 내에 밀폐된 기름이 기온에 의하여 팽창 수축할 때 발생하는 유압으로 피스톤 작용에 의하여 자동 조정된다.

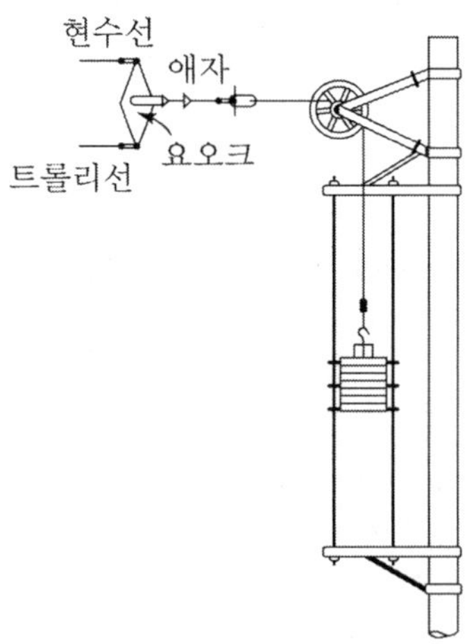

그림 4.15 장력조정장치(활차식)

4.2 급전선 급전회로(feeding circuit)

1 급전(給電)계통

이를 구성하는 전선로(電線路)로서는 전기차의 팬터그래프 등에 직접 접촉하여 여기에 전력을 공급하는 **가공전차선**(트롤리선), 또는 **제 3레일**과 이 밖에 상기한 것만으로는 전압강하나 전류용량 면에서 도체 단면적이 부족하는 경우에 가공전차선에 병렬로 가설하는 **급전선***30 등으로 되어 있다. 일반 전력계통의 전력을 열차 운전에 적합한 형으로 변성(変成)하는 변전소로부터 트롤리선에 전력을 공급하기 위한 전선들이다.

급전선과 가공전차선은 일정한 거리(예를 들면 300m)마다 급전분기선(feeder branch)으로 접속이 되어 있다. (그림 4.16 참조)

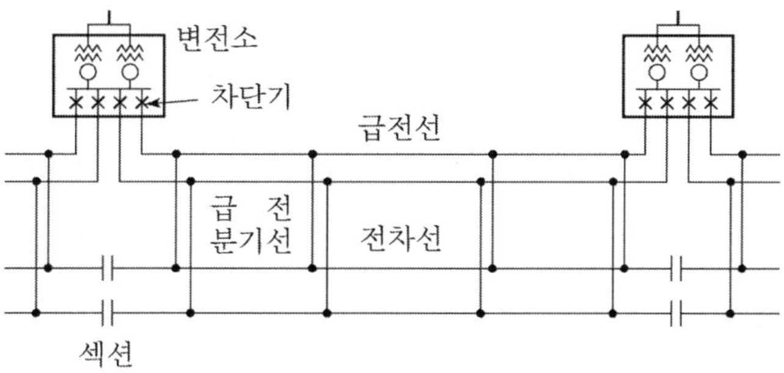

그림 4.16 직류의 급전계통

전기차의 급전장치를 통하여 주전동기를 지나는 전류가 레일을 통하여 변전소에 돌아가지만 레일만으로는 단면적이 부족한 경우에는 **부급전선**을 설치하는 일도 있다.

강체현가식에서는 강성도체가 급전선을 겸용하고 있으며, 이것을 **강체 급전선**이라 한다. 그리고 도체 및 설비비의 경감을 도모하기 위하여 현수선을 급전선으로 겸용할 수가 있다. 이것을 **급전현수선**(feeder messenger wire)이라 한다.

변전소 간격과 가공전차선이나 급전선의 단면적을 결정하는데 가장 큰 요소를 되는 것은 급전계통의 전압강하이다. 전기차의 전류-속도 특성을 (그림 4.17)에 보인 바와 같이 전압이 저하하면 전압에 비례하여 속도가 저하하고 운전시분(運轉時分)이 길게 된

*30. 급전선에는 경동연선 또는 경알루미늄연선이 사용된다. 급전 분기선은 대부분 경동연선이 사용된다.

다. 또한 전압강하가 현저하게 되면 전기차의 제어용 전원을 발생시키는 전동발전기나 공기압축기의 기능이 상실되어 운전 불능으로 된다.

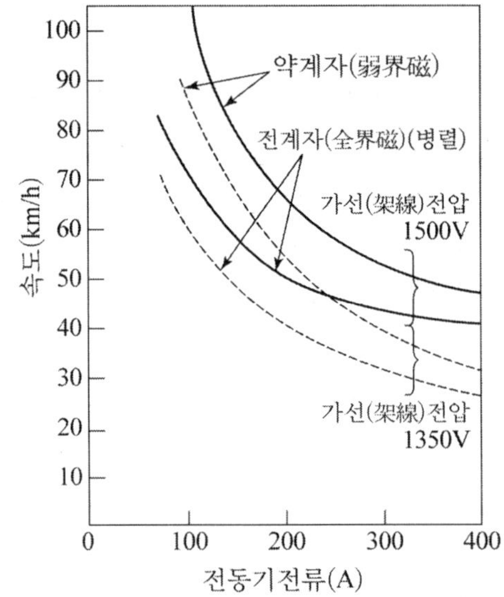

그림 4.17 전압강하에 의한 전동기 특성

2 급전방식

한 곳의 발전소로부터 하나의 급전구간에 단독으로 급전하는 **단독급전방식**과 2개소 이상의 변전소를 전차선 · 급전선을 사이에 두고 병렬로 접속하여 급전하는 **병렬급전방식**이 있다. 후자는 부하가 큰 구간에 널리 이용된다.

변전소의 중간에서 특히 급전계통의 요점에는 급전 계통의 전압 강하의 경감, 사고 시에 급전회로를 보호 차단하기 위한 목적으로 개폐기 및 고속 차단기를 비치한 개폐소를 설치한다. 이를 **급전 구분소**(給電區分所, sectioning post)라 한다. 그리고 인접한 변전소가 급전을 정지하였을 때 인접 변전소까지 급전 구간을 연장하고 상시의 급전 계통보다 연장해서 급전을 할 수가 있다. 이를 **연장급전**(延長給電)이라 한다.

전원별로 분류하여 보면 **직류급전방식**(① 트롤리선만의 방식 ② 트롤리선과 급전선의 병렬로 하는 방식 ③ 급전선을 수회 설치하는 방식)과 **교류급전방식**[*31](① 방향별 이상

*31. 변전소에서 3상교류를 단상교류의 20~25kV로 하여 단상식급전을 행하고 있다.

(異相)급전방식 ② 상하선별(上下線別) 이상급전방식 ③ AT[*32] 급전방식)으로 나누어진다.

교류급전방식의 경우는 변전소 상호간의 전압 및 위상차가 거의 없을 때는 직류급전방식의 경우와 같이 병렬 급전이 가능 하지만, 일반적으로 급전 구분점에서 서로 맞추는 **단독 급전방식**이 사용된다. 교류 급전계통에서는 변전소 간격이 크므로 작업 혹은 사고시에 정전구간을 한정시키려는 목적으로 보조 급전구분소(sub-sectioning post)를 설치한다.

3 귀선(return circuit)과 본드(bond)

전기차를 통한 전기는 레일을 통하여 변전소로 되돌아가며 이 회로를 **귀선**(歸線)이라 부르고 있다.

가공단선식 전차선로에서는 주행레일을 전기차 전류의 귀로로 이용되고 있으므로 이를 **귀선레일**(return circuit rail)이라 한다.

따라서 귀선은 귀선전류의 회로로 되는 부분(귀선 레일, 보조 귀선, 부급전선 혹은 교류전차선로에서는 흡상선(吸上線) 등)으로 구성된다. 주행레일은 강도에 중점을 두고 있으므로 저항률은 높아서 동(銅)의 11~13배 정도이며 그 값은 22~50[$\mu\Omega \cdot m$]이다. 레일을 귀선으로 이용하는 경우 레일접합의 충격 등 때문에 전기저항이 크게 된다. 이러한 접합 부분의 전기저항을 적게 하기 위하여 **레일 본드**(rail bond)라는 도체로 접합사이를 접속한다. 본드로는 동연선이 사용되며, 설치 방법으로는 용접에 의하여 설치하는 **용접본드**[*33]와 레일에 미리 뚫어진 구멍에 본드의 단자를 압입하여 설치하는 **압축본드**로 나누어진다. (그림 4.18), (그림 4.19) 참조

직류전차선로에서 귀선로의 전기 저항이 크면 귀선전류에 의한 전압강하가 크게 되며, 따라서 레일의 전위가 상승하고 레일에서 대지로 전류가 누설된다. 이로 인하여 전식현상이 일어나기도 하며 통신선에 유도 장해를 준다. 그래서 이를 방지하기 위하여 여러 가지 시설이 설치되고 있다.

---

*32. AT는 단권 변압기

*33. 가장 널리 사용되는 것은 용접본드 이지만, 용접시 고온에 의하여 레일단부가 열처리효과를 받아서 레일의 절손의 원인으로 되므로 양, 아연 및 카드뮴 등 특수 합금에 의한 저온용접이 이용되고 있다.

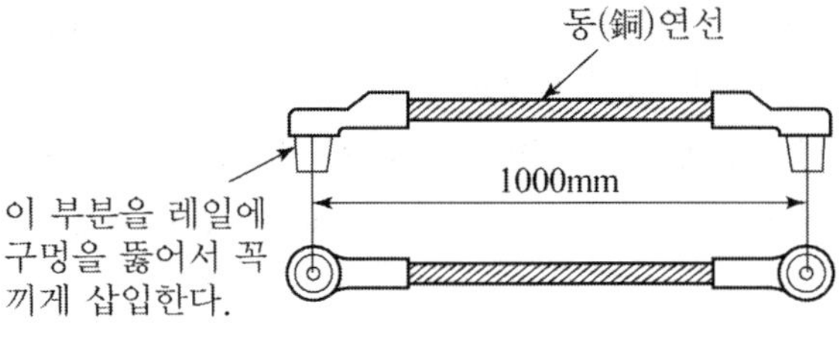

그림 4.18 레일본드

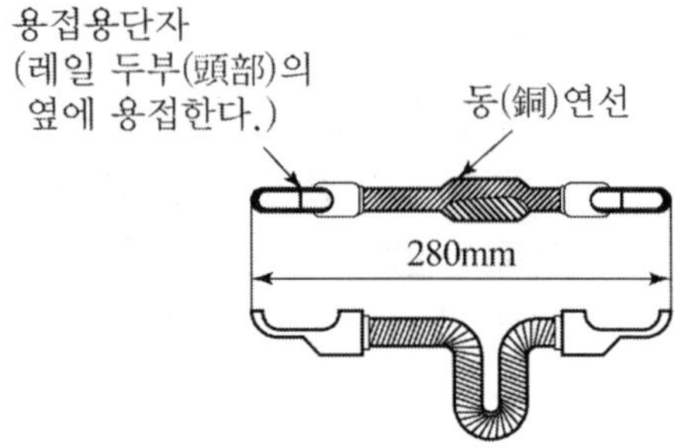

그림 4.19 용접본드

직류전차선로에서 전압강하 및 레일의 전위상승이 현저한 경우 귀선의 저항을 감소시킬 목적으로 전선을 귀선레일과 병렬로 시설하여 귀선전류의 일부를 분류시킨다. 그리고 상호간을 적당한 간격마다 균압선(均壓線)으로 연결한다. 이러한 전선을 **보조선로**(auxiliary return wire)이라 한다. (그림 4.20 참조)

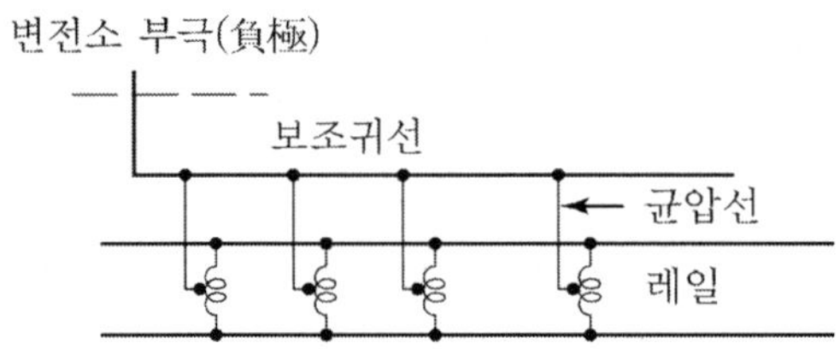

그림 4.20 보조귀선

이들에 의하여 귀선전류를 감소시키고, 레일전위 및 누설 전류를 감소시켜서 전식(電蝕)을 경감시킬 수가 있다.

교류전차선로에서는 통신 유도 장해를 경감시키기 위하여 귀선레일과 병렬로 가설된 가공전선을 **부급전선**이라 한다. 귀선전류를 평행시켜 귀선의 종합 저항을 감소시킬 뿐 아니라 좌우레일 사이 또는 상하선을 전기적으로 접속하는 도체를 **크로스 본드**(cross bond)라 한다.

[참고]
1. 흡상 변압기(booster transformer)
   교류인 경우 통신선에 대해 유도 장해를 준다. 그래서 일본에서는 교류전차선에 변압기 1:1인 흡상변압기를 약 4km마다 설치하고 있다. 트롤리선에 부하전류가 흐르면 2차인 (-)급전선에 전류가 강제적으로 흘러 트롤리선과 (-)급전선이 만드는 자계 또는 전계는 서로 상쇄되어 부근의 통신선에 장해를 미치지 않는다.
2. 보상콘덴서
   트롤리선에서 직류의 경우는 저항만이나, 교류에서는 리액턴스가 저항보다 클 경우가 있으므로 직렬콘덴서를 곳곳에 설치하여 약 50~80[%]를 보상하고 있다. 콘덴서의 보호 장치로서 방전갭과 한류리액터가 설치되어 있다.

4 전식과 그 방지

(1) 전식(電蝕, electrolytic corrosion or electrolysis)

가공단선식 직류전기철도에서는 귀선으로 레일을 사용하므로 귀선에서 대지로 누설되는 이른바 누설전류는 지중에 금속체가 매설되어 있으면 거기로 흘러들어간다. 특히 선로에 평행하여 거리가 긴 것은 높은 전위차를 받으므로 큰 전류가 흐르게 된다.
시가지에서는 수도철관 및 케이블 등이 다수 매설되어 있으며 그리고 전차선로와도 종종 평행하여 있으므로 누설 전류가 유입하든가 혹은 유출하기 쉽다.
지중 매설 금속체로부터 대지로 전류가 유출하는 부분에서는 금속은 양이온으로 되어 **전기분해작용**을 일으키고 있어서 장기적으로는 이 부분이 격렬하게 부식[*34]하게 된다. 이러한 현상을 **전식**이라 한다.
전식량(M)은 이론적으로 패러데이 법칙에 의존하는 것이며 전기화학당량(Z), 전류값(i), 통전 시간(t)에 비례하는 것으로

$$M = Z\,it\,(g)$$

로 된다.

---

*34. 전류에 의한 부식에는 다음과 같은 세 종류의 기본 형식이 있다.
A형··· 금속면에 보호 피막이 형성되어서 진행되지 않는 것
B형··· 부식이 섬공성인 것
C형··· 금속면이 균일하게 부식하는 것

이상은 양극 부근에서 일어나는 **양극부식**이지만, 매우 드물긴 하지만 음극 부근에서도 **음극부식**이 일어날 수가 있다. 이것은 전류의 유출입에 의한 것이 아니고 유출입에 의하여 집적된 알칼리의 2차작용에 의한 것이며, 알칼리에 녹기 쉬운 금속 예를 들면 납 등이 부식된다.

(2) 전식방지법

전식을 방지, 경감하는 데는 누설 전류를 적게 하는 것이 요망되며, 이를 위한 시설로는 전철측에서 행하는 방법과 매설 금속체 측에서 행하는 방법이 있다.

① 전기철도측에서의 방법

㉠ **전차선전압을 승압할 것** : 승압에 의하여 운전전류를 적게 한다. 따라서 누설 전류를 줄일 수 있다.

㉡ **변전소 간격을 단축할 것** : 거리를 단축하는 것에 의하여 급전 구역이 축소되어서 누설 전류를 적게 할 수 있다.

㉢ **귀선로의 저항을 적게 할 것** : 이를 위하여 길고 굵은 레일을 이용하고, 레일 본드의 보수를 좋게 하고, 크로스 본드의 증설, 보조귀선, 부급전선의 시설 혹은 해수를 귀선로로 사용하는 등에 의하여 레일전위를 낮게 할 수 있다. 선로가 바다에 가까운 경우에는 레일을 바다에 접지함으로써 저저항의 귀선회로가 얻어진다. 이를 **해수귀로**라 한다.

㉣ **도상(道床)의 누설 저항을 크게 할 것** : 도상의 배수를 좋게 하고, 절연성이 좋은 침목 및 절연성의 층을 이용하는 등 보수를 좋게 하여 누설 저항의 증대를 도모한다. 이 밖에도 귀선의 극성을 격일로 전환해서 전식개소를 분산시키는 등의 방법이 있다.

② 매설금속체측에서의 방법

금속체를 매설하는 루트의 선정에 있어서는 ① 부식될 염려가 적은 곳을 택하는 이외에 ② **배류접속**[*35]의 시설, 혹은 매설금속체에 ③ 절연성의 접속 부분을 설치하여 금속체관로(金屬体管路)의 전류를 차단하는 방법, ④ 매설금속체를 절연물로 피복함으로써 전류의 유입을 감소시키는 방법, 매설금속체에 아연 또는 마그네슘 등의 저전위의 금속을 접속하여 이로부터 전류를 유출시키는 방법이 있다. 혹은 지하

*35. 배류접속이란 지중 매설금속체에 흐르는 전류를 직접 귀선로에 돌아가도록 하기 위하여 매설금속체와 귀선과를 전기적으로 접속하는 것을 말하며, 이 접속선을 배류선이라 한다.

케이블에 방식케이블을 이용한다.
배류회로(排流回路)에는 다음 세 가지 방법이 있다.

㉠ **직접배류법** : 매설금속체와 변전소 부극(負極) 또는 귀선을 직접 도체로써 접속하여 배류하는 방법이며, 매설금속체의 전위가 대지 및 레일의 전위보다 높은 경우, 즉 전철측에서 매설금속체로 역류(逆流)가 없는 경우에 사용된다. 이 방법은 간단하고 설비비는 싸지만 실시하는 경우는 드물다.

㉡ **선택배류법** : 역류를 방지하는 장치를 사용하는 방법이며, 직접 배류의 경우 부하의 변동, 변전소의 운전 상황의 변화 등 때문에 역류가 흐를 수가 있으며, 오히려 다른 부분에 전식을 줄 염려가 있다. 이러한 역류를 저지하기 위하여 배류선에 정류기 또는 역전압계전기를 설치한다.

㉢ **강제배류법** : 매설급속체와 귀선을 연결하는 회로에 직류 전원을 넣어서 배류를 촉진시키는 방법이다.

4.3 전철용 변전소

일반적으로 전기차의 운전에 필요한 전력은 순시적 변화 또는 전기차나 전선로의 고장으로 단락하였을 경우 빠르게 차단할 필요가 있다.
또한 전기철도는 장거리로 부설되므로 전선로의 전류용량이나 전압강하도 검토해야 한다. 이러한 목적에 적합하도록 설계된 변전소를 **전철용 변전소**(traction substation)라 한다. 전철용 변전소가 구비해야 할 조건을 열거 하면

① 부하의 크기와 위치가 끊임없이 변동 하지만 전기차에는 일정한 전압을 공급할 것
② 1개의 변전소가 정지하더라도 전기차에 필요한 전력을 공급할 수 있을 것
③ 급전회로의 전력손실을 가능한 적게 할 것
④ 단락사고가 발생한 경우 빠르게 차단할 것
⑤ 설비 · 운전 · 보수가 경제적 일 것

1 직류전기철도용 변전소

교류 특고압을 수전하여 변압기에 의하여 소정의 전압으로 내려서 수은 정류기나 실리콘 정류기 등 변성기기로 직류로 변환시켜 급전선에 공급한다.

변전소의 주요기기는 변압기, 정류기, **고속 차단기***36 등이며 과거 회전변류기가 많이 사용되었으나 수은 정류기의 진보로 사라졌으며 최근 실리콘 정류기가 주역을 하고 있다.

그리고 사고가 발생한 경우 회로의 차단도 운전전류로 동작시켜서는 안되므로 운전전류와 사고전류를 구별하는 선택차단기를 사용한다.

변전소의 간격*37과 용량도 여러 가지 있으나 일반적으로 주요간선구간에서는 약 10[km]마다 10000~30000[kVA] 용량인 변전소를 설치하는 단위 변전소 방식이 많이 채택되고 있다.

2 교류전기철도용 변전소

3상식에 의한 고전압 전력을 수전하여 전압 20~25[kV]인 단상전력으로 하여 트롤리선에 급전하고 있다. 3상에서 단상을 얻는 결선에는

① 단상변압기방식
② 스코트결선(T결선) 변압기방식
③ V결선 변압기방식
④ 변형와트 브리지결선방식

등이 있다. (그림 4.21~4.24) 참조

---

*36. **고속차단기** : 직류식 전기철도의 전선로에 지락 또는 단락 사고가 발생한 경우에는 재빨리 회로를 차단하여 사고전류를 소멸시킬 필요가 있다. 그리고 차단기는 부하전류에 대해서는 동작하지 말아야하며, 사고전류와 과부하 전류와를 구별하여 선택 차단하는 능력이 필요하다.

*37. **변전소의 간격** : 변전소를 설치하는 장소나 간격은 선로의 상태, 운수의 성질 및 사용 전압 등에 의하여 다르나, 어느 것이든 부하의 중심에 설치해야 한다. 간격은 평균전압강하 및 최대전압강하가 허용 범위 내에 있도록 결정한다. 간격이 짧으면 전압강하는 적고 전력 손실도 적으므로 급전선은 가늘어도 지장이 없으나, 변전소의 수는 증가한다. 그래서 가장 경제적인 간격, 즉 변전소의 수를 결정하는 데 건설비・운전비 및 전력손실 등을 종합적으로 비교 검토하여 가장 경제적으로 되도록 선정하여야 한다.

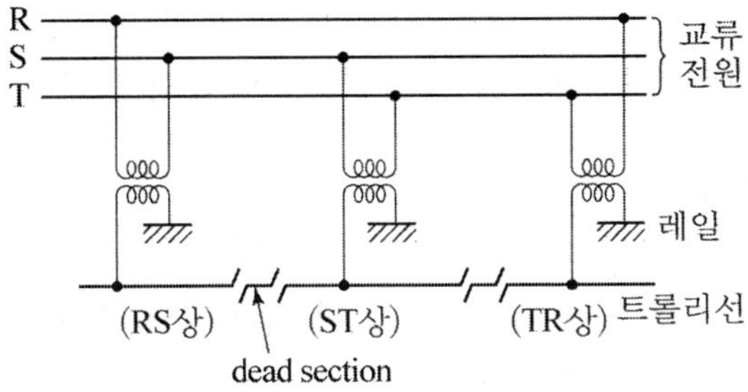

그림 4.21 단상변압기결선

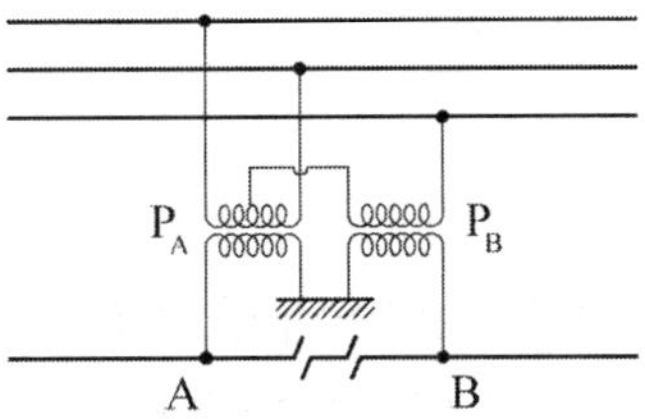

그림 4.22 T결선변압기방식

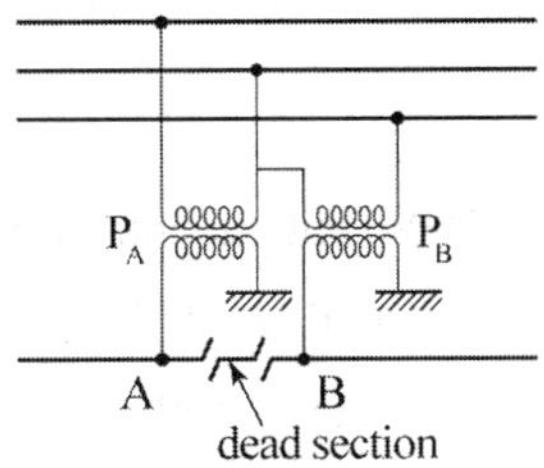

그림 4.23 V결선변압기방식

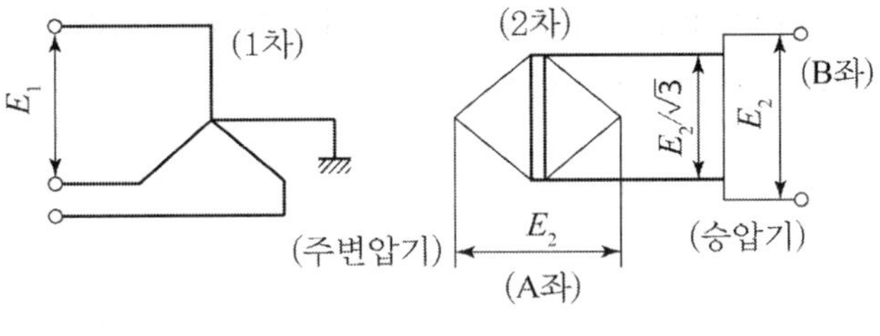

그림 4.24 변형 와트브리지 결선

3 전철용 변전소의 종별

① **수동식변전소**

설비는 간단하여 비교적 소용량의 변전소에 채용되고 있다.

② **반자동식변전소**

기계의 기동, 운전 및 정지 모두가 누름 버튼에 의하여 자동적으로 행하여지므로 오동작이 없고 인건비도 적게 든다. 운전 대수의 증감, 기계의 절환 등은 수동이며, 부하의 상태를 고려하여 지능적으로 운전을 시도할 수 있다.

③ 자동식 변전소

자동식은 기동에서 급전 개시까지 전부 자동적으로 행하는 것은 물론, 부하의 증감에 의한 운전 대수의 증감이나 사고에 의한 차단 후의 재폐로도 자동적으로 행하여진다. 그러므로 운전자가 전혀 필요없다.

④ 원격감시제어식 변전소

주변전소(또는 감시소)와 부변전소 간에 연락회로를 설치하고, 부변전소의 운전 및 정지 등의 모든 조작을 연락 회로를 통해서 주 변전소에서 행하는 것이며, 인건비가 절약된다.

⑤ 단위 변전소(unit substation)

연선(沿線)에 10km 간격 정도로 주정류기 1대인 무인 변전소를 10개소 정도 설치하고, 이를 한 곳의 중앙 제어소에서 제어하는 방식이다.

⑥ 이동변전소

부하는 계절별로 집중하나 평상시 한산한 곳에서는 상시적인 변전소를 설치하는 것은 경제적이 아니다. 그래서 차량 위에 설치하여 둔 이동변전소(portable subtsation)를 사용한다. 차량 위에 장비한 것은 궤도 위 이외에는 설치할 수 없는 불편이 있으므로 자동차 위에 장비한 것도 있다.

4장 연습문제

1 트롤리선의 현가방식을 열거하고 각각에 대하여 득실을 기술하시오.

2 집전장치가 트롤리선으로부터 이선하는 이유에 대하여 설명하시오.

3 트롤리선의 구분장치에 대하여 설명하시오.

4 직류전기철도에서 급전 회로의 저항이 크기 때문에 전압 강하가 현저하게 되면 열차 운전에 어떠한 지장을 발생시키는가?

5 직류 단선식 전기철도에서 귀선레일에서 대지에 흐르는 누설 전류를 적게 하기 위한 수단을 기술하시오.

6 전식 방지법을 열거하고 그 원리를 설명하시오.

7 직류전기철도에서 변전소의 배치 및 용량을 결정하는 경우 고려해야 할 사항을 열거하시오.

8 직류전기철도에서 전선로에 발생한 사고전류를 검출하고 이것을 차단하는 방법에 대하여 설명하시오.

9 전철용 변전소의 원격제어방식에 대한 현황을 기술하시오.

10 다음 사항에 대하여 기술하시오.

① 현수선
② 이어(ear)
③ 자동장력 조정장치
④ end approach
⑤ hinged cantilever(가동브래킷)
⑥ 리선(loss contact)
⑦ 귀선레일
⑧ 용접본드
⑨ 흡상변압기
⑩ 선택배류기
⑪ 가공절연전선
⑫ 레일의 대지전압
⑬ 보조귀선
⑭ 패러데이 법칙

제 5 장 주전동기와 동력전달장치

차량을 주행시키기 위하여 차륜을 구동시키는 전동기를 **주전동기**(traction motor) 혹은 **견인 전동기**라 한다. 현재 전기차에 이용되고 있는 주전동기는 직류직권전동기, 교류정류자전동기, 유도전동기를 열거할 수 있다.

직류식에서는 직류직권 전동기가 가장 적합하며, 또한 재생 브레이크를 사용하는 데는 직류복권 전동기가 사용된다. 교류식에서는 교류정류자 전동기, 맥류전동기*38 특별한 경우에 유도 전동기가 사용된다.

그리고 주전동기에 요구되는 조건은 다음의 사항을 열거할 수 있다.

① 넓은 속도 범위에서 고효율로 사용할 수 있을 것

② 기동 시 및 구배가 있는 곳에서 큰 토크를 발생할 수 있어야 한다.
이때 입력이 현저하게 증가하지 않을 것

③ 속도 제어가 쉬울 것

④ 병렬 운전할 때 부하의 불평형이 적을 것

⑤ 전원전압의 변동에 대하여 운전영향이 적을 것

⑥ 방수·방진이 완전하고 수리, 점검도 편리할 것

---

*38. 맥류전동기란 전차선이 교류인 경우에 차량용 정류기로 운전되는 직류직권 전동기를 말한다.

5.1 철도에 이용되는 전동기 특성

전동기의 상세한 구조와 특성 등에 대해서는 전기기기의 전문서적을 참고하기 바란다.

(1) 직류 직권 전동기 일반

전기차량용으로 적합한 특성을 지니고 있어 종래부터 광범위하게 사용되어 온 전동기로서 4극 또는 6극이 많이 사용되고 있으며 정류개선을 위하여 보극을 가지고 있다. 소용량에서의 냉각방식은 자기 통풍식, 대용량에서는 강제 통풍식을 사용하고 있다.

(2) 유도전동기 일반

유도전동기는 도체로 조립된 회전자를 고정자에서 발생되는 회전자계 내에 놓아, 회전자계의 자속이 회전자의 도체에 쇄교함으로써 발생하는 회전력(토크)을 이용하는 전동기로서 직류 전동기와는 달리 브러시 및 정류자가 없으므로 유지보수 측면에서 큰 장점이 있어 최근 인버터 기술의 발전과 함께 전기차량용 주전동기로 널리 사용되고 있다.

5.2 견인력과 속도 및 기어 비

전동기의 역기전력(e)식으로부터 회전수(N)를 구하면

$$N = K_2\left(\frac{E}{I} - R_a\right) \qquad \cdots\cdots (5.1)$$

여기서 I : 전기자 전류, R_a : 전기자회로저항, K_2 : 상수

즉 N는 전류(I)에 역비례하고 전압(E)에 비례 한다. 그리고 전동기 토크(torgue)식은

$$\tau = 1.625\frac{P}{a} \cdot \phi \cdot I \cdot Z \times 10^{-2} [\text{kg.m}] \qquad \cdots\cdots (5.2)$$

그런데 $\phi \propto$ I라 하면 (K_2 : 상수)

$$\tau = K_2 I^2$$

즉 토크(τ)는 대체적으로 전류(I)의 2승에 비례한다.

여기서, p : 자극의 수, a : 전기자의 병렬회로 수
Z : 전기자도체의 수, Φ : 각 극당 유효자속수

전기철도에서 속도라든가 견인력은 차륜에 토크가 전달되어지기까지 기어 장치가 있을 뿐 아니라, 차륜 지름의 대소에 의해서도 영향을 받는다.
토크(τ)와 회전수(N)가 주어지는 경우에 견인력(tracitive effort)(F)와 속도(V) 및 출력(P) 등이 여하히 변화하는가를 살펴본다.

(1) 토크와 기어비

주전동기 축의 소기어 반지름을 r_1, 잇수를 z_1, 토크를 τ_1, 차륜축의 기어 반지름을 r_2, 잇수를 z_2, 토크를 τ_2라고 하면 전달되는 힘 f[kg]는 동일하므로 토크는 다음과 같이 된다.

$$\left.\begin{array}{l}\tau_1 = fr_1 \\ \tau_2 = fr_2\end{array}\right\} \quad \cdots\cdots (5.3)$$

$$\text{즉 } \tau_2/\tau_1 = r_2/r_1 \quad \cdots\cdots (5.4)$$

또한 $z_2/z_1 = r_2/r_1$ 이므로

$$\tau_2/\tau_1 = r_2/r_1 = z_2/z_1 = r \ \ (r\text{는 기어 비}) \quad \cdots\cdots (5.5)$$

(2) 전동기의 출력

반지름 r[m]인 원주상에 작용하는 견인력이 F[kg]라면 토크 τ[kg-m]는

$$\tau = F \cdot r$$

$$\therefore \ r = \frac{\tau}{F}$$

1회전할 때의 일은, $F\times 2\pi r = F\times 2\pi\times\dfrac{\tau}{F} = 2\pi\tau$ N[rpm]인 경우 1[s]에 해당하는 일 P[kg−m/s]

$$P = 2\pi\tau\cdot N/60\,[\text{kg-m/s}] \qquad \cdots\cdots (5.6)$$

그리고 1[W] = 1/9.8[kg−m/s]이므로

$$1[\text{kW}]=1000/9.8\ [\text{kg-m/s}] \fallingdotseq 102[\text{kg-m/s}] \qquad \cdots\cdots (5.7)$$

그러므로

$$P = \frac{2\pi}{60\times 102}\times\tau\cdot N = 1.025\cdot\tau\cdot N\times 10^{-3} = \frac{\tau N}{975}[\text{kW}] \qquad \cdots\cdots (5.8)$$

(3) 전차속도

주전동기의 회전수를 N[rpm], 차륜의 지름을 D[m], 기어 비 $z_2/z_1 = r$라 하면 전차의 속도 V는 다음과 같이 된다.

$$V = \pi D\times\frac{N}{60}\times\frac{1}{r}\times\frac{3600}{1000} = \frac{60\pi DN}{r}\times 10^{-3}[\text{km/h}] \qquad \cdots\cdots (5.9)$$

(4) 견인력과 토크

주전동기의 토크가 차륜과 레일과의 접속점에서 일어나는 힘이 **견인력**이며, 전기차의 견인력을 F[kg], 주전동기 전기자의 반지름을 r, 전기자 둘레에 생기는 힘을 f_a, 그의 토크를 τ_a[kg−m], 주전동기의 대수를 m, 기어의 동력 전달 효율을 η_g라 하고, 차륜을 1회전시킬 때의 주전동기가 행하는 일을 생각한다.(그림 5.1 참조). 1개의 주전동기가 1회전할 때의 일은 $2\pi r\times f_a$이고, 차륜이 1회전하면 주전동기는 r 회전하므로 m개인 경우

$$\pi DF/m = 2\pi r \cdot f_a \cdot r \cdot \eta_g = 2\pi r \cdot \tau_a \cdot r \cdot \eta_g \ (\tau_a = f_a \cdot r)$$

$$\therefore F = \frac{2mt\tau_a\eta_g}{D}[\text{kg}] \quad \cdots\cdots (5.10)$$

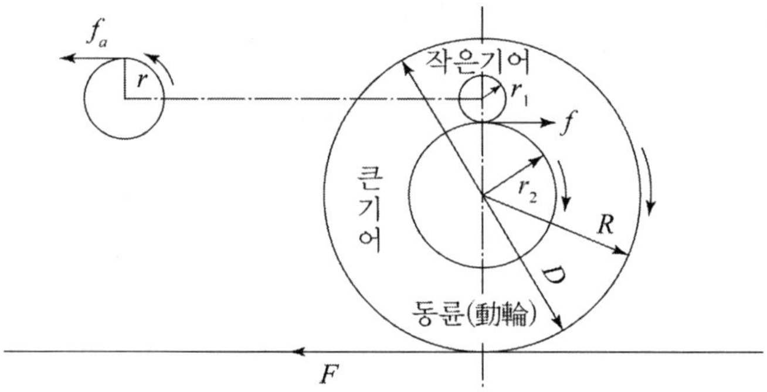

그림 5.1 주전동기의 토크와 견인력

(5) 견인력과 출력

반지름 r[m], 회전수 N[rpm]인 직선속도 V[km/h]는

$$V = 2\pi r \cdot (N/60) \cdot 3600/1000[\text{km/h}]$$

이므로, 이 식에서 N을 유도하고 $\tau = F \cdot r$도 식 (5.8)에 대입하면

$$P = \frac{2\pi}{60 \times 102} \times \tau N$$

$$= \frac{2\pi}{60 \times 102} \times F \cdot r \times \frac{60 \times 1000}{2\pi r \times 3600} \times V = \frac{F \cdot V}{367} \quad \cdots\cdots (5.11)$$

전달 효율을 η라 하면 식 (5.11)은

$$P = (FV/367) \times \eta$$

로 된다. 만약 F가 열차의 소요 견인력이고, 전동기대수를 N대, 동력 전달 장치의 효율을 η라 하면 1대당의 전동기 출력은

$$P = \frac{FV}{367N}\eta \qquad \cdots\cdots (5.12)$$

로 주어진다. 이 식에서 견인력 F의 값은 평균 가속도(a=0)인 경우에는 $F = F_t$(열차 저항 참조)이므로, 열차 저항 F_t를 알면 견인력 F를 알 수 있다.

위에 기술한 여러 가지 관계식으로부터 알 수 있듯이 견인력 F는 r을 크게 하고 D를 작게 하면 크게 된다. 속도 V는 이와는 반대이므로 주어진 전동기로서 r와 D를 변환시키면 F 및 V가 변하는 것을 알 수 있다. 일반적으로 전동기의 특성 곡선은 $I-N$ 및 $I-\tau$의 관계로서 표시하나 전차용 주전동기에서는 r와 D를 고려하여 $I-V$ 및 $I-F$ 곡선으로 표시한다.

5.3 용량의 결정

(1) 1시간정격과 연속정격

연속정격은 각부의 온도가 일정하게 되었을 때(4~8시간) 규정의 허용온도상승을 초과하지 않는 출력이며 1시간정격보다 적다. 규정에 의하면 전차전동기에서는 85[%], 기관차용 전동기에서 70~80[%]로 되어있다.

(2) 전동기 용량의 결정

몇 kW의 전동기를 채용할 것인가를 결정하는 데는 다음 사항들이 관련되고 있다.

① 전차의 중량　　② 기동시의 가속도
③ 역간거리　　④ 운전시분
⑤ 지형　　⑥ 제동감속도

전동기에 걸리는 부하는 다음과 같은 경우로 나누어서 생각한다.

㉠ 기동 시의 직선가속의 경우
㉡ 구배를 올라갈 경우
㉢ 전 구간에 걸친 평균부하

가령 기동 시에 대하여 생각하면 출력이 큰 전동기이면 견인력이 강하고 따라서 가속도도 크게 취할 수가 있으며, 전류 차단의 시간이 빨리 된다. 반대로 지나치게 출력이 작으면 예정한 가속도도 내기 어렵게 된다. 단차운전의 경우에서는 부수차를 견인할 경우에 어떻게 될 것인가 라는 것도 고려할 필요가 있다.

5.4 동력 전달장치

주전동기의 토크를 동륜에 전하는 장치를 **동력 전달장치** 혹은 **구동장치**라 한다. 여기에는 감속기어장치, 상대적 변위 때문에 굽어지는 이음 및 스프링 등이 포함된다.
구동장치로서 필요한 것은 다음 두 가지 점을 열거할 수 있다. 전동기의 토크를 전달하는 데 (그림 5.2)와 같이 큰 기어와 작은 기어가 차체의 전동에 의하여 미소하긴 하나 변위를 일으키고, 그 때문에 기어*39의 위아래가 서로 맞물리는 것에 나쁜 영향을 준다. 이 영향을 주지 않도록 전동기와 동륜과의 관계 위치를 확보하는 것이 필요하다. 그리고 스프링 하부중량*40을 작게 하는 것이 필요하다. 구동방식으로는 다음과 같은 방식이 있다.

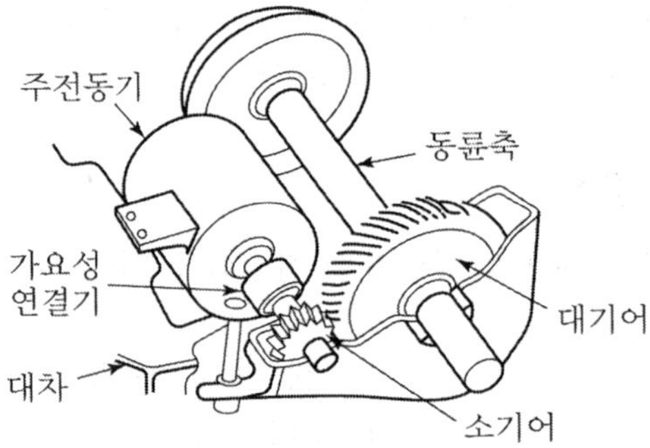

그림 5.2 큰 기어와 작은 기어의 형태

*39. 기어는 속도를 감소시킴과 동시에 토크를 올리기 위해서도 이용되는 것이다.
*40. 스프링 하부중량은 대차의 스프링 장치 밑부분의 중량이며, 레일에서의 진동이나 충격이 완충되지 않고 차체에 전해져서 승객의 승차감을 나쁘게 한다.

(1) 카르단식 구동(Cardan drive)

고속소형(高速小形) 전동기가 개발됨에 따라서 카르단식으로 한 것이 많이 이용하게 되었다. 이는 주전동기를 대차(台車)테에 완전히 고정시키고 주전동기와 차축과의 사이에 가동축을 이용하여 토크를 전달하는 방식이다. (그림 5.3 참조) 이러한 방식에서는 동요에 의하여 전동기의 관계 위치가 변하더라도 차륜에 설치된 기어와 서로 맞물려 있는 데는 아무런 영향이 없고, 스프링 하부중량이 줄어들고 레일로부터의 충격 등이 직접 전달되지 않기 때문에 최근 이 방식이 많이 채용되고 있다. 이 방식에는 가동축이 차축에 평행이 되도록 배치한 **평행카르단식**과 가동축이 차축과 직각으로 되도록 배치한 **직각카르단식**이 있다.

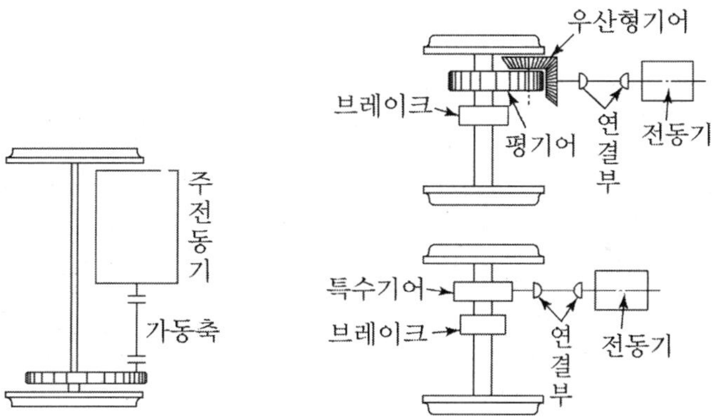

그림 5.3 Cardan drive type

(2) 노즈식 구동(nose suspended drive)

이는 주전동기와 기어 장치가 거의 일체로 되어 있어서 주전동기의 한쪽을 차축노즈 베어링(bearing)에 의하여 차축(axle)에 붙어 있고, 다른 쪽(nose)은 대차의 테에 지탱되고 있는 형식이다. (그림 5.4 참조) 전동기 중량의 약 60%가 차축에 걸려 있는 구조이며 레일 및 전동기에 큰 충격을 주는 결점이 있다.

이 방식은 오래 전부터 일반적으로 사용되어 왔으나 속도가 고속화됨에 따라 충격의 영향이 크게 나타나므로, 최고시속 100[km] 이하의 것에 사용된다.

> **[참고]**
> 기어는 gear case에 넣어져 있고 기름으로 윤활을 시키고 있다.

(3) 퀼식구동(quill[*41] drive)

중공축(中空軸)에 설치된 큰 기어와 주전동기의 작은 기어를 서로 맞물리게 해서 우선 먼저 중공축을 회전시키고, 중공축의 끝 쪽에 있는 돌기 부분(스파이크)에 의하여 스프링을 사이에 두고 주전동기의 토크를 차축에 전달하는 구동방식이다. (그림 5.5 참조) 이 방식에서는 차륜이 내부축에 설치되어 차륜이 레일의 접합부를 통과할 때의 충격은 스프링을 지나서 중공축 및 전동기에 전달되어지므로 스프링 하부중량이 감소되고, 충격이 직접 전달되는 것이 없어진다.

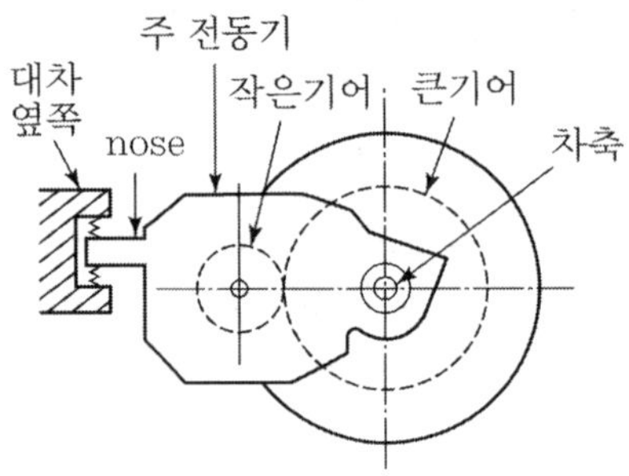

그림 5.4 nose suspended type

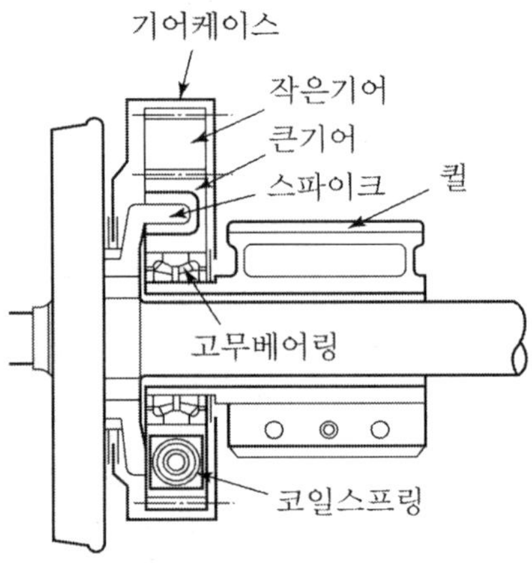

그림 5.5 quill drive type

*41. 차축 위를 덮어놓은 중공의 축을 퀼(quill)이라 한다.

5장 연 습 문 제

1 전차용 주전동기가 구비해야 할 조건을 기술하시오.

2 전차용 주전동기의 소요용량을 결정하는 데 필요한 사항을 열거하고, 이들이 전동기 용량의 결정과 여하한 관계가 있는가를 설명하시오.

3 주전동기의 토크를 동륜에 전달하는 동력전달방식을 열거하고 간략히 설명하시오.

제 6 장 속도제어 및 제동장치

6.1 속도제어

전기차가 주행중에 속도를 가감시키는 일, 전류를 흘리지 않게 하여 타행(惰行)으로 옮기게 하는 일, 때로는 전기제동을 작용하게 하는 일 등의 제어조작은 운전상 가장 중요한 사항이다.

1 저항 제어 시스템

저항 제어 방식은 직류 전동기의 회전속도(N)가 전압(E)에 비례하므로 전동기에 인가되는 전압(E)를 조절할 수 있는 저항기의 저항(R)을 가감하여 속도제어를 하는 방법이다.

즉, 전압(E)=전류(I)×저항(R)에서 저항(R)을 증가시키면 가선에서 공급되는 전압(E)는 일정하므로 위 식에서와 같이 전류(I)는 감소하게 된다.

(그림 6.1)의 회로도에서 견인 전동기의 전기자에 흐르는 전류(I)가 감소하게 되면 회전속도(N)$\propto$ 전압(E_0)−전기자 저항(r_a)×전류(I)에서 전압 감소값(전기자 저항×전류)이 감소되어 전동기에 가해지는 전압값(E)가 증가하므로 전동기의 회전속도는 증가하게 된다.

고속운전 시에는 전동기의 회전속도가 계자자속(φ)에 반비례하므로 직권계자와 병렬로 분로 저항기를 설치하여 계자에 흐르는 전류를 조절, 계자자속을 제어시켜 속도를 제어할 수 있다.

여기서 저항기(R)의 저항값 조절이 여러 개의 저항기를 직·병렬 조합함으로써 이루어지므로 속도변화가 계단적이 되는 단점이 있다.

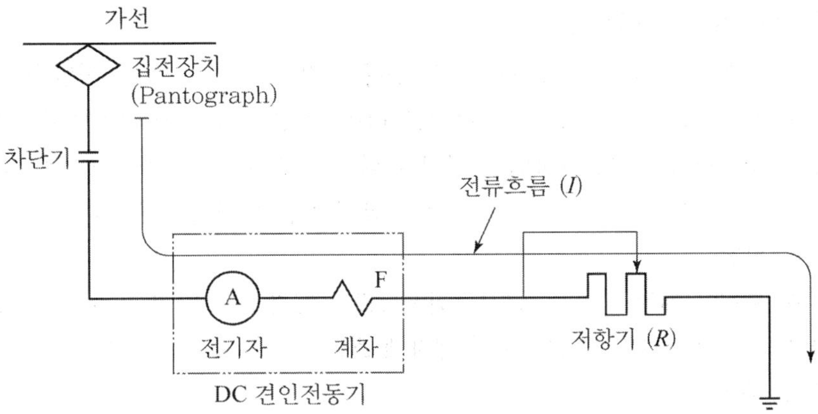

그림 6.1 저항제어 시스템

2 초퍼제어 시스템

(1) 초퍼제어의 기본 개념

초퍼제어 방식은 직류 전동기의 회전속도가 견인 전동기에 가해지는 전압에 비례하므로, 초퍼장치를 이용하여 직접 전압을 조절함으로써 속도제어를 하는 방식으로 초퍼장치에 의한 전압값 제어의 기본 개념을 (그림 6.2)에 나타낸다.

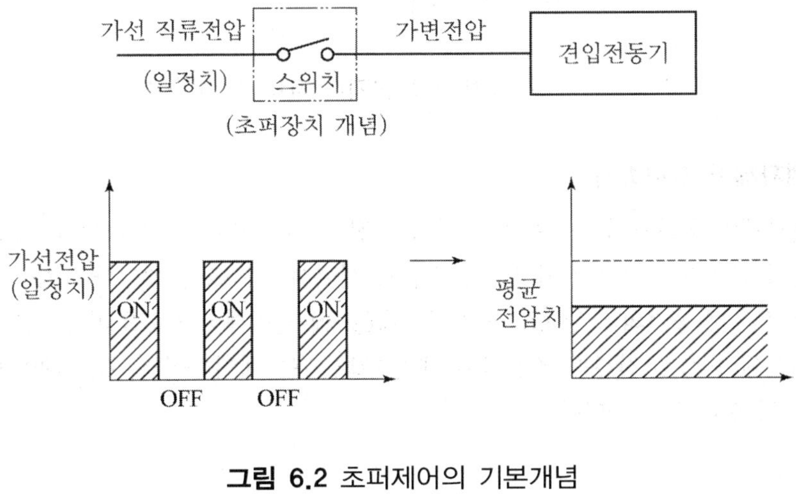

그림 6.2 초퍼제어의 기본개념

즉 초퍼장치의 ON-OFF 폭(Switching 시간)을 변화시켜 전동기에 가해지는 평균 전압값을 제어한다.

(2) 전기차 제어 초퍼방식

전기차 제어 초퍼방식은 초퍼장치로 전동기 전기자에 인가되는 전압을 직접 제어하여 속도제어를 하는 방식으로 귀환용으로 다이오드(DF)를 설치하여 초퍼 OFF 작용 시 주평활 리액터(MSL)에 저장되어 있던 에너지를 귀환용 다이오드(DF)를 통하여 전동기 전기자로 귀환시켜 전동기에 흐르는 전류의 흐름을 연속시켜 준다. 이를 (그림 6.3)에 나타낸다.

고속 운전 시에는 직류 전동기의 회전속도가 계자자속(φ)에 반비례하므로 직권계자와 병렬로 분로 저항기를 설치하여 계자에 흐르는 전류를 조절, 계자자속을 제어시켜 속도를 제어할 수 있다.

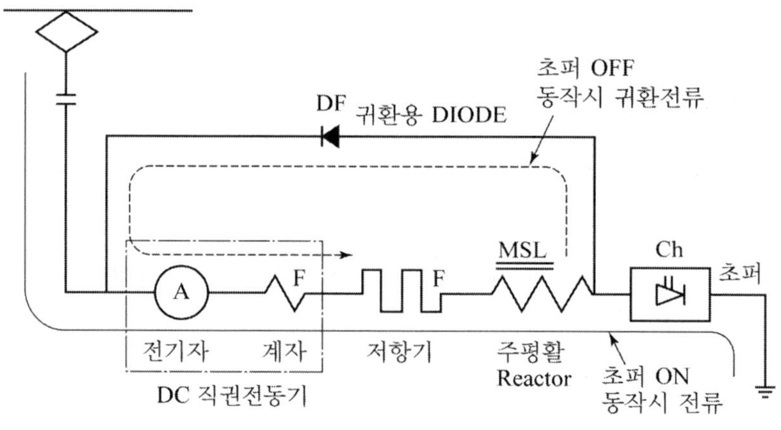

그림 6.3 전기자 제어 초퍼방식

(3) 계자제어 초퍼방식

계자제어 초퍼방식은 전동기의 저속 운전 시 저항제어 방식과 같이 저항기(R)을 조절하여 전동기 전기자에 인가되는 전압을 제어시켜 속도를 제어하고 중, 고속 운전 시에는 직류 전동기의 회전속도가 계자자속(φ)에 반비례하므로 초퍼장치를 사용하여 분권계자에 흐르는 전류를 조절하여 계자자속(φ)을 제어하여 속도를 제어하는 방식이다. (그림 6.4)에 나타낸다.

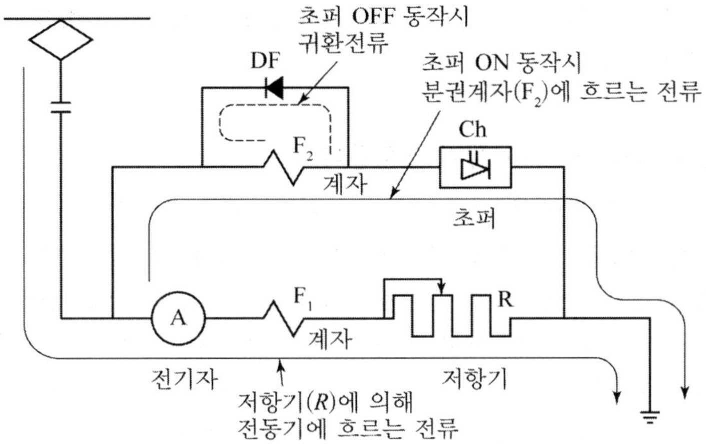

그림 6.4 계자제어 초퍼방식

(4) 자동 가변 계자(AVF) 제어 초퍼방식

자동 가변 계자(Automatic Variable Field) 제어 초퍼방식은 초퍼동작의 변화에 대응하여 계자전류를 연속적으로 변화시키는 방식이다.

직류 전동기의 회전속도가 전압(V)에 비례하고 계자자속(φ)에 반비례 하므로 초퍼 "ON" 동작시간이 길고 "OFF" 동작시간이 짧은 경우 전동기에 인가되는 전압(V)은 증가되고, 귀환전류의 통류시간(초퍼 "OFF" 동작시간)이 작아지면 계자전류가 감소되어 계자자속(φ)이 감소되므로 전동기 속도는 증가된다. (그림 6.5)에 나타낸다.

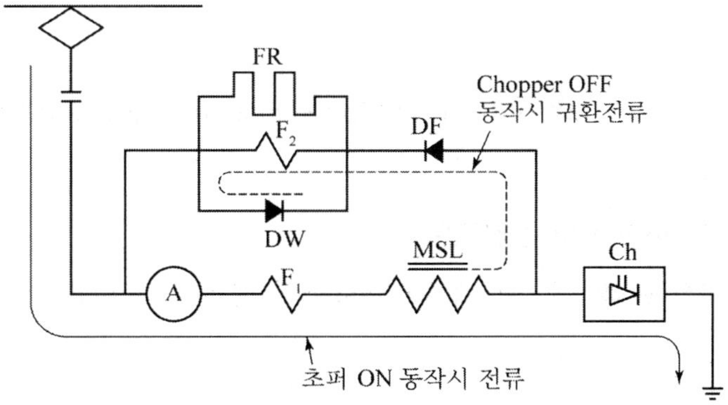

그림 6.5 자동 가변 계자(AVF) 제어 초퍼방식

즉 전동기에 인가되는 전압(V) 및 계자자속(φ)을 동시에 연속적으로 변화시킬 수 있는 제어방식이다.

(5) 사상한(Four-Quadrant) 제어 초퍼방식

사상한 제어 초퍼방식은 전동기의 전기자와 계자를 각각 독립된 초퍼장치로 별도 제어시키는 방법으로 직류 전동기의 회전속도가 전압(V)에 비례하고 계자자속(φ)에 반비례 하므로 전동기 전기자에 인가되는 전압(V)은 초퍼(Ch)로 제어하고 계자전류는 별도의 GTO-Bridge로 된 계자 초퍼로 제어하여 전동기 속도를 제어시키는 방법이다. (그림 6.6)에 나타낸다.

이 경우 GTO-Bridge 접속의 GTO 소자 동작에 의해 전진/후진, 역행/제동 운전이 무접점 전환으로 가능한 제어방식이다.

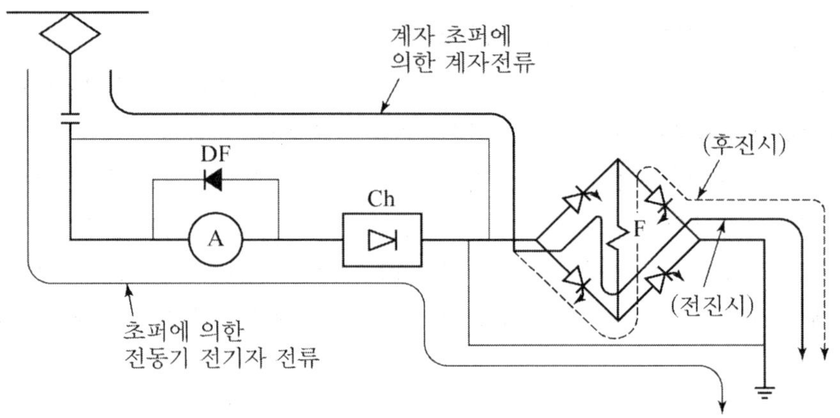

그림 6.6 사상한(Four-Quadant) 제어 초퍼방식

(6) 초퍼제어 System의 운전모드

① **역행운전 Mode**(전기자 제어 Chopper의 경우) : Chopper ON 동작 시

$$전동기\ 인가\ 전압(E_M) = \frac{T_{ON}}{T_{ON} + T_{OFF}} \times 가선전압(E_S)$$

의 값으로 인가되며 초퍼 OFF 동작 시는 리액터에 저장된 에너지에 의해 귀환 다이오드(DF)를 통하여 전동기 전압을 유지시키게 되므로 T_{ON} 시간을 조절하면 전동기에 인가되는 전압이 가감되어 속도를 제어할 수 있다. (그림 6.7)에 나타낸다.

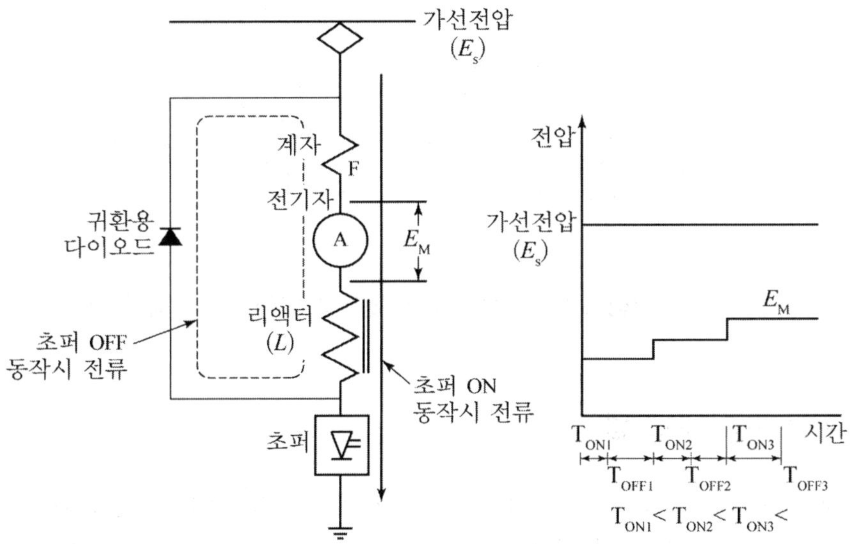

그림 6.7 전기자 제어 초퍼의 역행운전 모드

② **회생 제동 Mode**(전기자 제어 초퍼의 경우) : 초퍼 ON 동작 시 전동기에서 발생된 전기제동 에너지를 리액터(L)에 저장하였다가 초퍼 OFF 동작 시에 전동기 발생전압 + 리액터 전압으로 가선에 회생시킬 수 있으므로 전동기 발생전압(E_M)이 가선전압(E_S)보다 낮은 경우 (저속 시)에도 회생이 가능하다.

$$\text{회생전압} \propto \frac{T_{ON}}{T_{ON} + T_{OFF}} \times \text{전동기발생전압}(E_M)$$

저속으로 되면서 전동기 발생전압이 낮아지더라도 T_{ON} 시간을 증가시키면 높은 회생전압을 얻을 수 있다. (그림 6.8)에 나타낸다.

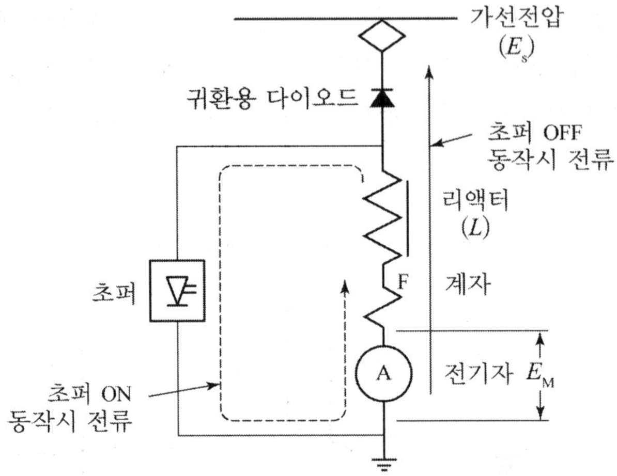

그림 6.8 전기자 제어 초퍼의 회생(回生) 제동 모드

3 위상 제어 시스템

교류전원의 정·부 1/2 사이클 기간을 각각의 순방향 사이리스터를 통하여 직류전원으로 정류시킴과 동시에 해당 사이리스터를 위상각(제어각 α)으로 제어시켜 부하측의 직류단자 전압을 평균값을 제어하여 속도제어를 할 수 있는 방식이다. (그림 6.9)에 나타낸다. 사이리스터의 위상각 α를 '0°~180°'로 제어시킴에 따라 직류단자 전압의 평균값을 '최대~0'으로 제어할 수 있다.

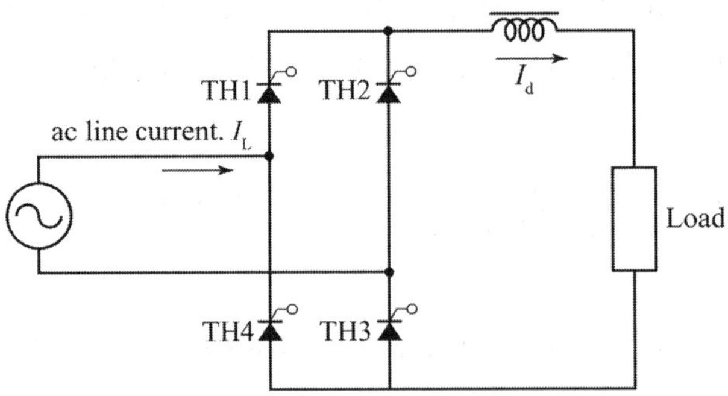

그림 6.9 단상 Bridge 위상 제어 초퍼

4 가변전압가변주파수(VVVF) 인버터 제어 시스템

(1) VVVF 인버터 제어 시스템의 기본 개념

VVVF(가변 전압 가변 주파수) 인버터 제어방식은 견인 전동기로서 AC 유도 전동기를 사용하며 교류 유도 전동기의 회전속도가 주파수(f)에 비례하므로 전동기에 인가되는 주파수를 가변시켜 속도를 제어하고 전동기 토크가 $(V/f)^2$에 비례하므로 전동차 견인에 필요한 일정 토크를 얻기 위하여 주파수(f)의 변화에 대응하도록 전압(V)도 같이 제어하는 방법이다.

(2) VVVF 인버터 제어 시스템의 특성

① 정류자, 브러시가 없는 비교적 간단한 구조로 된 AC 유도 전동기의 사용으로 유지보수비를 절감할 수 있다.

② 전동기에 인가되는 전류만으로 전동기 토크를 제어하는 직류 전동기에 비해 교류 유도 전동기는 전압, 주파수를 동시에 사용하여 토크를 제어하므로 가감속 제어성이 양호하고 승차감을 향상시킬 수 있다.

③ 회생제동(전기제동)시 AC 유도 전동기 특성에 의해 역행시와 같은 큰 회생제동 토크를 얻을 수 있으므로 큰 회생전력으로 운행 에너지를 절감할 수 있다.

(3) VVVF 인버터 제어 개요

① VVVF 인버터 제어는 인버터 제어회로의 마이크로컴퓨터에 의해 GTO의 ON, OFF 시기를 제어하여 직류전원을 교류로 변환하며 전압과 주파수를 제어하는 방식이다. (그림 6.10)은 VVVF 인버터와 유도 전동기 계자 코일과의 관계를 나타낸 것이다. 3상 유도 전동기에는 (그림 6.10)과 같이 상호간 120°의 각도차를 갖는 계자코일 U, V, W상이 있고 U상에는 스위치(GTO) 1을 V상에는 스위치(GTO) 3상을 W상에는 스위치(GTO) 5를 경유하여 각각 전원에 접속시킨다.

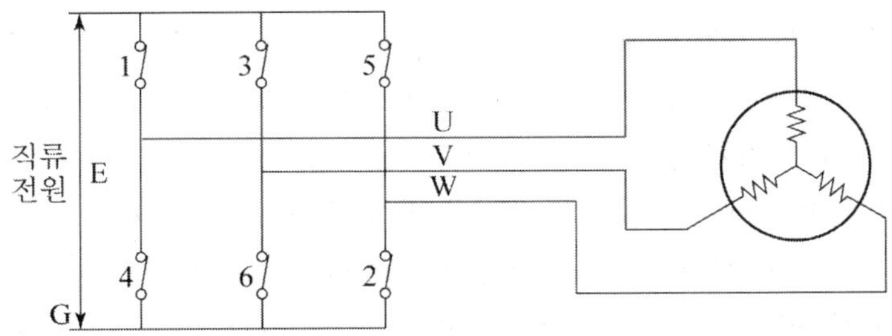

그림 6.10 VVVF 인버터 개요

(그림 6.11)은 직류전압 E를 인버터에 인가하여 각 스위치(GTO)를 일정한 순서로 ON, OFF 하면 유도 전동기의 계자 U, V, W에 일정한 순서로 전류의 크기와 전류의 방향이 변하는 것을 나타낸 것이다.

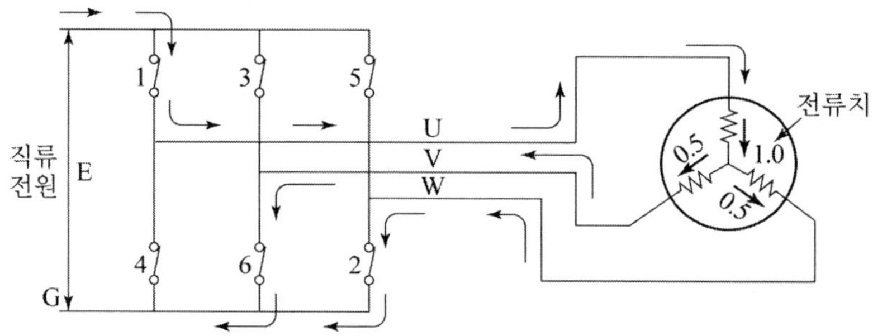

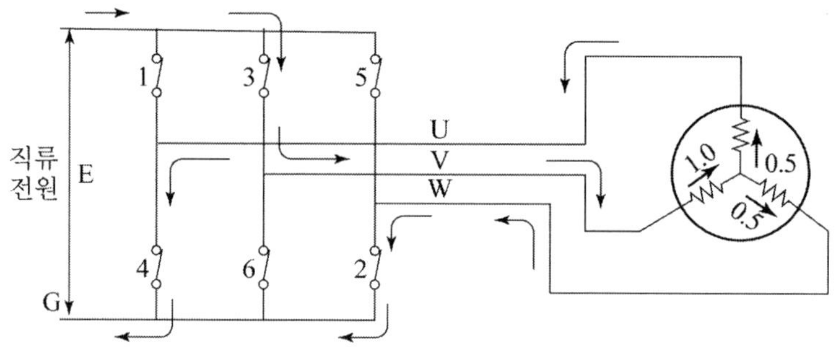

그림 6.11 스위치(GTO) ON, OFF에 의한 전류 흐름의 변화

6.2 제동(Brake) 장치

주행 중에 전기차량이 전력을 공급받지 않을 때는 진행력, 즉 차축토크는 소멸하고 차체는 공기저항으로 에너지를 뺏기고, 회전 각부에서도 마찰에 의하여 에너지를 뺏기게 된다. 그래서 차체 전체로서 서서히 운동에너지를 잃게 되어 속도가 감소된다.
그러나 이러한 에너지 손실은 운전상 항상 존재하는 것이므로 가능한 적게 되도록 설계한다. 이러한 힘만에 의하여 차량을 정지시키는 것은 실용적이 아닐 뿐 아니라 정확하게 목적 지점에 정차시킬 수가 없고, 또한 내림구배에서는 정지되지 않는다. 그래서 일시적으로 에너지 손실을 증가시키든가, 또한 어떠한 방법에 의하여 차량이 가지는 운동에너지를 빼앗아서 급속히 정차시켜야 한다. 이것이 **브레이크**(brake, 제동)이다. 브레이크 장치는 주행 중의 차량을 안전하고 확실하게 감속 혹은 정차시키고, 정차 중의 차량이 이탈하여 진행하지 않도록 하는 것을 목적으로 한다. 그러므로 브레이크는 운전상 가장 중요한 것이라 할 수 있다.

1 브레이크의 종류

브레이크를 크게 나누어 보면 다음과 같이 기계적인 **마찰 브레이크**와 전기적인 **전기 브레이크**로 나눌 수 있다.

- 브레이크
  - 마찰 브레이크
    - 공기 브레이크
    - 유압 브레이크
  - 전기 브레이크
    - 발전 브레이크
    - 재생 브레이크
  - 기타(전자흡착(電磁吸着) 브레이크)

브레이크의 종류

브레이크장치로서 일반적으로 이용되고 있는 것은 공기 브레이크와 전기 브레이크이며, 손으로 직접 작용시키는 핸드 브레이크(hand brake)가 있으며 주로 차량의 전동 방지에 사용된다.

기초 브레이크 장치[*42](brake rigging)는 (그림 6.12)에 표시한 바와 같이 브레이크 실린더[*43]에서 제륜자[*44]에 닿는 일련의 부분이며, 가장 일반적으로 사용되고 있는 것은 차륜의 레일면 위를 전동(轉動)하는 부분 즉 답면(踏面, wheel tread)에 제륜자(制輪子, brake block)를 눌러서 그 사이에 발생하는 마찰력을 이용하는 것이다.

---

*42. brake rigging : 브레이크 편에 압력을 주기 위한 힘의 전달 장치를 말한다.

*43. brake cylinder : 실린더 내부에 스프링과 피스턴이 위치하고 있으며, 공기가 들어가면 스프링의 힘을 이겨서 왼쪽으로 이동한다. 이것은 차체실린더식과 대차실린더식 또는 차량의 중량·속도에 의하여 크기가 다르게 설계된다.

*44. 제륜자 : 브레이크 편(brake shoe)이라고도 한다. 보통 (그림 6.13)의 형상을 하고 있다. 차윤과 브레이크 편 간의 간격은 3mm 정도를 유지하며, 재질은 주철이지만 근래 합성수지가 이용하게 되었다. 이의 특징은 내 마모성이고 경량이며, 철가루가 날지 않아 차량의 오손이 적고 수명도 주철보다 길게 할 수 있다.

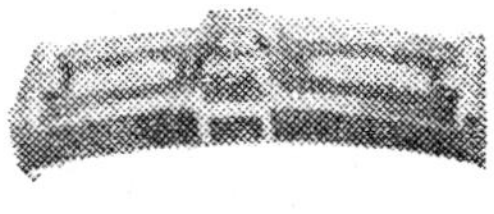

그림 6.13 브레이크편

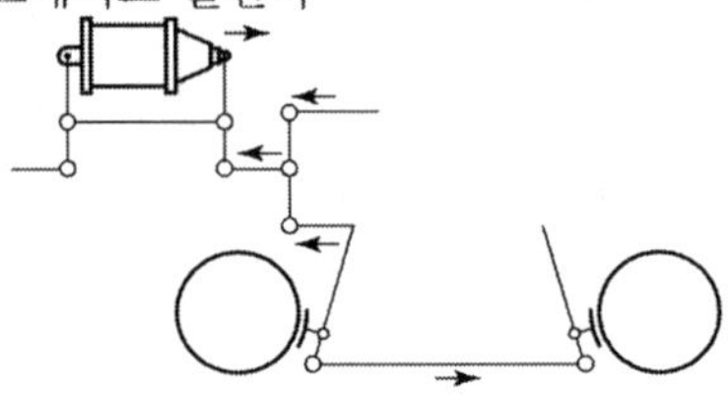

그림 6.12 기초 브레이크 장치

이 밖에 차축에 주강제인 원판을 장치해서 그의 양면에 제륜자를 눌러서 브레이크력을 발생시키는 **디스크 브레이크**(disc brake) 및 차축에 고정시킨 금속제 드럼을 제륜자로 죄어 붙이는 **드럼 브레이크**(drum brake) 및 브레이크 실린더의 공기압 대신에 유압을 사용한 **유압 브레이크**가 있다. 이는 소형으로 높은 압력을 낼 수 있고 설치기구도 간단한 특징을 가지고 있다. 그리고 전자석이 레일을 흡인하여 브레이크를 가하는 **전자(電磁) 트랙 브레이크**(electro magnetic track brake) 방식이 있다. 흡인력은 5500~6500[kg] 이다.

2 공기 브레이크

압축공기의 힘으로써 제륜자가 차륜에 눌릴 때 발생하는 마찰력을 이용한 것이며 다음과 같은 각종 방식이 있다.

(1) 직통공기 브레이크(straight air brake)

가장 간단한 브레이크 장치이며, 저속도・단차운전의 노면전차에만 채용되고 있다. (그림 6.14)와 같이 배관되어 있으며 공기저장통 내의 공기는 조압기로 3.5~4.5 [kg/cm^2] 정도로 유지된다.

브레이크 밸브의 형상에는 release, lap, brake 및 emergency인 4가지 위치로 되어 있다. 그리고 연결이 벗어난 경우나 공기가 누설되는 경우에는 브레이크가 동작하지 않는다.

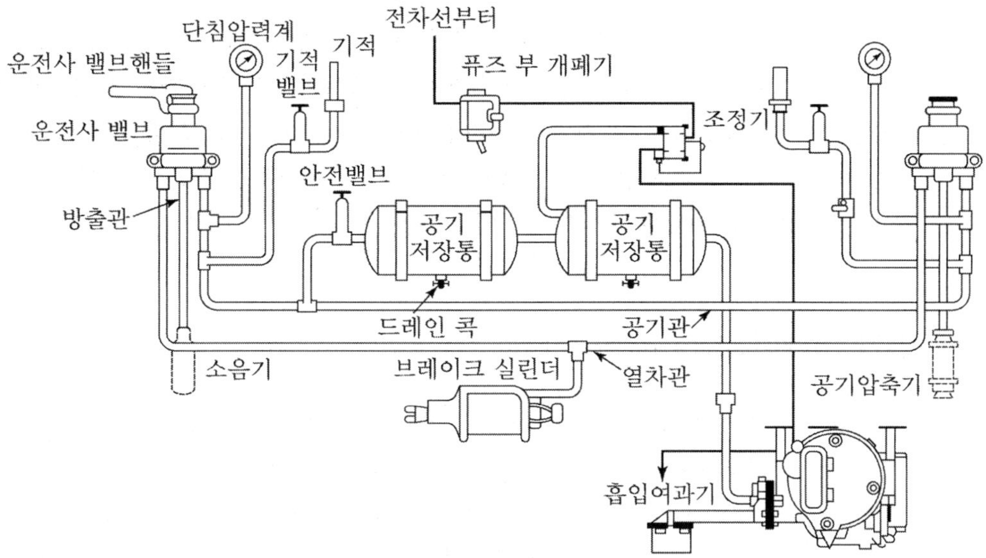

그림 6.14 직통공기 브레이크

(2) 자동공기 브레이크(automatic air brake)

이것은 열차를 관통한 브레이크관 내의 압력이 감소하면 거기에 대응하여 브레이크가 작용하도록 한 공기 브레이크이며, 각 차량에는 보조 공기저장통*45(auxiliary reservoir)과 제어밸브를 설치하여 두고, 열차를 관통하여 브레이크관을 설치한다.
브레이크 밸브를 조작하여 브레이크 위치에 두면 일정한 압력의 압축공기로 채워져 있던 브레이크관 내의 공기가 배출되어 압력이 감소하면 거기에 대응하여 제어 밸브가 동작하며 보조 공기저장통의 압축공기를 브레이크 실린더에 보내어 브레이크를 작용시킨다. (그림 6.15)
장연결(長連結)(2량 이상의 열차)의 열차 운전에 사용된다.

*45. 보조 공기저장통의 공기를 브레이크실린더에 보내는 밸브를 3중밸브(triple valve)라 한다.

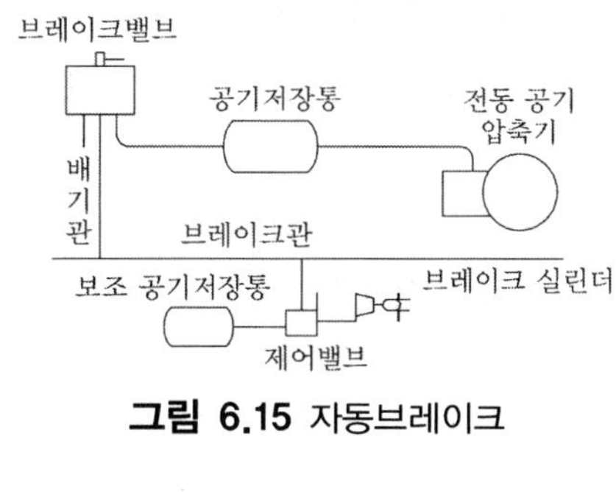

그림 6.15 자동브레이크

(3) 전자공기(電磁空氣) 브레이크(electro-pneumagnetic air brake)

전자밸브의 보조를 받는 공기 브레이크이며, 자동 브레이크에서는 2량 이상의 긴 연결인 경우 뒤쪽에 있는 차량의 감압이 늦어져서 브레이크가 작동하는 것이 늦어진다. 이것을 방지하기 위하여 각 차량에 전자밸브를 설치하여 두고, 브레이크 실린더에 압축공기의 급배기(給排氣)를 전자밸브의 조작으로 모두 전기적으로 하도록 해서 각 차량의 전자밸브를 일시에 움직이게 하여 브레이크를 작용시킨다.

3 전기 브레이크(electric brake)

수동 및 공기 브레이크에서는 차륜과 브레이크편의 마모가 크다. 따라서 전동기를 발전기로 해서 전차가 갖고 있는 운동에너지를 전기에너지로 변환시켜 이것을 저항 내에서 소비시켜 브레이크 작용이 되도록 한 것을 **발전 브레이크**라 하고, 전기에너지를 트롤리선으로 반환시키는 것을 **재생 브레이크**라 한다. 이들을 **전기 브레이크**라고 한다.
전기 브레이크를 사용하면 브레이크편 및 타이어 마모가 적게 되고 철분의 비산이 없어지므로 전차 내의 전기 장치의 절연저하를 방지하고, 또한 공기의 오염이 없으므로 특히 지하철 등에 적합하다.
그러나 전동기가 무리하게 사용되므로 용량이 커지고, 저항기도 기동의 경우보다 사용시간이 길어져서 열용량을 크게 해야 한다. 또한 기어나 전동기축을 아주 견고하게 설계 제작할 필요가 있다.
특히 재생 브레이크에서는 전력의 소비량이 1/40의 구배에서는 약 30[%] 내외 절약되며, 전원 및 배전설비의 절약도 된다. 그러나 설비비가 높아지고 복잡하여 취급 및 보수가 곤란하며 차륜도 무거워진다.

4 초퍼제어 전기 브레이크

(1) 발전 브레이크

전기 브레이크의 저항을 제어하는 경우 (그림 6.16)과 같이 R_0인 저항을 초퍼 CH로 on・off한다. 온・오프 사이의 시간의 비를 변화시키면, 브레이크 전류의 평균값이 변하며 이로 인하여 저항값이 변한 것과 같은 작용을 하게 된다. 그리고 여기에 미세저항을 병용하는 것도 고안되어 있다.

(2) 재생 브레이크

(그림 6.17)에서 초퍼 CH가 on하면 i_1인 전류가 흐르며, L인 리액터에 에너지가 축적된다. CH가 off하면 $i_1 \rightarrow 0$이 된다. 이렇게 전류의 변화로 L에 유기된 저압 e_L이 높아지고 $(E_M + e_L)$이 V_T보다 높아져서 재생전류(再生電流)가 트롤리선으로 환원된다.

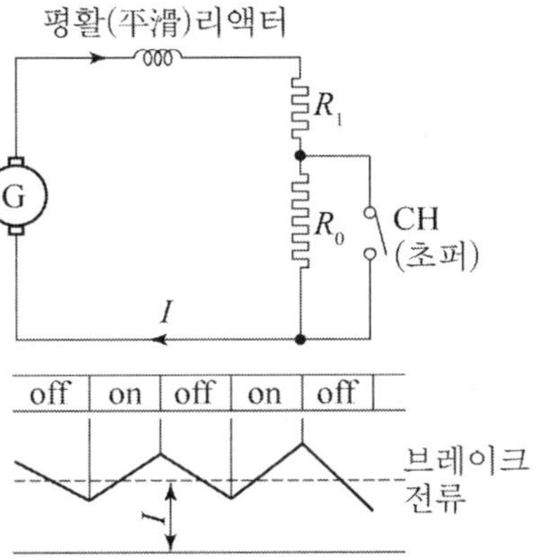

그림 6.16 전기 브레이크의 초퍼제어

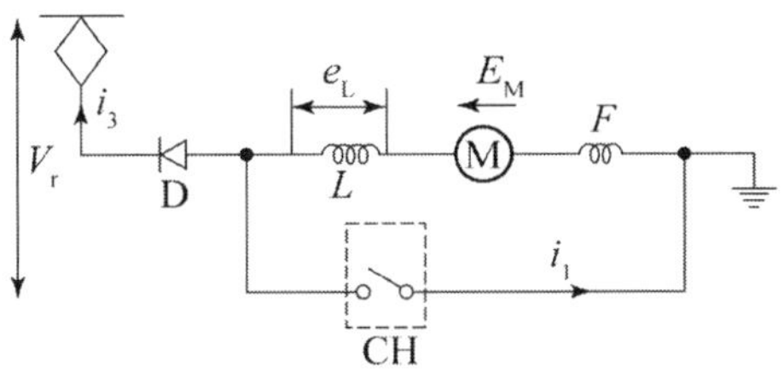

그림 6.17 재생 브레이크 회로

5 전공(電空)병용 브레이크

최근에는 전기 브레이크와 공기 브레이크를 병용한 것이 많이 사용되고 있다. 보통은 브레이크 밸브 핸들로 브레이크를 가하면 속도가 빠른 경우는 전기 브레이크가 작동하고, 공기 브레이크는 동작 준비의 위치에 있다가 속도가 10~20[km/h] 이하가 되어 전기 브레이크가 작용하지 못하면 공기 브레이크가 작동하게 된다.

여기에서 자동공기 브레이크는 공주시간(空走時間)이 비교적 길고, 브레이크 조작에 숙련을 요하므로 전자직통 공기 브레이크가 채용되고, 다시 여기에 발전 브레이크나 재생 브레이크를 병용하고 있다. 이 브레이크는 브레이크 밸브의 핸들의 각도에 의해 브레이크력이 변화하므로 조작이 용이하다.

[참고] 브레이크의 이론

1. 브레이크

브레이크력은 물체의 중심에 작용하는 것이 이상적이나 보통은 차륜에 브레이크편을 압축하여 이 사이에 마찰을 이용하여 브레이크력을 발생시킨다. 이 방법에 의하면 주행열차의 운동에너지는 차륜의 답면(踏面, tread) 브레이크편 사이에 열에너지로 소비된다.

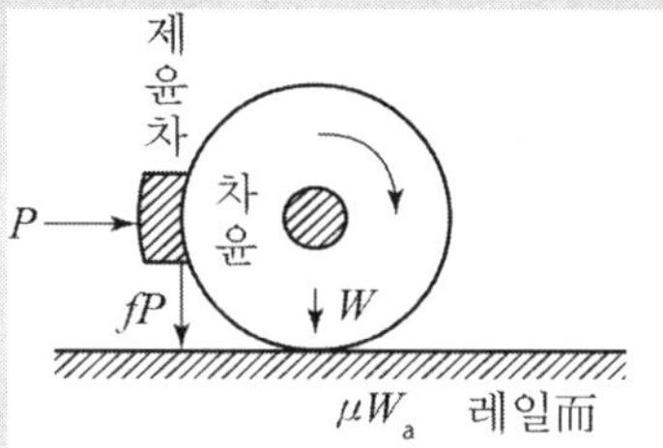

그림 6.18 브레이크력과 마찰계수

브레이크력 F_b는 다음의 식으로 표시된다.

$$F_b = P \cdot f(\text{kg}) \qquad \cdots\cdots \text{ⓐ}$$

여기서, P : 브레이크편 압력(kg)

f : 마찰계수

즉 브레이크력 압력은 P에 비례하며, 비례상수를 마찰계수라 한다.

2. 마찰계수의 성질

마찰계수는 마찰면의 성질에 의해서 변화한다는 것은 당연한 사실이다. 다음 각항의 영향에 대하여 검토하여 둔다.

① 속도와 기후에 의한 영향 : 공식에 의하면

$$f = c\frac{1+0.01V}{1+0.05V} \qquad \cdots\cdots \text{ⓑ}$$

여기서, V : 열차속도(km/h)

c : 기후에 의한 계수(맑음=0.42 비=0.30, 표준=0.32)

② 기타의 영향

㉠ 브레이크를 걸고 나서 시간의 경과

㉡ 브레이크편 압력의 증가

㉢ 마찰면의 온도 상승 등

이러한 항목은 어느 것이나 f를 적게 하는 경향이 있다.

③ 평균마찰계수

식 ⓑ에 의하면 어떤 속도(V)에서의 f를 구 할 수 있으나, 브레이크 개시에서 정지할 때까지의 평균 마찰계수는 어떻게 결정하느냐 하는 것은 f를 속도에 대하여 적분하여 구한다. 총괄하여 생각하면 브레이크를 가하여 정차에 가까워지면 f는 커지므로 차츰 압력을 낮추어 일정한 브레이크력을 유지하기 위해 단계적으로 완화되도록 한다.

3. 최대 브레이크력

차륜이 미끄러짐 없이 레일 위를 회전하는 것은 차륜과 레일 사이에 마찰이 있기 때문이며, 이러한 마찰계수를 점착계수(coefficient of adhesion)라 하고 μ로 표시한다. 또한 이 차륜에 작용하는 중량을 점착중량(adhesive weight) W_a(kg)라 한다. W_a가 브레이크의 경우에는 브레이크편이 작용하는 차륜에 가해지는 중량이다. 따라서 미끄러짐이 없이 차륜과 레일의 접점에 생기는 힘을 점착력(adhesive force)이라 하고, F_d로 표시하면 다음과 같은 관계식이 성립한다.

$$F_d = \mu W_a [\text{kg}] \qquad \cdots\cdots ⓒ$$

이 μ는 두 접촉면이 습동(sliding)하기 전, 말하자면 정적 마찰계수(coeffcient of static friction)이고, 전술한 f는 동적 마찰계수이다.

식 ⓐ의 F_b와 식 ⓒ의 F_d가 $F_d > F_b$이면 미끄러짐 없이 브레이크가 되나, $F_d < F_b$이면 차륜은 정지하여도 레일 위를 미끄러진다. 따라서 최대 브레이크력 F_b는 다음 식과 같이 표시된다.

$$F_b = \mu W_a [\text{kg}] \qquad \cdots\cdots ⓓ$$

최대 브레이크력을 크게 하려면 W_a나 μ를 크게 해야 하며, μ를 증가시키기 위해서는 모래 등을 뿌려서 행한다.

실제 브레이크를 가하면 차량의 뒷부분은 약간 부상하며, 또한 각 대차에서는 후부차륜이 부상하는 경향이 있다. 이로 인해서 앞부분의 W_a는 크게 되며, 앞부분의 브레이력은 증가하나 전체로서는 점착중량이 감소한 것과 같이 된다. 따라서 전체의 W_a는 전체중량보다 감소한 것과 같이 되므로, 약 85[%] 정도로 보아야 한다.

6장 연 습 문 제

1 전차용 주전동기의 속도 제어법의 종류를 열거하고 이를 설명하시오.

2 전기철도용 전동기의 속도를 사이리스터에 의한 초퍼(chopper) 제어법에 대하여 기술하시오.

3 가변전압 가변 주파수 (VVVF)인버터 제어 시스템에 대하여 약술하시오.

4 전기철도용 차량에 사용되는 각종의 브레이크 방식을 열거하고, 특징을 기술하시오.

5 공기 브레이크의 종류를 열거하고 간단히 설명하시오.

6 발전 브레이크와 재생 브레이크에 대하여 설명하시오.

7 다음 사항에 대하여 기술하시오.

① 한류계전기
② 주간제어
③ 단류기
④ 제륜자
⑤ 역지밸브
⑥ 3동밸브
⑦ 예비여자
⑧ 재생율
⑨ 브레이크 실린더

제 7 장 열차운전과 신호보안장치

7.1 열차 운전

열차의 운전 계획을 세우기 위해서는 주전동기의 특성을 위시하여 열차저항, 인장력 및 브레이크력 등에 대하여 알아둘 필요가 있다.

1 열차저항(train resistance)

전기차에 견인력이 주어져서 전진하면 이에 반항하여 여러 가지 힘이 발생하며, 이들을 총칭하여 **열차저항**이라 한다. 그러므로 열차저항보다 큰 힘을 주어야 전진하며, 타행(惰行) 중의 열차는 이들 저항 때문에 감속한다. 일반적으로 열차저항은 열차의 단위 중량당의 값[kg/t]으로 표시된다.

열차 저항을 분류하면 다음과 같다.

① 출발저항　② 주행저항　③ 구배저항
④ 곡선저항　⑤ 가속도저항

(1) 출발저항(R_s)(starting resistance)

정지하고 있는 열차가 기동하려 할 때의 저항을 말하며, 차축과 베어링과의 유막(油膜)에 관계한다. 베어링 부분이나 기어 등에 급유하는 기름의 피막은 초기에는 흩어져 있어서 시동 시에 금속과 마찰을 일으켜 저항이 크게 되지만, 속도가 10[km/h] 이상으로 되면 기름이 작용하여 유막이 형성되어 저항은 적게 된다. 그 후에는 기름의 점도에 지배될 뿐이므로 저항은 일정하게 된다.

(2) 주행저항(R_r)(running resistance)

직선로를 운전하는 경우의 저항을 말하며, 베어링의 마찰 저항과 기타 접촉 부분의 마찰 저항이 지배적인 **기계적 저항**과 공기와 차량의 마찰 저항인 **공기저항**으로 이루어진다고 볼 수 있다. 기계적 저항과 공기저항을 합친 주행저항의 공식은 단차의 경우 식 (7.1)로 표시된다.

$$f = a + bV + \frac{CAV^2}{W}(\text{kg/t}) \quad \cdots\cdots (7.1)$$

열차 운전의 경우에는 (즉 측면저항을 고려할 경우)

$$f = a + bV + \frac{CAV^2}{W}[1 + 0.1(n-1)](\text{kg/t}) \quad \cdots\cdots (7.2)$$

이상의 공식은 Armstrong의 공식이며, 상수로서 일반적으로 이용되는 값을 대입하면

$$f = \frac{24}{\sqrt{W}} + 0.0093V + \frac{0.0038AV^2}{W}[1 + 0.1(n-1)](\text{kg/t}) \quad \cdots\cdots (7.3)$$

이상은 1[ton]당의 저항이며 전체중량에 대해서는 W를 곱하면 된다.
이로써 식 (7.2)도 식 (7.4)로 표시된다.

$$F = aW + bVW + CAV^2[1 - 0.1(n-1)] \quad \cdots\cdots (7.4)$$

주행 저항은 차량의 종류, 궤도의 구조, 레일의 무게, 침목의 수 및 도상(道床)의 상태에 의하여 균일하지 않다.

(3) 구배저항(R_g)(grade resistance)

열차가 구배를 주행할 때 중력에 의하여 발생하는 저항을 말하며, 구배는 2점간의 수평거리 AB와 2점간의 고저차의 비로 표시되므로 $\tan\theta$=BC/AB로 표시될 것이나, 각

θ가 적으면 $\sin\theta$=BC/AC로 하여도 상관이 없다. 따라서 구배를 g[‰]로 하면 구배 저항 R_g는

$$R_g = W\sin\theta = W_s/1000[\mathrm{t}] \qquad \cdots\cdots (7.5)$$

따라서

$$r_g = \pm g[\mathrm{kg/t}] \qquad \cdots\cdots (7.6)$$

즉 r_g 구배의 천분율[‰]로 표시하면 g[‰]의 값 g[kg/t]로 구할 수 있다. 오름구배는 (+), 내림구배는 (-)부호로 된다.(그림 7.1 참조)

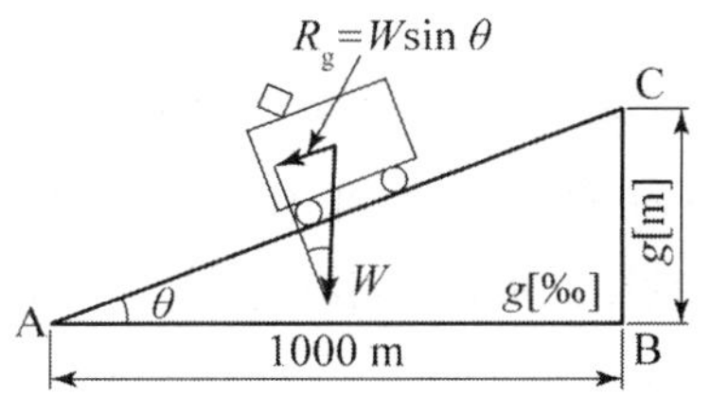

그림 7.1 구배저항

(4) 곡선저항(R_c)(curve resistance)

열차가 곡선부를 통과할 때는 직선로의 경우보다 많은 저항을 받는데 이러한 저항을 말하며, 곡선에서는 차륜의 플랜지가 레일두(頭)의 측면과 마찰하여 저항을 발생시킨다. 일반적으로 식 (7.7)과 같이 표시된다.

$$R_c = \frac{k}{R}(\mathrm{kg/t}) \qquad \cdots\cdots (7.7)$$

여기서, R는 곡률반지름, k는 상수이며 협궤인 경우 600으로 본다. 일반적으로 사용되고 있는 곡선저항에 대한 계산식에서 k의 값은 다음과 같다.

기관차	1050~1220
객 화차	525~630
기관차 견인열차	610~630
전차	800

(5) 가속도저항(R_a)(accelerating resistance)

열차를 가속시키는 데는 관성에 맞서 이겨내는 힘을 가해 줄 필요가 있다. 이와 같이 가해야 할 힘과 크기가 같고 방향이 반대로 되는 힘이 **가속저항**이다.
중량 W[t]인 열차를 속도 a[km/s]로 가속할 때의 저항 $R_a{}'$는

$$R_a{}' = \frac{1000 \times W}{9.8} \times \frac{1000}{3600} a = 28.35\,Wa\,[\text{kg}] \qquad \cdots\cdots\ (7.8)$$

실제로는 기어 및 차륜 등의 회전 부분이 있어서 직선가속도를 공급함과 동시에 회전 가속도도 공급할 필요가 있으며, 마치 W가 몇 [%] 증가된 것과 같은 결과로 되며, 이 증가된 성분은 **등가중량**(等價重量)이라 한다. 즉 식(7.8)은 다음과 같이 된다.

$$R_a = 28.35(1+x)a\,W \qquad \cdots\cdots\ (7.9)$$

여기서, x는 관성계수라 하며 전동기는 0.1, 전기기관차는 0.12, 부수차는 0.06, 객화차는 0.05, 일반 열차는 0.06이다.
전동차의 경우는 다음과 같이 된다.

$$R_a = 31.2a\,W[\text{kg}] \qquad \cdots\cdots\ (7.10)$$

이상과 같이 여러 가지 저항이 있으므로 열차를 어느 조건에서 운전하는가에 따라서 그때의 열차저항에 상당하는 견인력 F_m이 필요하게 된다. 가령 총중량 W_t[t], 점착중량 W_0[t]인 전기기관차가 총중량 W_c[t]인 화차 m량을 운전하여 등속도로 올라갈 수 있는 최대구배 $q_{\max}$[‰]는 다음 식으로 구해진다.

$$F_m = 1000\mu W_0 = (R_r + q_{\max})(W_t + m\,W_c) \qquad \cdots\cdots\ (7.11)$$

[참고]

(1) 베어링저항

급유 상태, 베어링의 구조, 유의 종류, 온도, 중량 및 속도 등에 관계가 있다. (겨울철은 여름보다 약 20[%] 증가) 정지 상태에서는 저항은 크다. 이른바 출발 저항으로 된다.

(2) 궤도저항

㉠ 레일의 구부러짐, 휘어짐 및 차량의 진동에 따른 에너지 등에 의한 것.
㉡ 레일두와 차륜의 답면 간에 생기는 회전마찰의 저항으로 접촉 부분의 왜곡이나 레일 표면이 평활하지 않기 때문에 기인한 것이어서 주로 중량에 영향을 받는다.
㉢ 차량이 좌우로 움직이면 레일과 차륜선(플랜지)이 마찰하기 때문에 일어나는 저항이며 중량과 속도에 관계한다.

이와 같이 기계적 저항은 중량과 속도에 관계하므로,
$F_1 = aW + bWV$[kg] 혹은 $f_1 = a + bV$[kg/t]으로 표시된다.

(3) 공기저항

열차가 공기에 의하여 받는 저항은
㉠ 차량의 전면에서의 풍압
㉡ 후면에서는 진공이 형성되어 이로 인한 흡인
㉢ 측면에서는 공기 마찰에 의한 저항

이 중에서 ㉠, ㉡는 전면 및 후면의 형상에 의하여 다르며, 면적에 비례하고 속도의 2승에 비례하므로 다음 식으로 표시된다.

$$F_2 = CAV^2 \text{[kg]} \text{ 혹은 } f_2 = \frac{CAV^2}{W} \text{[kg/t]}$$

2 인장력 및 브레이크력

(1) 인장력

전기차에서는 주전동기의 전기자에 발생하는 토크에 의하여 인장력, 견인력(tractive force, tractive effort)이 발생된다. 실제로 동륜주(動輪周)에 발생하는 인장력을 **동륜주인장력**이라 하며, 동륜주와 레일간의 마찰력에 의존한다. 따라서 최대 인장력은 동륜상의 중량이 레일면을 누르는 압력 W_a 즉 **점착중량**(adhesive weight)과, 동륜과 레일 사이의 마찰계수 즉 **점착계수**[*46](adhesive coefficient) μ와의 곱으로 결정한다.
최대 동륜주인장력을 **점착인장력**(T_m)(adhesive tractive force)라 한다.(그림 7.2 참고)

*46. 점착계수는 차륜의 로면과 레일 사이의 정지마찰계수이다.

$$T_m = \mu W_a [\text{t}] \qquad \cdots\cdots (7.12)$$

점착중량 W_a는 전동기가 움직이고 있는 차륜에 가하는 중량이며 이들의 대소가 견인력에 영향을 주는 것으로써, 차량 전체의 중량이 어느 정도 무겁더라도 동륜에 걸리는 중량이 가벼우면 최대견인력은 크게 될 수 없다. 다시 말하면 전동기가 어느 정도 강력하더라도 열차의 최대견인력은 μW_a로 결정되며, 그 이상의 견인력이 작용하여도 차륜은 공전(空轉)할 뿐이다.

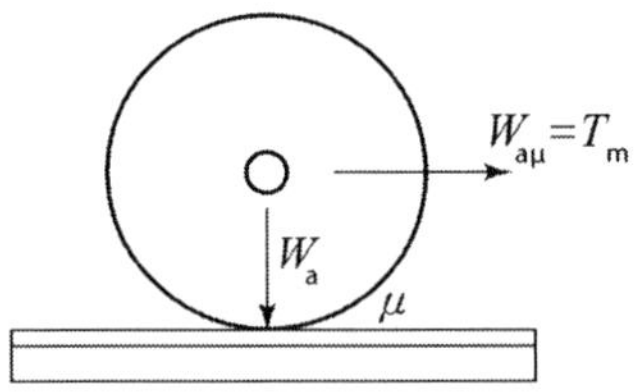

그림 7.2 최대견인력

(2) 브레이크(제동)력

① **감속도** : 열차저항이나 브레이크력에 의하여 감속도가 발생하나 브레이크력에 의한 경우를 제동도 라고도 한다.
감속도(b)는 가속도 (a)의 반대이며, 가속에 필요한 힘을 표시하는 식 $F_g = 31aW$ [kg](전동차의 경우)의 공식과 같은 양식으로 감속력 F_b의 공식으로서

$$F_b = 31bW [\text{kg}] \qquad \cdots\cdots (7.13)$$

을 얻을 수 있다.
이 식으로부터 감속도의 공식은

$$b = \frac{F_b}{31W} [\text{km/h/s}] \qquad \cdots\cdots (7.14)$$

부수차가 임의의 열차 운전에서 열차 저항(F_t)도 고려하면

$$b = \frac{F_b + F_t}{31\sum W_m + 31\sum W_t}[\text{km/h/s}] \quad \cdots\cdots (7.15)$$

여기서, $\sum W_m$: 전동차 또는 기관차의 총중량[t]

$\sum W_t$: 부수차의 총중량[t]

감속력(F_b)의 최대값은 식 $F_b = \mu W_a$에 의하나 W_a를 [kg] 표시하면

$$F_b = 1000\mu W_a[\text{kg}] \quad \cdots\cdots (7.16)$$

식 (7.13)과 (7.16)로부터 감속도의 최대 허용값은

$$b_m = 32\mu\frac{W_a}{W} \quad \cdots\cdots (7.17)$$

② **브레이크 시간** : V[km/h]인 속도의 열차를 b[km/h/s]의 감속도를 브레이크를 걸면 다음 식으로 결정되는 시간 후에 정지한다.

$$t = \frac{V}{b}[\text{s}] \quad \cdots\cdots (7.18)$$

③ **브레이크 거리** : 브레이크가 걸린 경우 얼마의 거리를 주행한 후에 정지하느냐 하는 것은, 감속도가 일정하다고 하면 다음 식으로 결정된다.

$$L = \frac{1}{2}Vt \quad \cdots\cdots (7.19)$$

L[m], V[km/h], t[s] 되는 단위로 주면

$$L = \frac{1}{2} - \frac{1000}{3600} t$$

$$\left.\begin{aligned} \therefore L &= \frac{1}{7.2} Vt\,[\mathrm{m}] \\ L &= \frac{1}{7.2} \frac{V^2}{b}\,[\mathrm{m}] \end{aligned}\right\} \qquad \cdots\cdots (7.20)$$

3 운전곡선

열차의 운전에 대하여 속도, 시간, 주행 거리, 전류 및 소비 전력 등 상호의 관계를 표시한 곡선을 **운전곡선**(performance curve or running curve)이라 하며 다음과 같은 종류가 있다.

① 시간을 기준으로 한 것
- ㉠ 속도-시곡선(時曲線)
- ㉡ 거리-시곡선
- ㉢ 전류-시곡선
- ㉣ 전력-시곡선
- ㉤ 전력량-시곡선

② 거리를 기준으로 한 것
- ㉠ 속도-거리곡선
- ㉡ 시간-거리곡선

시간을 기준으로 한 것은 열차운전 시간, 신호건식위치의 결정, 열차 운행도표 등에 적용되며, **거리를 기준**으로 한 것은 어느 위치에서 속도는 몇 [km/h]로 될 것인가 라는 선로의 상태에 대응한 속도의 변화를 알 수 있으므로 실용상 편리하다.

(1) 속도-시곡선(speed-time curve)

(그림 7.3)과 같이 시간에 대한 속도의 변화를 곡선으로 표시한 것이다. 그림은 평탄한 직선 궤도의 경우이다.

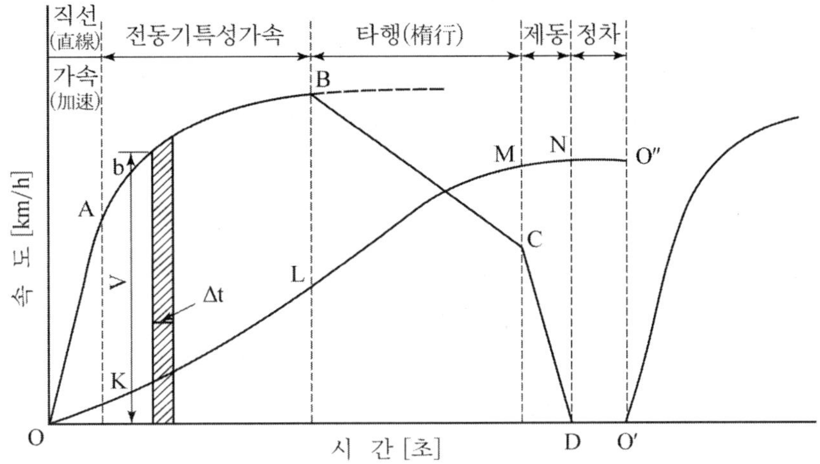

그림 7.3 속도-시간과 거리-시간의 곡선

(2) 거리-시곡선(distance-time curve)

시간의 경과에 주행거리가 여하히 변화하는가를 표시한 곡선이며, 속도-시곡선의 면적은 거리(속도×시간)를 나타내고 있다. 즉 (그림 7.3)의 임의점의 속도를 V라 하면 $V\Delta t$되는 사선의 면적은 Δt시간에 주행한 거리를 표시한다. 이들 소면적을 적분한 것이 OKLMNO″되는 거리-시곡선이다.

속도가 클수록 거리-시곡선의 경사는 크며, 정차 중은 수평으로 된다. 결국 O점에서 출발하고, D점에서 정차하고 $\overline{DO'}$ 시간 정차한 것이며, 그 사이에 $\overline{DN} = \overline{O'O''}$ 되는 거리를 주행한 것을 표시한다.

$$\text{이 경우의 평균속도(mean speed)} = \frac{DN}{OD}$$

$$\text{정차 시간도 포함한 표정속도(表定速度)(schedule speed)} = \frac{O'O''}{OO'}$$

(3) 전류-시곡선(current-time curve)

전류와 시간의 관계를 표시하는 곡선이며, (그림 7.4)와 같이 된다. 가속 부분에서는 처음에는 전동기는 직렬이며 선로전류와 전동기 전류는 같으나, P점에서 병렬로 되면 선로전류는 (2×전동기 전류)로 된다.

즉 $\overline{EP}$ 와 $\overline{QR}$ 로 표시되며, 이들을 상세히 적으면 톱니 상으로 된다. R점에서는 전동기 특성곡선에 따라서 전류는 줄고, S점에서 전류는 차단된다. 기동 전류가 클수록 가속도는 크게 되나 전동기의 허용 전류로 제한되며, 보통 노면전차에서는 정격 전류의 150[%], 고속도 전차에서는 130[%] 정도를 채용하고 있다.

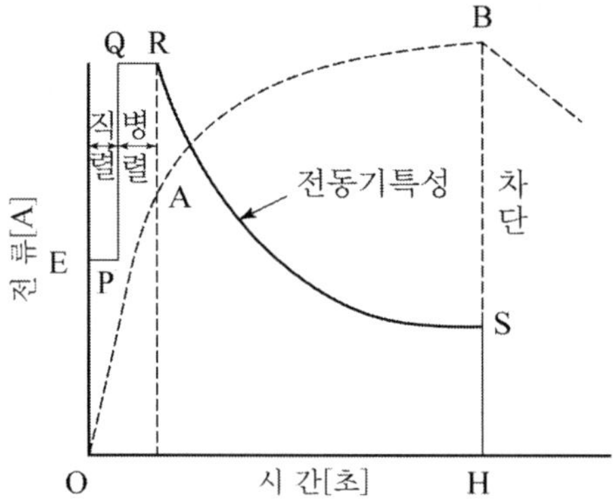

그림 7.4 전류-시곡선

(4) 전력-시곡선(power-time curve)

전차에 공급된 전력은 (그림 7.5)에서와 같이 $\overline{VV}$ 직선으로 일정하게 있으므로 전력-시곡선은 결국 전류-시곡선과 같은 형태로 된다.

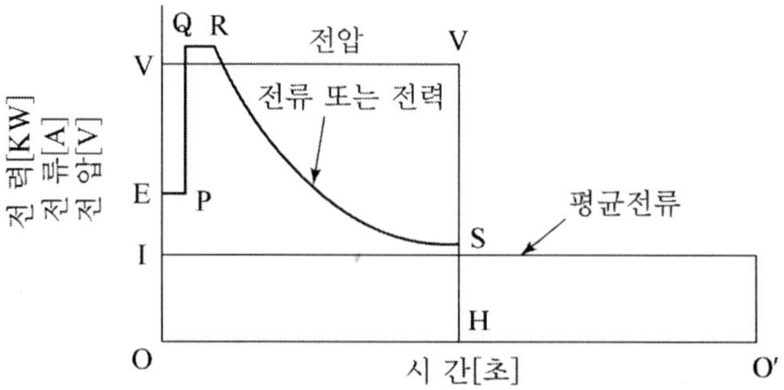

그림 7.5 전력-시곡선

[참고]

운전 속도에는 최고 속도, 평균 속도, 표정속도 이외에 평형 속도 등이 있다.

(1) 최고속도

최고 속도에는 궤도의 구조에 의하여 결정하는 최고제한속도와 차량의 성능에 의하여 결정하는 최고허용속도가 있다.

(2) 평균속도

평균속도는 운전 구간의 거리를 정차 시간을 뺀 순수한 운전 시간으로 나눈 것이다.

(3) 표정속도

표정속도는 운전 구간의 거리를 정차 시간을 합한 도달 시간으로 나눈 것으로, 실제의 수송 시간을 결정하는 속도이다.

(4) 평형속도

평형속도(balancing speed)는 열차의 전동륜주인장력과 총저항력이 평형이 된 경우의 속도를 말하며, $F=(R_r \pm R_g \pm R_c \pm R_a)\,W$ 일 때는 가속도가 0으로 되어 열차는 일정한 속도로 주행한다. 이러한 속도를 평형(平衡)속도라 한다.

4 경제적 운전

(1) 운전 방법과 전력소비량

동일 차량, 동일 전동기라도 가속도, 감속도, 표정속도, 정차장 거리, 정차 시간 등을 여하히 하느냐에 의하여 전력소비량은 크게 영향을 받는다.

① **가속도를 크게 한다** : 일정한 거리를 일정한 표정속도로 운전하는 경우 가속도를 크게 하면 (그림 7.6)에서와 같이 전류 차단이 빨리 되며, 즉 타행(惰行)이 길게 되므로 전력소비량은 감소한다. 그러나 동일 전동기라면 과부하로 되며, 또 변전소 및 급전선에 대하여 첨두부하로 된다.

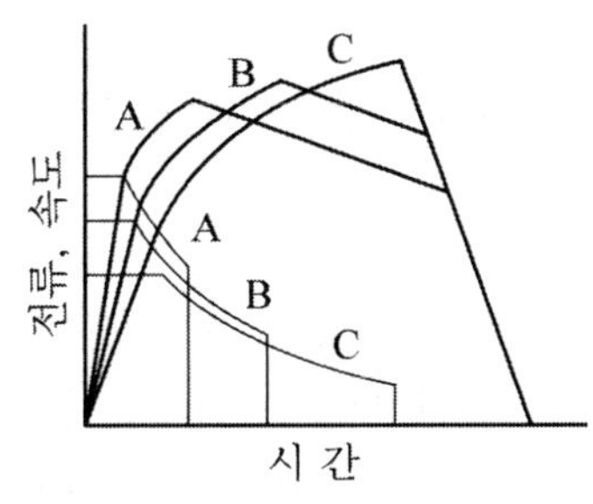

그림 7.6 가속도를 크게 한 경우

② **감속도를 크게 한다** : (그림 7.7)에서 같이 브레이크를 크게 하면 동일 가속도라도 전류 차단이 빨리 되며, ①과 같은 양식으로 타행시간이 길게 되어 전력 소비량은 적게 된다. 이 경우는 전동기에 과부하를 주지 않으며, 단지 브레이크의 브레이크력 및 점착계수가 문제로 된다.

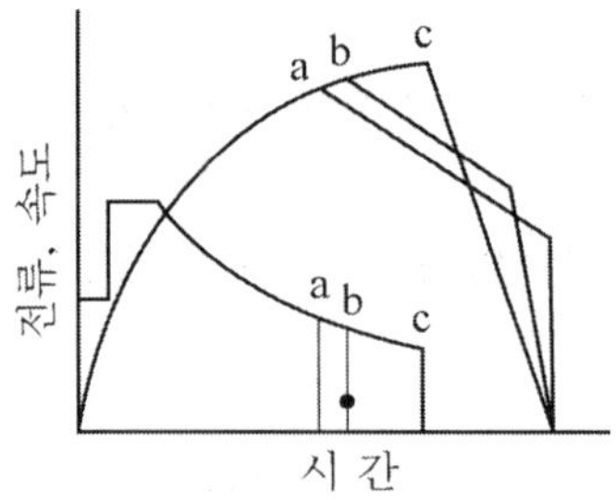

그림 7.7 감속도를 크게 한 경우

③ **표정속도를 작게 한다** : 이것은 동일 거리를 긴 시간에 걸쳐 운전하는 것이며, 타행의 시간이 길게 되므로 전류 차단도 빨라 전력 소비량은 적게 된다.

(2) 설비에 의한 전력소비량

① **차량 중량의 경감** : 차량의 중량이 가벼우면 열차 저항도 적고 전동기도 소용량으로 하여도 된다. 그러므로 최근의 전차는 경량화 시키고 있다.
② **기어비** : 정차장 거리가 길면 기어비를 작게 해서 최고 속도를 크게 한다.
③ **제어법** : 노면전차에서와 같이 빈번히 기동시키는 경우에는 저항제어 보다 직병렬 제어가 좋다. 또한 수동보다 자동제어의 편이 좋다.
④ **재생제동** : 구배나 곡선도 소비 전력에 관계가 깊다.

7.2 신호보안장치

열차 운행의 안전을 확보하고 수송 능률의 향상을 시도하기 위하여 철도신호설비를 설치한다. 이를 위한 설비로서 신호장치·연동장치(連動裝置)·폐쇄장치 및 궤도회로장치 등 신호보안장치가 시설되며, 이 밖에 자동제어를 병용하여 자동열차정지장치, 자동열차제어장치 등이 설치된다. 신호설비는 그 회로 및 기기들의 고장이 적고, 높은 신뢰도를 가짐과 동시에 장치가 고장(fail)이 나도 안전(safe)을 우선으로 동작하도록 해야 한다. 즉 fail safe일 것이 필요하며, 신호보안장치의 구성은 어느 것이든 이러한 원칙에 입각하여 설계되어져야 한다.

1 신호장치

신호방식은 **진로 신호방식**과 **속도 신호방식**으로 구분되며, 전자는 진로마다 신호기를 설치하고 각각의 진로에 진행지시를 분담하는 것이고 후자는 각 진로의 대하여 한 개의 신호기로써 각 진로에 열차의 진입속도를 지시하는 방식이다. 종래 전자가 많이 이용되었다.

(1) **신호기**(signal)는 열차 또는 차량에 대하여 일정한 구역 내를 운전할 때의 조건을 지시하는 장치이며, 용도별·형식별 및 현시방식 등 여러 가지 종류로 분류된다.

(2) **용도별**은 일정한 장소에 시설되는 상치(常置) 신호기와 선로의 고장 및 그 이외의 곳에서 평상의 운전이 되지 않는 경우마다 설치하는 신호기 즉 서행(徐行) 신호기 등과 같은 임시신호기로 나누어진다.
상치신호기는 임무에 의하여 주신호기·부속 신호기 및 신호 부속기로 나누어진다.

(3) **형식별**은 등의 색에 의하여 신호를 현시(現示)하는 색등식(色燈式) 신호기(color light signal), 등열의 위치에 의하여 현시하는 등열식(燈列式) 신호기(position light signal), 완목의 위치에 의하여 현시하는 완목식(腕木式) 신호기 등이 있다. (그림 7.8 참조)

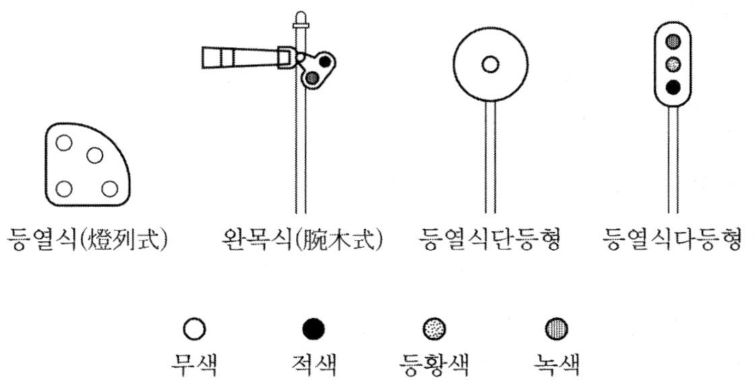

그림 7.8 각종 신호기

색등식 신호기에서는 적색 및 녹색 두 가지 색을 사용하는 2위식과, 적색 · 황색 및 녹색인 세 가지 색을 사용하는 3위식이 있으며, 이것을 단독 혹은 조합시켜서 5종류의 현시가 행하여지고 있다. 색등식 신호기에서는 각색의 등마다 광원을 가지고 있는 다등형과 한 개의 광원을 사용하고 다른 색을 내는 필터에 의하여 현시하는 단등형이 있다.

(4) **신호방식**으로는 진로마다 신호기를 설치하여 열차에 진로의 개통 상태를 지시하는 진로신호방식과, 신호기에 진입해야 할 열차의 운전속도를 지시하는 속도신호방식이 있다.

2 연동장치(interlocking device)

정거장 구내에서는 열차의 운전에 상용되고 있는 본선으로부터 상용되지 않고 있는 측선으로 진로를 바꾸는 등 한 궤도에서 다른 궤도로 분기하고 있으며, 그 부분에 분기기(分岐器)를 설치하여 이것을 전환해서 분기의 방향을 변화시키기 위한 전철기(轉轍器, point)가 사용된다. 구내에서는 도착 · 출발 및 입환(入換) 등을 위하여 각종의 신호기가 이용된다. 이들 신호기와 전철기의 조작을 서로 관련시키지 않으면, 즉 상호간의 연쇄관계를 유지하지 않으면 안전한 운전을 할 수 없다.

신호기 · 전철기 등을 필요에 따라 전기적 또는 기계적으로 조작되지 않도록 한 것을 **쇄정**(鏁錠, locking)이라 하며, 신호기 · 전철기 등 상호간을 서로 관련하여 쇄정관계를 설계하는 것을 **연쇄**(連鏁)라 한다. 즉 열차의 진행 방향에 대하여 모든 전철기가 개통한 경우만 신호기가 진행 신호를 현시하고, 신호기가 진행신호를 한 이후는 그 열차가 통과하기까지 전철기는 전환되지 않도록 쇄정한다.

3 폐쇄장치

열차를 안전하게 운전시키기 위해서는 선행 열차와 후속 열차와의 사이에 일정한 간격을 둘 필요가 있다. 이를 위한 방법으로서 어느 일정한 시간을 간격으로 하여 운전하는 **시간 간격법**(time interval system)과 열차 사이의 일정한 거리를 두고 운전하는 **공간 간격법**(space interval system)이 있다.

공간간격법에서는 항상 일정한 거리가 있기 때문에 열차는 그 구간을 고속도로 운전할 수가 있다. 이와 같이 일정한 거리를 **폐쇄구간**(閉鏁區間, block section)이라 하고, 1폐쇄구간에 한 열차 이외에 다른 열차를 동시에 운전시키지 않는 방식을 **폐쇄방식**(block system)이라 한다. 폐쇄방식에는 자동 · 연동 · 연사 및 통표폐쇄(通票閉鏁)방식 등이 있다.

4 궤도 회로(track circuit)

회로의 일부에 레일을 이용하여 전기회로를 구성하고, 레일을 열차 또는 차량의 차축으로 단락함에 의하여 열차 또는 차량의 유무를 검지하여 신호기를 자동적으로 제어시키는 것이며, 또한 열차에 대해서 정보를 전송한다.
궤도 회로에는 직류궤도회로와 교류궤도회로가 있으며, 교류 궤도회로는 상용주파수를 f라 하고, $\frac{1}{2}f \cdot f \cdot \frac{5}{3}f \cdot 2f$ 또는 AF(가청 주파수)인 주파수를 사용하는 궤도 회로가 있으며, 상용주파수 교류전기 운전구간에서는 궤도에 전기차전류가 흐르기 때문에 분배주궤도회로(分倍周軌道回路), 83.3[Hz] 또는 10[Hz] 궤도회로 AF 궤도회로가 이용된다.
전기차 운전구간에서는 신호전류와 귀선전류를 구별하기 위하여 **임피던스 본드**를 설치하고 궤조(Rail)의 전기저항을 경감하기 위하여 레일본드를 이용하여 전기적으로 접속시키고 있다.

궤도회로는 사용조건에 따라 여러 종류로 분류될 수 있다.

① 회로구성 방법에 의한 분류 – 개(open)전로식 궤도회로, 폐(close)전로식 궤도회로
② 전원위치에 의한 분류 – 단송전식 궤도회로, 중앙송전식 궤도회로
③ 귀선전류에 방향에 의한 분류 – 단레일식 궤도회로, 복레일식 궤도회로
④ 전원종별에 의한 분류 – 직류 궤도회로, 교류궤도회로, AF 궤도회로, code 궤도회로

5 자동열차제어(Automatic Train Control, ATC)

열차운행의 안전 확보를 위하여 설치된 폐쇄장치·연동장치 및 신호 장치로부터 승무원은 지상신호기의 신호현시(信號現示)에 따라서 열차의 운전을 행하며, 열차 속도의 향상, 운전 횟수의 증가에 수반하여 안정성을 높이고, 승무원의 신호 무시, 오인(誤認) 혹은 오조작을 막기 위하여 자동제어를 병용하고, 진로(進路)의 조건에 따라서 지상신호기가 정지 또는 경계를 나타내는 신호현시일 때 직접 운전실의 승무원에 경보를 주는 **차내경보장치**(cab warning device), 혹은 열차 속도를 자동적으로 제어하는 **자동열차제어장치**(automatic train control device, ATC 장치), **자동열차정지장치**(automatic train stop device, ATS장치)가 사용된다.
지상의 신호현시를 그대로 운전실 내에 현시시키는 신호 장치를 **차내신호장치**라 하며, 차내에 신호를 현시하는 신호 방식을 **차내 신호방식**(cab signal system)이라 한다.

이들의 장치에 의하여 운전의 안전도를 향상시킴과 동시에 속도제어를 자동화함에 의하여 신호현시의 변화에 속히 응할 수가 있어서 열차 속도가 향상된다.

(1) 데드맨(dead men)장치

운전사가 실신하였을 때 자동적으로 브레이크가 작동하여 열차를 정지시킨다.

(2) 차내 경보장치

지상신호기가 정지 또는 경계를 표시하는 신호현시일 때 지상 장치에 의하여 지상의 조건을 차상의 운전사에 전하여 차상장치의 표시등, 벨 및 버저에 의하여 승무원에 경보를 주는 장치이다. 차내 경보장치의 종류에는 A형 · B형 및 S형이 있다.

(3) 자동열차정지장치(Automatic trainstop device, ATS 장치)

열차가 정지 신호기에 접근하면 열차를 자동적으로 정지시키는 장치이다. 전기적인 방식은 차내 경보 장치에 브레이크 제어기구를 부가함에 의하여 열차가 정지 신호를 현시하는 신호기에 접근하면 자동적으로 브레이크를 작용시키도록 되어있다.

(4) 자동열차제어장치(Automatic train control device, ATC 장치)

속도제한구간이나 전방열차에 가까워 질 경우 열차속도가 제한속도 이상으로 되면 운전사에 경보를 주고 열차의 속도를 지정속도 이하로 자동적으로 제어하는 장치이다.

(5) 자동열차운전장치(Automatic train operation device, ATO 장치)

ATC를 더욱더 발전시켜서 무인운전이 될 수 있는 장치이다. 이 장치는 지상으로부터 연속적으로 속도지시를 받아서 열차를 지시속도에 추종하도록 자동 가감속 제어하는 **정속도 운전제어 기능**과 열차가 정지목표점에 근접하게 되면 지상자 신호에 의해 제동곡선 패턴을 연산하고 이 제동 패턴에 의해 목표지점에 정확히 정지할 수 있는 **정위치 정지 기능**을 지니고 있다.

(6) 열차집중제어장치(centralized traffic control device, CTC 장치)

자동열차제어장치(ATC)가 주로 열차의 안전운전을 목적으로 사용되는데 비하여 **열차집중제어장치**(CTC)는 열차의 능률적인 운전제어를 목표로 하고 있다. 이 장치는 구간내 각 역에 있는 전철기와 신호기 등을 중앙제어실에서 집중원격제어하며, 그 표시 및 열차의 운행상태를 감시하도록 되어있다. 따라서 열차운행시간의 계획이 혼잡한 경우 신속하고 합리적인 열차운전 계획을 수립할 수 있어서 선로의 이용율을 증가시킬 수 있다.

6 열차 무선통신

철도 통신망은 철도 운송 설비의 일환으로서 일반 공중 통신설비에 비하여 지령전화 등과 같이 교환기를 경유하지 않는 직통회선이 많으며, 주행 중의 열차와 교신하기 위한 열차무선이 사용되고 있다.

열차 무선통신은 이동하고 있는 열차와 지상 간의 교신을 위한 것으로 무선기를 이용하여 열차 승무원 상호간 및 승무원과 지상역 간의 통화를 위한 승무원 무선통신과 승객에 대한 일반 공중용이 있다.

철도의 특수한 조건에 의하여 터널내의 통신선은 누수 등에 의해 노화가 일어나기 쉬워서 열차무선에 대한 특별한 대책이 필요하며 또한 교류전화 구간에서는 통신유도 장해에 대한 대책이 필요하다.

열차 무선방식으로는 선로에 유도선을 설치하고 유도선과 대지 간에 고주파 전압을 인가하여 차량에 설치한 안테나와의 유도결합을 이용하여 교신하는 **유도 무선방식**과 수백[MHz]정도의 공간파를 이용하여 열차에 설치한 이동국과 지상의 기지국간 통신을 하는 **공간파 무선방식**이 있다.

(1) 유도 무선방식

유도무선 철도 선로에 따라 유도선(誘導線)(이미 설치된 전력선 또는 통신선을 사용)을 설치하여, 이것과 대지 간에 100~125[kHz]의 고주파를 인가하여 차량의 안테나에 의해 유도결합(보통 전자(電磁)결합)을 하여 통신하는 방법이다.

특징으로서는

① 혼선(混線)의 염려가 없는 점

② 지형이나 기후상태의 영향이 없는 점

③ 출력이 수 와트의 정도인 점 등의 장점이 있어 지하철 등에 채용되고 있다.

(2) 공간파 무선방식

150[MHz] 또는 400[MHz] 정도의 초단파를 사용하고 있으며, 모든 선을 여러 개로 구분하여 여기에 기지국(基地局)을 두고 있다. 진행 중의 열차는 제일 가까운 기지국과 통신하지만, 이 기지국이 멀어지면 다음 기지국과 절환하여 통신을 계속한다. 기지국

에서 통제국을 지나 업무용 또는 공중용 교환대와 통화가 되도록 되어 있다.
또한 종합지령소에서 통제국・기지국을 경유하여 각 열차와 개별 또는 일제히 호출할 수 있다. 반대로 열차의 운전사가 지령소를 호출할 수도 있다. 일반 공중용은 기지국을 경유하여 통화가 가능하다.
잡음의 영향이 적은 초단파대(150 또는 400[Mc])의 공간파무선을 사용하면 터널 안이나 산골짜기 등에서는 통신 불능이 되므로, 가령 (그림 7.9)와 같이 중계기(中繼器)와 도파선을 조합시킨 약전계대책을 행한다. 400[Mc] 대에서는 무선잡음의 영향은 적고 다중구성(多重構成)으로 하면 회선도 매우 증가한다.

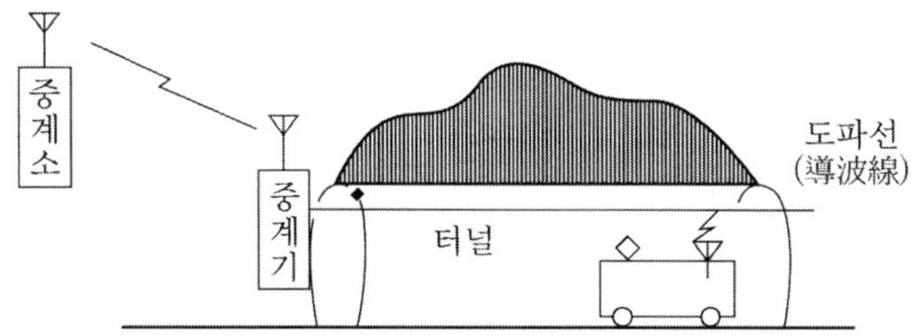

그림 7.9 약전계대책

7장 연습문제

1 열차저항을 분류하고 간단히 설명하시오.

2 열차저항을 크게 하는 주된 요소는 무엇인가.

3 전차의 등가중량에 대하여 설명하시오.

4 열차운전에서 점착계수에 대하여 기술하시오.

5 철도차량의 경제적 운전에 대하여 기술하시오.

6 열차운전에서 운전곡선에 대하여 약술하고 분류하시오.

7 표정속도와 평균속도에 대하여 설명하시오.

8 전기철도의 신호보안장치에 대하여 약술하시오.

9 자동열차제어의 목적에 대하여 기술하시오.

10 자동열차정지(ATS) 장치에 대하여 설명하시오.

11 자동열차제어(ATC) 장치에 대하여 설명하시오.

12 열차운전과 신호와의 관련성에 대하여 기술하시오.

13 전기철도에서 무선통신에 대하여 약술하시오.

제 8 장 교류 및 특수전기철도

8.1 교류전기철도

1 교류전화(電化)의 특징

종래 외국의 전기철도는 직류저전압 또는 직류고전압인 직류식을 채용하였다. 교류식에서는 근접되어 있는 통신선 등에 유도 장해, 기타의 문제가 있었기 때문이었다. 그러나 최근 수송력을 증강시켜야 할 필요성으로부터 상용주파수에 의한 교류전화(AC electrification)가 실용화 되도록 되었으며 직류식전기운전방식에 비하여 교류식전기운전방식은 다음과 같은 장단점이 있다.

(1) 장점

① **직류식**의 경우에는 주전동기에 인가되는 전압이 제한되어 있으므로 전차선전압을 매우 높게 할 수 없으나, **교류식**의 경우는 전기차 내의 변압기에 의하여 자유롭게 전압을 변화시킬 수 있으며, 따라서 높은 전압이 사용될 수 있기 때문에 동일한 출력에 대하여 전기차의 집전전류가 적게 되고 팬터그래프가 소형 · 경량으로도 되며 아울러 고속운전에서 집전이 쉽게 된다.

② 교류 전기차에서는 차내의 변압기 탭에 의하여 주전동기에 인가한 전압을 절환 시킬 수 있으므로 속도제어가 쉽게 된다. 전차선전압이 저하한 경우라도 적절히 요구되는 전압을 인가할 수 있으므로 속도를 규정 값으로 유지할 수가 있다.

③ 주전동기에 인가한 전압이 변압기의 탭 절환에 의하여 변하므로 주전동기를 항상 병렬 접속하여 시동할 수가 있다. 그 때문에 점착특성(粘着特性)이 양호하게 되며 공전(空轉)이 방지될 수 있다. (직권전동기를 직렬로 접속하여 시동하는 경우 그 중 한 대의 전동기가 공전하면 이 주 전동기의 역기전력이 증가하고 전기자전류는 감소한다. 이 때문에 공전속도는 점점 가속하고 견인력은 오히려 감소하며 결국 열차의 견인이 불능으로 된다.)

④ 일반적으로 교류전류의 차단은 직류전류의 차단보다 용이하며, 또한 지락(地絡) 또는 단락에 의한 사고전류와 부하전류의 상위가 크므로 사고 전류의 선택의 차단은 용이하다.

⑤ 전선로의 전류가 작으므로 급전선을 필요로 하지 않는다. 전차선의 임피던스는 직류인 경우의 20배 정도이다. 직렬콘덴서(series condenser)를 전차선 또는 부급전선에 삽입하여 전압강하를 보상할 수가 있다.

⑥ 전류가 작기 때문에 전압강하율도 작고 변전소 간격을 40~50[km]로 할 수 있으며, 건설비가 적다. 이에 대하여 직류식에서는 약 10배의 전류가 흐르므로 단면적이 큰 급전을 필요로 하고, 또한 변전소 간격은 3~10[km]로 되어 수많이 설치할 필요가 있으며 정류장치를 요하므로 건설비가 높게 된다.

(2) 단점

① 단상부하이므로 3상전원에 대해서 불평형부하로 되며, 전압의 불평형을 발생시킬 염려가 있다. 이것을 경감시키기 위하여 급전용 변압기로서 **스코트결선변압기**(Scott-connected transformer)를 사용한다. (그림 8.1 참조)

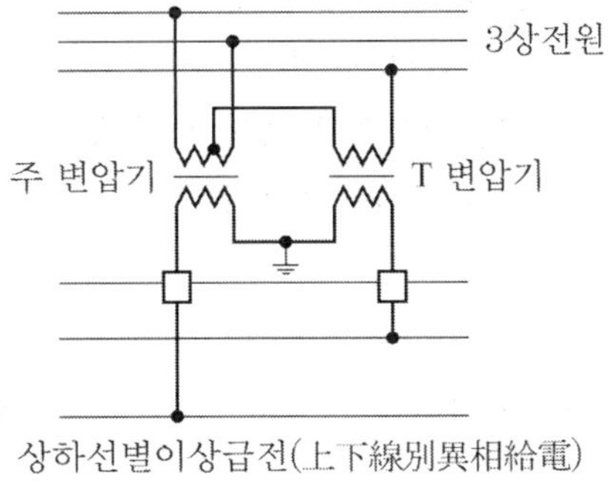

그림 8.1 스코트결선변압기

② 교류식 전기철도는 1선 직접접지의 상태이며, 또한 전압이 20kV 정도로 고압이므로 통신선에 대하여 유도 장해를 준다. 이러한 대책을 위하여 **흡상변압기**[*47](吸上變壓器, booster transformer)나 부급전선의 설비 등을 필요로 한다.

③ 궤도회로를 제어하는 전원에는 교류전화의 경우 상용주파수 이외의 주파수를 사용해야 하며 궤도회로로서 AF궤도회로 장치 등을 필요로 한다.

④ 교류전화 구간과 이전에 설치된 직류전화 구간과의 접속, 이른바 교직접속에는 여러 가지 문제가 있고, 열차 운전에의 영향이나 경제성에 대하여 충분히 검토해야 한다.

2 교류전화(電化)의 문제점

(1) 전압의 불평형

3상 일반 전력망에서 단상부하를 취하면 전압의 불평형을 발생시킬 우려가 있다. 교류식 전기철도에서는 일반적으로 3상전원에서 전력의 공급을 받으나, 전철의 부하는 변동이 심한 단상 부하이다. 따라서 교류식 전기철도에서는 단상부하에 의한 전압의 불평형을 가능한 한 적게 되도록 해야 한다.

전압불평형의 정도는 정상(正相)전압 V_1에 대하여 역상전압 V_2의 비로 표시하는 것이 가장 일반적이다. 즉

$$\text{전압불평형율} : K = V_2 / V_1$$

전압불평형의 경감을 위하여 급전용 변압기로서 스코트결선변압기가 사용되며, 3상전력을 위상이 90° 다른 2상전력으로 변환시킨다. 이 경우 각 부하가 평형될 때는 3상측이 다시 평형된다. 또한 각 권선의 부하의 분담에 대해서는 방면별(方面別) 혹은 상하선별(上下線別)로 급전하여 부하를 나누는 방식이 이용된다.

(2) 통신유도장해

교류결합회로에 의하여 통신선에 유도되는 장해에는 **정전유도**에 의한 것과 **전자유도**에 의한 것이 있다.

---

*47. 흡상변압기는 권선비가 1 : 1인 변압기이며, 1차 전류와 2차 전류가 같게 되는 성질을 이용해서 대지에 누설되려고 하는 귀선전류를 레일 또는 부급전선으로 흐르게 함으로써 전자유도를 적게 한다.

① **정전유도**에 대해서는 통신선과 트롤리선을 멀리 떨어지게 하든가, 통신선을 케이블로 함에 따라 완전히 차폐할 수 있다.

② **전자유도**에 의한 것은 간단히 제거할 수 없으나, 이를 경감시키는 목적으로 흡상변압기가 이용된다. 즉 레일에 흐르는 귀선전류를 가능한 한 크게 하고, 대지에 누설되는 전류를 적게 함으로써 전자유도전압을 적게 할 수 있다.
흡상변압기의 접속법에는 귀선전류를 레일에 흐르게 하는 방법과 부급전선으로 흐르게 하는 방법이 있다. (그림 8.2)는 부급전선에 흐르게 하는 방법을 표시한 것이다. 흡상선은 부급전선과 레일간의 사이를 접속하는 전선이며, 귀선전류를 레일에서 부급전선으로 흐르게 하는데 사용된다.

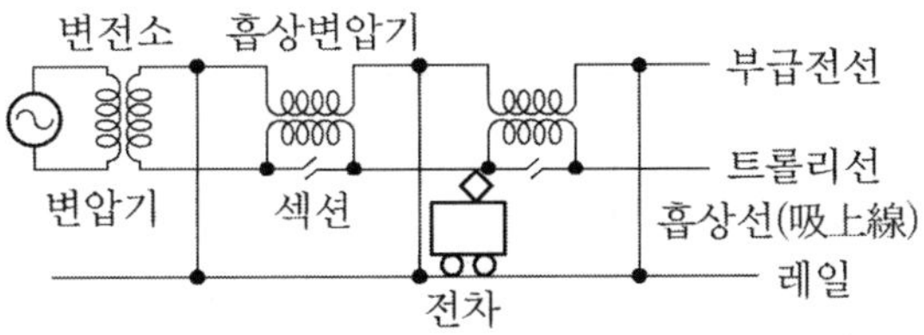

그림 8.2 흡상변압기

(3) 교직(交直)접속

교류식 전기운전 구간과 직류식전기운전 구간과의 교직접속점에서 열차를 직통 운전시키는 방식으로서 **교직지상절환방식**과 **교직차상절환방식**을 열거할 수 있다.
교직지상절환방식은 교직접속점에서 교류기관차와 직류기관차를 취환 시키는 방식이며, 구내의 일부 전차선을 교류 또는 직류 어느 것이나 인가될 수 있도록 하고, 접속점의 전차선 전압을 교류 또는 직류로 절환하여 교직접속을 행한다.
교직차상절한방식은 교직 양용의 전기차를 사용하고 접속 지점을 타행주행(惰行走行) 중에 차내의 절환을 행하는 방식이며, 이를 위하여 교직 접속 지점의 가선(架線)에 데드섹션(dead section)을 설치하고, 이것을 통과할 때 교직절환을 행한다.
정차를 하지 않아도 되며, 기관차의 운용이 저해되지 않고 지상 설비비도 값이 싸다.
교직접속점에 보호 장치가 필요하고 또한 교직양용의 전기차이기 때문에 차량비는 고가로 된다.
어느 방식에 의한 것이 유리한가에 대해서는, 선로구간의 실정을 신중히 고려해서 접속 지점 및 접속방식을 설정해야 할 필요가 있다.
교류전화와 직류전화의 비교를 표 8.1에 나타낸다.

표 8.1 교류전화와 직류전화 비교

	교류전화	직류전화
1. 변전소	건설비가 적다	건설비가 높다
2. 급전전압	고전압 이용가	고전압 불가
3. 전류	전류가 작다.	전류가 크다.
4. 전압강하	간단히 보상	변전소 신설이 요구
5. 보호	보호설비 간단	복잡한 보호설비
6. 집전장치	소형, 경량	대형, 무겁게 된다.
7. 속도제어	용이	복잡
8. 점착성능	양호	나쁘다
9. 부속기기	간단	복잡

8.2 특수전기철도

강삭(鋼索)(케이블), 삭도(로프웨이), 모노레일, 무레일 전차 및 VONA 시스템 등은 일반전기철도에 비하여 그 구조 및 기능이 다르므로 특수전기철도로 취급하고 있다.

1 강삭(케이블)철도

산 위에 설치한 권양기에 의하여 강삭에 연결한 차량을 끌어 올리든가 혹은 내리게 하는 철도이며, 일반적으로 **케이블카**(cable car)라 한다. 등산철도라 하여 산악을 오르는 철도이며, 선로가 어느 한도(1/15) 이상 급구배인 경우에는 치궤조식(齒軌條式) 철도(abt-system railway)*48라도 차량을 운전할 수 없으므로 이러한 케이블카가 이용된다.(그림 8.3 참조) 즉 본질적으로 **급구배에 적합한 철도**라고 볼 수 있다. 구배의 한계점은 소요 마력 및 브레이크 장치 등을 고려하면 700%이며 일반적으로 100~600[‰]의 것이 많다.

*48. 레일식(궤조식)철도는 레일과 레일의 중앙부에 레일에 평행하게 치레일를 부설하고, 점착력의 부족을 보완하기 위하여 차위의 동력에 의하여 회전하는 구동 기어를 gear rail과 잘 맞게 하여, 이로 인하여 견인력을 얻는 철도이다.

그림 8.3 권양기

교주식(交走式)은 케이블카 운전 형식의 하나이며, 산꼭대기 권양장에 설치된 활차(滑車)에 케이블을 걸어 그의 양단에 차량을 설치하고, 활차를 동력에 의하여 회전시켜서 차량을 두레박과 같이 교호(交互)하게 운전하는 방식이며 널리 이용되고 있다.
교주식에서는 선로가 단선이며 왕복 운전이 되나, 선로의 중앙부분에서 차량이 서로 방향이 다르게 갈 수 있도록 하고 있다. (그림 8.4 참조) 여기서는 보통의 철도에 사용되는 전철기(轉鐵器)를 사용하지 않으며 차량의 내측으로 되는 차륜은 원통형으로 외측의 차륜은 슬롯형으로 하여 레일에서 벗어나지 않도록 하고 있다. (그림 8.5 참조)
권양용 전동기는 거의 전부 3상유도전동기가 사용된다.

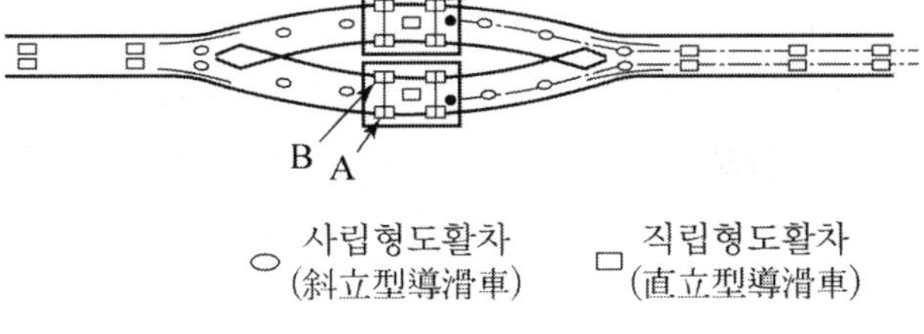

그림 8.4 케이블의 회피선(回避線)

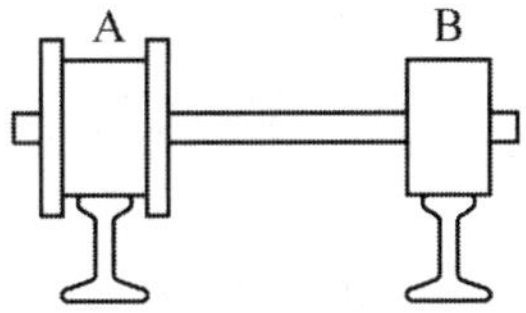

그림 8.5 차륜

2 가공삭도(架空索道)(aerial cableway) or (aerial ropeway)

레일 대신으로 공중에 강삭(케이블)을 가설하고, 여기에 보통 철도나 강삭철도의 차량에 대응하는 운반기(transporter)를 매달아서 사람 또는 물건을 운반하는 시설이며, 간략하게 **로프웨이**라 부르고 있다.

법규상 일반적으로 공중케이블 또는 로프웨이라고 불리고 있다. 문이 있는 상자형의 운반기를 사용하는 보통삭도(그림 8.6 참조)와 스키 리프트(ski lift)라는 좌석식의 운반기를 사용하는 특수삭도(그림 8.7 참조)로 분류할 수가 있다.

그림 8.6 운반기

그림 8.7 스키 리프트

3 모노레일(mono-railway)

모노레일은 1903년 독일의 부퍼탈(Wuppertal)에서 건설된 것이 최초이다.

1개의 궤도 위에서 주행하는 대차를 가진 차량으로 수송하는 수단이며 구조상으로는 (그림 8.8)과 같이 **현가식 모노레일**(over head suspended monorail ; (그림 (a), (b) 참조)과 **과좌식 모노레일**(straddled monorail ; (그림 (c) 참조)) 등이 있다.

모노레일은 일반 전기철도에 비하여 고무차륜을 이용하므로 소음이 적고 승차감이 좋으며 점착계수가 커서 가속도, 감속도를 크게 할 수 있으며 특히 지하철도, 고가철도에 비하여 도로나 하천 위를 통과할 수 있는 점 등으로 건설비가 싸고, 공사가 비교적 간단하여 건설기간이 짧은 점 등의 장점이 있으나, 긴 열차편성을 할 수 없으므로 수송력이 적은 결점이 있다. 그러나 모노레일은 토지 면적이 부족한 대도시에 유리하여 점유 면적이 적고, 고속 수송이 가능한 새로운 수송 수단으로서 장래성이 주목되며, 또한 지반이 연약하여 고가구조가 필요한 지방에 경량 구조의 철도로서 모노레일을 활용하려는 계획이 많아지고 있다.

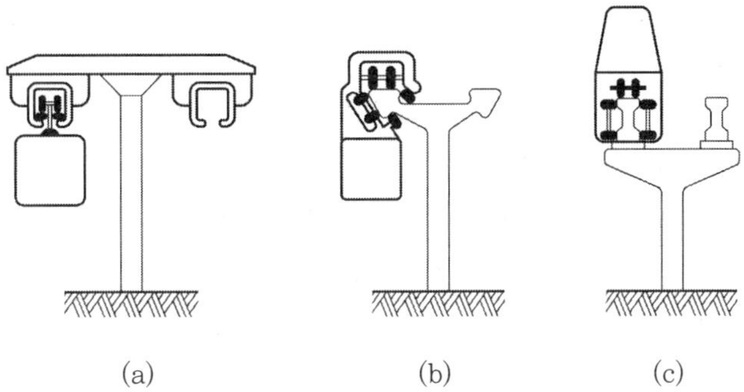

그림 8.8 각종 형식의 모노레일

4 무레일 전차(trolley coach)

가공복선식의 전차선에서 차량의 집전장치를 통해 전력 공급을 받아 레일을 이용하지 않고 주행하는 버스형의 차량에 의한 수송기관이며 **트롤리버스**[*49](trolley bus)라고도 부르며, 성능상으로 노면전차와 버스의 중간적인 것이다. (그림 8.9 참조)

그림 8.9 트롤리버스

*49. 트롤리버스는 1899년 베를린에서 초기식이 만들어지고, 1911년 영국에서 처음으로 영업화 시켰으며, 영미에서 빈번히 사용되었다.

트롤리버스(무레일 전차)를 노면전차 및 버스와 비교한 경우 다음과 같은 **특징**이 있다.

① 레일을 필요로 하지 않으므로 노면전차에 비하여 운전의 기동성은 있으나, 버스에 비하면 트롤리선에 제약되어 자유도(自由度)가 없다.

② 타이어와 노면과의 마찰계수가 크므로 노면전차에 비하여 가속도・감속도가 크고 또한 소음도 적으나, 버스에 비하여 고무타이어의 저항이 크기 때문에 소비 전력량이 크다.

③ 궤도를 필요로 하지 않으므로 노면전차에 비하여 건설비는 싸나 전차선로 및 변전소 등의 설비 때문에 버스에 비하여 설비비는 크다. 기타 정부(正負) 2개의 트롤리선을 가설하기 때문에 트롤리선의 절연, 교차점에서 트롤리선의 구조가 복잡하게 되는 것, 그리고 고무타이어에서 절연되어 있으므로 누설 방지에 주의가 필요하며, 좁은 도로에서는 회전 운전이 될 수 없는 점 등이 있다.

5 VONA(Vehicles Of New Age)

도시 내 교통의 정체해소를 위하여 신도시와 가장 가까운 철도역 사이를 연결, 통근수단으로 사용되는 것을 **VONA 시스템**이라고 한다. VONA 시스템은 종합교통 대책의 일환으로서 종래의 버스, 노면전차의 역할을 지니며, 지하철, 교외전차, 모노레일 등의 수송 서비스도 가능한 비교적 근거리용의 수송 시스템이다.

차량의 구조는 레일식으로 고무타이어를 사용하며 차체는 알루미늄재 및 FRP를 이용하여 경량화시키고 있다. VONA 시스템의 운전제어는 프로그램에 의한 자동운전 장치를 설비하고 있으며 중앙집중 제어방식을 사용하고 있다.

8장 연 습 문 제

1 교류식 전기운전방식을 직류식 전기운전방식에 비교하여 그 장단점을 기술하시오.

2 교류전기철도의 급전회로에 사용되는 흡상변압기의 설치목적과 작용을 설명하시오.

3 전기철도에서 직류전화구간과 교류전화구간을 접속하여 운전하는 방법을 기술하고 각각의 득실을 열거하시오.

4 교류전기철도 여기에 근접하고 있는 통신선에 미치는 유도 장해와 그 대책에 대하여 기술하시오.

5 케이블 철도에 대하여 기술하시오.

6 무레일전차(트롤리 버스)의 운전상 특이점을 기술하시오.

7 무레일전차를 노면전차 및 버스와 비교하여 장단점을 설명하시오.

8 모노레일과 보통 전차와의 다른 점을 설명하고 그 특징을 기술하시오.

memo

부록

1. 연습문제 해답
2. 종합정리문제

부록 1 연습문제 해답

제3편 산업기술에 응용(정전기 이용)

1장 연습문제

1 1장 정전기 일반

2 1-1-⑧항

3 양자의 전하는 $q=+e=1.60\times10^{-19}$[C]이므로,
양자를 중심으로 한 반경 $r=5.29\times10^{-11}$[m]의 원주상의 전위 Φ는

$$\Phi=\frac{q}{4\pi\varepsilon_0 r}=8.99\times10^9\frac{m}{F}\times\frac{1.60\times10^{-19}[\mathrm{C}]}{5.29\times10^{-1}[\mathrm{m}]}=27.2[\mathrm{V}]$$

가 얻어진다.
그런데 전위 Φ의 위치에 있는 전하 q의 정전 포텐셜 에너지 $U=\Phi_q$로 주어진다.
따라서 원주상에 있는 전자의 정전 포텐셜 에너지 U는

$$U=-e\Phi=-(1.60\times10^{-19}[\mathrm{C}])\times27.2[\mathrm{V}]=-4.36\times10^{-18}[\mathrm{J}]$$

이 된다. 이 포텐셜 에너지는 전자가 만드는 전계에 있어서의 양자의 포텐셜 에너지로서 구해도 같은 값이 얻어진다. 따라서 이것은 수소원자의 정전 포텐셜 에너지를 제공한다.

이 수소원자의 예를 보아도 알 수 있듯이 줄(J)이라고 하는 단위는 원자계의 에너지를 나타내는 데는 너무 커서 불편하다. 그래서 전자가 −1[V]인 곳에 있을 때(혹은 $+e$인 전하가 1[V]인 곳에 있을 때)의 위치에너지를 전자볼트라고 하고 [eV]로 나타내서 에너지의 단위로서 사용한다.

이때 $1[\text{eV}]=1.60\times10^{-19}[\text{C}\cdot\text{V}]=1.60\times10^{-19}[\text{J}]$인 관계가 있다. 이 단위를 써서 나타내면 수소원자의 정전 포텐셜 에너지는 −27.2[eV]가 된다.

4 1−2−2항

5 1−2−4−(1)~(6)항

6 1−2−5−(1)~(4)항

7 1−2−6−1)−(1)과 2항

8 입자에 가해지는 힘은 평등 전계 중에서의 점전하에 가해지는 힘과 근사시키면

$$QE=mg$$

Q, E 및 m을 다시 써서 대입하면

$$\frac{2\pi^3\varepsilon Vr^2}{3d}\cdot\frac{V}{d}=\frac{4}{3}\pi r^3\rho g$$

또는

$$V=\sqrt{\frac{2r\rho gd^2}{\pi^2\varepsilon}}$$

이것에 주어진 수치를 대입하면 된다.

$$V=\sqrt{\frac{2\times10^{-3}\times3\times10^3\times9.8\times(0.03)^2}{\pi^2\times8.85\times10^{-12}}}=24.6[\text{kV}]$$

9 완화의 시정수와 대전의 시정수는 본질적으로 같은 것으로 대전의 경우 식 (1.50)은 다음과 같이 고쳐 쓸 수 있으며, 그때의 전하량의 시간변화는 다음 그림과 같이

된다.

$$Q = Q_0(1 - e^{-t/\tau}) \quad \cdots\cdots (1.50)$$

여기서 Q_0는 최종전하, τ는 완화시정수 $\tau = \varepsilon/\kappa$이다. 90[%]인 때는 $Q = 0.9Q_0$로 놓고, 식 (1.50)에 대입하면 다음 식이 얻어진다.

$$t = \tau 1n\ 10 \doteqdot 2.3\tau$$

① $t = 2.3\tau = 2.3 \times \dfrac{8.85 \times 10^{-12}}{3.7 \times 10^{7}} = 5.5 \times 10^{-19}$[s]

② $t = 2.3\tau = 2.3 \times \dfrac{4 \times 8.85 \times 10^{-12}}{10^{-14}} = 8.1 \times 10^{3}$[s]

이것으로부터 알 수 있듯이 도체 입자는 순시에 대전되는데 반해서, 절연체는 상당히 긴 시간이 걸려서 대전된다. (그림 1.30)과 같은 드럼상에서는 절연입자는 거의 대전되지 않는 것을 알 수 있다.

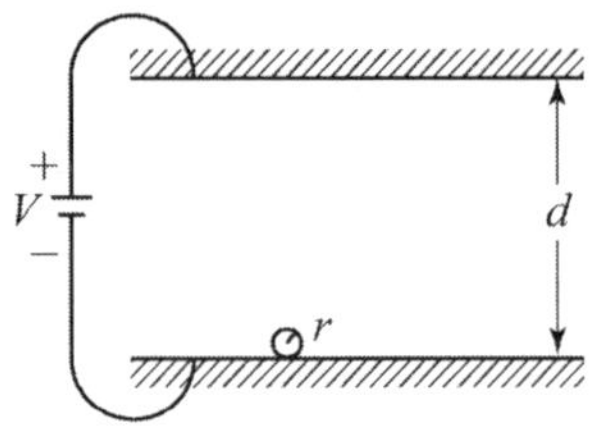

그림 1.30 입자의 유도대전

10 1-2-④항 1-2-⑥-(3) 1-2-⑦항

2장 연습문제

1 2-1-①항 참조

2 2-1-④항 참조

3 기체 중에 고체 또는 액체의 미세한 입자가 부유 현탁되어 있는 상태를 연무체(airosol)라 한다.

예를 들면 분진(dust), 흄(fume), 스모크(smoke), 미스트(mist) 등을 들 수 있다.

① 분진(dust) : 고형물이 그 화학적 조성을 바꾸지 않고 모양, 크기가 바뀌어 입자상으로 되어 공기 중에 분산된 것을 분진이라 한다. 주로 물리적 파쇄과정에서 생긴다.
제철소의 코크스 퇴적장, 탄광내의 탄진, 미분탄, 제분공장에서 발생하는 입자 또는 파쇄기 등에서 발생하는 규산진, 석면, 목면, 글라스 울, 생석회, 시멘트 입자 등이 그 예이다.

② 흄(fume) : 고체가 증발해서 이것이 응축하여 입자로 된 것을 흄이라 한다. 금속의 가열용융, 용단 등의 경우에 생긴다.
납 정련공정에서 나오는 납을 주성분으로 하는 금속산화물의 미립자, 또는 제철소의 각종 가열로에서 발생하는 산화철을 주성분으로 하는 금속산화물의 미립자, 금속용융에 따르는 배가스, 각종 가열로의 배가스 등이 그 예이다.

③ 스모크(smoke) : 연소때에 발생하는 소위 "연기"와 비슷한 것을 스모크라 한다. 일반적으로 유기물의 불완전연소, 회분, 수분 등을 함유한 유색성 입자이다. 도시 쓰레기 소각로에서 발생하는 배기가스(연무입자), 담배 연소 때의 연기 등이 그 예이다.

④ 미스트(mist) : 액체가 증발 응축한 것을 미스트라 한다. 일반적으로는 미소한 액체입자를 총칭해서 말한다.
석탄을 고온 건류해서 코크스를 제조할 때에 발생하는 타르 미스트, 황산제조 공정에서의 유동(배소로)에서 발생하는 배가스 중의 황산미스트 등은 그 대표적인 예이다.

4 방전전극에 흐르는 전류는 식 2.1에서 나타내듯이 코로나 개시 이후에 있어서는 급격히 증가하지만 그 전압 · 전류특성은 전극 간의 더스트량에 크게 좌우된다. 또 불꽃방전으로 이행하는 최고 전압도 마찬가지로 더스트량에 의존한다. 또한 전기 집진장치를 효율 좋게 작동시키기 위해서는 오히려 불꽃방전에 가까운 상태에서 운전하는 편이 좋다. 가스류 중의 더스트량은 하류로 감에 따라서 감소하기 때문에 인가전압을 점차 변화시키는 것이 바람직하다. 그것을 실현하려면 몇 개의 단으로 분할해서 따로따로 전원을 연결하는 것이 좋은 방법이다. 분할함으로써 이외에도

많은 이점이 있지만 그 하나로서 두들김에 의한 재 비산의 감소가 있다. 건식의 경우 두들김에 의한 재 비산을 피할 수 없지만 각 단마다 따로따로 두들김을 행하면 재 비산의 영향을 적게 할 수 있다.

5 2-2-[2] 항 참조

3장 연습문제

1 3-1-[1] 항 참조

2 간단한 방법으로서 토너가 금속 스크린을 통과할 때에 마찰대전에 의해 토너가 대전하고 그것이 잠상화면에 뿌려지게 하는 방법이 있지만 대전과정을 따로 마련해야 하는 것과 흐림 등의 화질상의 문제점이 있다. 그런 점에서 캐리어와 토너를 써서 그 재질을 잘 선택하면 혼합 교반하는 것만 으로도 대전해서 캐리어의 주위에 토너가 부착한다. 이 토너가 부착한 캐리어를 잠상면에 산포하면 잠상이 있는 곳, 즉 잠상전하와 토너의 인력에 의해서만 토너가 캐리어로부터 떨어지므로 상이 없는 곳에는 토너가 부착하지 않고 화질이 좋은 것으로 된다. 그러나 최근 캐리어와 토너를 사용하는 2성분에서는 공정이 복잡하기 때문에 1성분, 즉 토너만으로 양호한 화질을 형성시키는 연구도 한창 진행중이다.

3 3-1-[2] 항

4 3-1-[2] 항 [3] 항

5 식 3.3을 식 3.2에 대입하면

$$f_e = -\frac{\varepsilon A}{2x_0^2}(V_0 + v_s)^2 = -\frac{\varepsilon A}{2x_0^2}(V_0^2 + 2V_0 v_s + v_s^2)$$

$|v_0| \gg |v_s|$ 이므로 본문 제 3항은 무시할 수 있어서

$$f_e \doteqdot \frac{\varepsilon A V_0^2}{2x_0^2} - \frac{\varepsilon A V_0}{x_0^2} v_s$$

본문 제1항은 바이어스 전압에 의한 정적인 힘, 제2항은 시간변화하는 힘이다. 정적인 힘은 음파의 발생원으로서는 작용하지 않으므로, 결국 제2항만이 의미를 가지며 시간적으로 변화하는 힘은 전압 v_s에 비례함을 알 수 있다.

힘의 시간 변화분을 $f(t)$라 하면

$f(t) = -\dfrac{\varepsilon A V_0}{x_0^2} v_s$로 신호전압 v_s에 비례한다.

6 3-2-[1] 항

7 3-2-[2] 항

8 3-3-[1] [2] 항

9 부착하고 나서 $t[s]$ 후의 작은 구의 전하를 q로 하면 식 (1.31)로부터

$$q = q_0 e^{-(k/\varepsilon 0)t}$$

따라서 부착력은

$$F = \frac{1}{4\pi\varepsilon_0} \frac{q^2}{(2a^2)} = \frac{1}{4\pi\varepsilon_0} \frac{q_0^2}{(2a^{2)}} e^{-(2k/\varepsilon_0)t} = 360 \times 10^{-6} e^{-t/11.06} [\mathrm{N}]$$

작은 구에 작용하는 중력 F_g는

$$F_g = \frac{4\pi}{3} a^3 \rho_g = \frac{4}{3} \pi \times (10^{-3})^3 \times 2 \times 10^3 \times 9.8 = 82.1 \times 10^{-6} [\mathrm{N}]$$

$F \leqq F_g$로 됐을 때 작은구는 낙하하는 것으로 생각하여

$$360 \times 10^{-6} e^{-t/11.06} = 82.1 \times 10^{-6}$$

$$e^{-t/11.06} = 0.228$$

$$t = 16.4[\mathrm{s}]$$

$\therefore 16.4$초

10 위의 조건만으로는 충분한 해를 기대할 수 없으므로 다음과 같은 가정 하에 구하기로 한다. 탱크와 도료기를 연결하는 호스의 길이를 2[m], 내경이 5[mm], 통상 도료의 저항률을 $0.2\times10^{6}[\Omega\cdot m]$라 한다. 이때 호스 내에 도료의 전저항은

$$R=\frac{0.2\times10^{-6}\times2}{\pi\times(0.005/2)^{2}}=2.0\times10^{10}[\Omega]$$

가령 50[kV]의 전원에 연결되었다고 하면

$$I=\frac{50000}{2\times10^{10}}=2.5\times10^{-6}[A]$$

2[μA] 정도밖에 흐르지 않고, 0.1[W]의 손실밖에 이루어지지 않는다. 그러나 수성도료, 메탈릭 도료는 저항률이 약 4단위 정도 낮으므로 10^{-2}[A] 정도의 전류가 흘러 손실은 수 100[W]에서 1[kW]나 되어 이 상태에서는 쓸 수 없는 것을 알 수 있다.

11 토출량을 SI단위계로 고치면

$$60[g/min]=\frac{60\times10^{-3}}{60}[kg/s]=10^{-3}[kg/s]$$

1개당의 질량은 체적에 밀도를 곱하면 된다. 비중 1.0이라고 하는 것은 SI단위계에서는 밀도 1000[kg/m^{3}]이므로

$$m=\frac{4}{3}\times\pi\times\left(\frac{50\times10^{-6}}{2}\right)\times1000=6.55\times10^{-11}[kg]$$

비전하는

$$\frac{q}{m}=\frac{2\times10^{-12}}{6.55\times10^{-11}}\left[\frac{C}{kg}\right]=3.1\times10^{-2}[C/kg]$$

1초간의 토출량은 10^{-3}[kg]이므로 전류 i는

$$i=3.1\times10^{-2}\times10^{-3}=3.1\times10^{-5}[A]$$

즉, 31[μA] 이상의 전류용량인 전원이 필요하게 된다.

12 3-4-[1]~[4] 항

13 3-5-[1] 항

14 3-6-[2] 항

15 3-7-[1] 항

4장 연습문제

1 4-1-[1]~[3] 항

2 4-2-[1]~[3] 항

3 4-2

4 코로나 모터는 전하 담체로서의 원통 표면이 이상적인 절연물이라고 하고 표면상의 도전전류는 없는 것으로 한다. 정의 표면 전하밀도를 σ_p,부의 표면 전하밀도를 σ_n이라 하면 전전류는

$$I=\sigma_p LR\omega+\sigma_n LR\omega=(\sigma_p+\sigma_n)RL\omega$$

정, 부 두 전하밀도 모두 σ라 하면, $I=2\sigma LR\omega$로부터

$$\sigma=\frac{I}{2R\omega L}=\frac{10^{-3}}{2\times5\times10^{-2}\times300\times0.2}=1.7\times10^{-4}[\mathrm{C/m^2}]$$

$$\sigma=1.7\times10^{4}[\mathrm{C/m^2}]$$

5 4-3-[1] 항

6 4-4-[4]-(1) 항

5장 연습문제

1 5-1-[1]

2 5-1-[2]

3 5-1-[4]

4 5-2-[1]

5 5-2-[2]-(2) 항

6 5-2-[3]

7 5-2-[4]

제4편 철도운전에 응용

1장 연습문제

1 본문 p527 전기철도 문1

2 본문 p527~528 전기철도 문2

3 1-2 참조

4 1-3 참조

2장 연습문제

1 본문 2장

2 본문 2-1

3 본문 2-1-[1]

4 본문 2-1-[2]

5 본문 2-2-[4]

6 본문 2-2

7 $l - l_0 = l_0 at = 1500 \times 0.0000114 \times 40$

$= 0.684[\text{m}] = 684[\text{mm}]$

8 $C = \dfrac{GV^2}{127R} = \dfrac{1067 \times 50^2}{127 \times 2000} = 10.5[\text{mm}]$

(여기서 G는 궤간[mm]이다.)

참고 차량의 질량을 m[kg], 차량의 속도를 V[m/s], 곡률반지름을 R[m]라 하면 원심력 F[kg]는 $F = \dfrac{mV^2}{R}$, 차량의 중량을 W[kg]라 하면 $m = \dfrac{W}{9.8}$, 속도를 V[km/h]라 하면 $\dfrac{10^3}{60 \times 60} V$[m/s]이므로 원심력의 식에 대입한다.

$$F = \frac{W}{9.8R}\left(\frac{V \times 10^3}{60 \times 60}\right) = \frac{WV^2}{127R}[\text{kg}]$$

캔트를 C[mm], 궤간을 G[mm]라 하면, $\tan\theta = \dfrac{F}{W} \fallingdotseq \dfrac{C}{G}$

따라서 $C = \dfrac{GV^2}{127R}[\text{mm}]$

3장 연습문제

1 3-1-[1]-④

2 3-1-[3]

3 3-1-[3]

4 3-1-[4]

5 3-2-[1]

6 3-2-[3]-(3)

7 3-2-[4]-(6)

8 3-4

9 3-3, 3-2

4장 연습문제

1 4-1-[1]-(3)

2 4-1-[1]-(2)

3 4-1-[4]

4 4-2-[3]

5 4-2-[3]

6 4-2-[4]-(2)

7 4-3-[1]

8 4-3-[1]

9 4-3-[3]

10 4-1, 4-2-[3]

5장 연습문제

1 ① 기동 시 및 오르막 구배에서 큰 토크 발생
② 속도제어가 용이할 것
③ 전력 소비량이 적고 과부하에 잘 견딜 것

2 본문 5-3

3 본문 5-4

6장 연습문제

1 6-1

2 6-1-[2]

3 6-1-[4]

4 6-2-[1]

5 6-2-[2]

6 6-2-[3]

7 6-2

7장 연습문제

1 7-1-[1]

2 ① 선로의 곡선 부분, ② 구배 저항

3 7-1-[1]-(5)

4 7-1-[2]

5 7-1-[4]

6 7-1-[3]

7 7-1-[3]

8 7-2-[1] 내용 참고

9 7-2-[5]

10 7-2-[5]-(3)

11 7-2-[5]-(4)

12 7-2-[1]

13 7-2-[6]-(1)과 (2)

8장 연습문제

1 8-1-[1]

2 8-2-[2]-(2)

3 ① 지상 절환법 : section을 설치해서 직류기관차가 오면 직류전원으로 해서 여기서 교류기관차로 바꾸어 교류 전원으로 절환한다.
② 차상 절환법 : 차상에서 절환한다. 이 경우에는 교직양용기관차를 사용한다.

4 정전유도 : ① 거리를 둔다.
② 통신선을 연피케이블로 한다.
③ 통신선과 대지 사이에 배류코일을 넣는다.

전자유도 : ① 병행길이를 짧게 한다.
② 통신선을 외장케이블로 한다.
③ 중계코일의 중성점을 접지한다.
④ 통신선을 연가한다.
⑤ 흡상변압기를 설치한다.

5 8-2-[1]

6 8-2-[4]

7 8-2-[4]

8 8-2-[3]

부록 2 종합정리문제

※ 다음 문제를 읽고 알맞은 답을 선택하여라.

01 우리나라의 표준궤간[m]은 어느 것에 속하는가?

① 1.676　② 1.435
③ 1.372　④ 1.067

해설 ① 남미 · 인도　② 세계 표준궤도　③ 동경도　④ 협궤

02 전차 전용선의 구배는 일반적으로 최대 얼마로 할 수 있는가?

① 10[%]　② 35[%]
③ 45[%]　④ 50[%]

03 레일을 만드는 강에 함유된 탄소의 함유량은?

① 0.6~0.8　② 5~10
③ 10~15　④ 25~30

04 전차의 차체를 유선형으로 하는 목적과 관계가 없는 것은?

① 견인력을 향상시킬 수 있다.　② 공기 저항이 저하된다.
③ 외관을 좋게 할 수 있다.　④ 경제적이다.

05 차량의 회전 진동에 속하지 않는 것은?

① 피칭 ② 요오잉

③ 로울링 ④ 좌우 진동

06 궤도의 곡선 부분에서 외측의 레일을 내측의 레일보다 높게 하는 것을 무엇이라 하는가?

① 제3레일 ② 확도(slack)

③ 엔드 어프로치 ④ 고도(cant)

07 복진지(anti-creeping)의 역할에 속하지 않는 것은?

① 열차의 탈선을 막는다.

② 침목의 이동을 막는다.

③ 레일이 열차의 진행 방향으로 이동함을 막는다.

④ 레일이 열차의 진행 방향과 반대방향으로 이동하는 것을 막는다.

08 트롤리폴이 전차선에 접촉하는 압력은 몇 [kg] 정도인가?

① 1 ② 10

③ 100 ④ 500

09 팬터그래프 집전 습동판의 압력[kg]은?

① 30~35 ② 20~25

③ 5~10 ④ 1~15

10 제3레일의 저항은 구리의 저항보다 몇 배 더 큰가?

① 1~2 ② 3~5

③ 6~8 ④ 9~10

제3레일은 주행레일보다 저항이 적으며, 저 탄소강(탄소 0.06[%] 이하)이 사용된다.

11 **주행 레일의 저항은 구리의 저항보다 몇 배 정도인가?**

① 3~5　　② 7~9
③ 11~13　　④ 15~17

해설 주행 레일은 강도에 중점을 두고 있으므로 저항이 크다.

12 **전기철도의 전식 방지법에 속하지 않는 것은?**

① 전차선 전압을 승압한다.　　② 해수귀로
③ 배류접속의 시설　　④ 도상의 누설 저항을 적게 한다.

13 **전기차에 이용되는 주전동기가 아닌 것은?**

① 직류직권 전동기　　② 유도 전동기
③ 교류정류자 전동기　　④ 동기 전동기

14 **30[ton]의 전차가 30[‰]의 경사를 올라가는데 요하는 견인력[kg]은 얼마인가? 여기서, 열차 저항은 무시한다.**

① 90　　② 100
③ 900　　④ 9000

해설 견인력 $= 30 \times 1000 \times \sin\theta$

$\fallingdotseq 30 \times 1000 \times \tan\theta = 900$[kg]

15 **중량 100[ton]의 전기기관차가 1/100의 구배를 내려갈 때, 이 구배에 의한 가속력[kg]은 대략 얼마 정도인가?**

① 10　　② 100
③ 1000　　④ 10000

해설 $G = \frac{1}{100} = 10$[‰]이므로, 100[ton] $= 100 \times 1000$[kg]

16 직선 평탄 구간에서 100[t]의 열차를 가속도 2.1 [km/h/s]로 견인하는 경우의 가속도 저항값[kg]은 대략 얼마인가?

① 4000　② 6000
③ 8000　④ 10000

해설 $R_a' = 28.35\,Wa$

17 차륜의 답변에 나타내는 견인력 F를 표시하는 식은? 여기서, 전동기의 회전력을 τ_a [kg-m], 차륜의 지름을 D[m], 기어비를 r, 동력 전달 효율 η_g라 한다.

① $F = \tau_a r \dfrac{D}{\eta_g}$　② $F = \tau_a r D \eta_g$
③ $F = \tau_a r \eta_g \dfrac{2}{D}$　④ $F = \dfrac{\tau_a r D \eta_g}{2}$

18 자중 100[ton]으로 동륜상의 중량이 75[ton]인 기관차의 최대 견인력[kg]은 얼마인가? 단, 동륜과 레일간의 점착계수는 0.2로 한다.

① 7500　② 10000
③ 15000　④ 20000

해설 $T_m = \mu W_a = 75000 \times 0.2 = 15000$[kg]

19 열차운전의 경우 점착계수는 대략 얼마 정도인가?

① 0.01~0.05　② 0.10~0.30
③ 0.5~0.7　④ 0.8~1.0

20 열차 운전에서 최고 속도를 변화시키지 않고 표정속도를 올리는 방법은?

① 가속도를 크게 하고 감속도를 작게 한다.
② 가속도를 작게 하고 감속도를 작게 한다.
③ 가속도를 작게 하고 감속도를 크게 한다.
④ 가속도를 크게 하고 감속도를 크게 한다.

22 **차륜과 제륜자와의 마찰계수에 관계가 없는 것은?**

① 접촉면의 온도 ② 제륜자의 재질
③ 차량의 중량 ④ 제동 시간

해설 마찰계수는 속도, 제륜자의 재질, 접촉면의 온도, 제동 시간 및 온도의 영향을 받는다.

22 **전차용 전동기로서 불가결의 특성은?**

① 효율이 좋을 것 ② 정격 속도가 큰 것
③ 기동 토크가 큰 것 ④ 속도 변동률이 큰 것

23 **전기차의 출발 저항에 관계가 없는 것은?**

① 차량의 종류 ② 정차 시간의 장단
③ 외기 온도 ④ 주행속도

24 **열차의 곡선 저항과 관계가 있는 것은?**

① 열차의 중량에 비례한다.
② 열차의 속도에 비례한다.
③ 레일 곡선부의 곡선반지름에 반비례한다.
④ 차륜과 레일간의 마찰계수에 반비례한다.

해설 $R_c = \frac{k}{R}$[kg/t]

25 **열차의 표정속도를 높이는데 유효한 수단은?**

① 제동도를 높인다.
② 가속도를 크게 한다.
③ 최대 속도를 높게 한다.
④ 정차 시간을 짧게 한다.

해설 ①, ②는 한도가 있으며, ③은 급행 운전할 때 유효하다.

26 **흡상변압기의 주된 용도는?**

① 전자유도 경감용 ② 전원의 불평형 조정용
③ 전기기관차의 보조용 ④ 신호등에 이용

27 **전기철도에서 전압의 불평형에 대한 경감책과 관련이 있는 것은?**

① 흡상변압기 ② 스코트결선변압기
③ 임피던스 본드 ④ 궤도변압기

28 **무레일전차(트롤리버스)의 장점은?**

① 소비 전력량이 적다. ② 속도가 빠르다.
③ 건설비가 적은 점이다. ④ 운전비가 적게 든다.

29 **변전소의 간격을 결정하는 요소에 속하지 않는 것은?**

① 부하의 중심 ② 선로의 상태
③ 운수의 성질 ④ 지면 상태

30 **변전소의 간격을 작게 하는 이유는?**

① 효율이 좋아진다. ② 건설비가 적게 든다.
③ 전식이 적게 된다. ④ 전압 강하를 적게 할 수 있다.

31 **전차 선로에서 카테너리 현가식의 잇점은?**

① 전기차의 진동 감소 ② 고속도에 적합
③ 건설비의 감소 ④ 전기적 절연이 양호

32 **레일 본드와 관계가 없는 것은?**

① 진동방지 ② 동연선
③ 전기 저항 저하 ④ 전압 강하 저하

※ 다음 문제의 [ ] 속에 알맞은 답을 써 넣어라.

33 열차가 선로의 곡선부를 통과할 때 속도 [①]에 비례하고, 곡선 반지름에 [②]하는 [③]을 받게 되므로 외측의 레일을 내측의 레일보다 [④]해야 한다. 이것을 [⑤]라고 한다.

34 직류식 전기철도에서는 레일을 [①]로 하는 [②] 가공식이 널리 이용되고 있으며, 전차현가선의 방법으로 저속도의 노면전차 등에서는 [③]가선, 중속도 철도에서는 단식가선(simple catenary), 그리고 고속도 철도에서는 [④]가선 또는 [⑤]가선이 채용되고 있다.

35 교류 전기철도의 전차 선로에 이동되는 직렬 콘덴서는 전압 [①]을 [②]하는 목적으로 시설되며, [③]하여 두는 것보다 [④]으로 하여 두는 것이 열차 운전상 유리하다.

36 직류단선식 전기철도에서 귀선레일에서 대지로 흐르는 누설 전류를 적게 하기 위하여 레일 내에 생기는 전위차의 저하를 시도하기 위해서는 다음과 같은 방법이 있다.

(a) 전차선 전압을 [①]한다.
(b) 변전소 간격을 [②]한다.
(c) [③]선을 시설한다.
(d) 레일은 [④]인 것으로 바꾼다.
(e) 레일의 [⑤]의 저항을 적게 한다.

37 직류식 전기철도에 의한 금속제 지중 매설물의 전식을 방지하기 위하여는 레일 접합부의 [①]을 [②] 유지함과 동시에, 궤도 도상의 [③] 저항을 [④]하는 것이 유효하며, 필요에 따라 금속제 지중 매설물과 귀선과를 전기적으로 접속하는 [⑤] 장치를 설비한다.

38 전동차의 주전동기의 계자를 변화시키는 방식을 분류계자제어 의하여 행하는 경우 [①]에 [②]으로 분류저항을 접속한다. 분류저항은 [③]와 [④]와를 직렬로 접속하고, 전류의 급변에 의하여 발생하는 주전동기의 [⑤]를 방지한다.

39 직류전동기의 회전수는 주극의 자속에 [①]비례하므로 전차 운전에 약자계를 채용하면 속도 제어의 범위가 [②]된다. 약자계를 행하는데는 [③]에서 탭을 내는 방법 및 [④]를 사용하는 방법이 있으며, 제어단수를 많게 하기 위하여 최근에는 [⑤]자를 사용하는 경우가 많다.

40 전기철도의 전기제동은 주전동기를 [①]로 하여 이용하고, 차량의 운동 에너지를 전기적 에너지로 변화시키고 이를 [②]에 의하여 [③]에너지로 하여 방출시키던가, 또는 가선에 반환하여 제동을 행하는 것이며 앞에 것을 [④] 제동, 뒤에 것을 [⑤] 제동이라 한다.

41 전차의 전기 제동에는 발생한 전기에너지를 가선에 재차 송전하는 [①]와 이 전기에너지를 열로 방출시키는 [②]가 있으며, 모두 [③] 및 [④]의 소모를 현저히 절약시키며, 특히 이들의 마모에 의한 철분 때문에 전기기기의 절연이 열화되는 것을 방지할 수 있다.

42 전기철도에서 역간거리가 멀 때는 동력 전달 장치의 기어비를 [①]하고, 최고 속도도 [②]한다. 반대로 역간 거리가 가까울 때에는 동력 전달 장치의 기어비를 [③]하며, 가속도를 [④]하는 방법이 고려된다.

43 브레이크편(제륜자)에 의한 브레이크력은 브레이크편의 차륜을 누르는 [①]과 브레이크편, 차륜간에 발생하는 [②]와의 [③]으로 표시된다. 이러한 브레이크력이 차륜과 레일과의 사이에 [④]보다 [⑤]되면 차륜은 활주를 시작한다.

44 전철용 변전소에서 전차선의 단선지락 등 사고가 발생한 경우 [①] 전류를 [②] 전류로부터 구별하여 빨리 이를 차단하고, 변전소 기기 및 전차에 계속되는 사고를 방지하기 위하여 급전 계통마다 [③] 성능이 좋은 [④] 차단기를 설치하는 것이 보통이다.

45 전철용 직류변전소에서 분포 소용량 변전소 방식이 집중대용량변전소방식에 비하여 유리한 점은 [①]와 [②]의 감소, 전차 선로의 [③], 성능의 향상 등을 들 수 있으며, 원격 [④] 방식의 발달에 의하여 인건비가 [⑤]하는 결점이 없게 되어 현재 널리 채용되고 있다.

46 열차 저항은 $f_1 = a + bD$의 식으로 표시되는 [①] 저항과 $f_2 = \frac{CE}{F}D^2$의 식으로 표시되는 [②] 저항으로 구성된다.
여기서 a, b 및 C는 상수, D는 [③], E는 [④], F는 [⑤]을 표시한다.

47 전차의 급행 운전은 [①] 및 [②]의 횟수를 [③]하여 소비 [④]을 적게 하고 [⑤]과 [⑥]에 의한 시간 손실을 적게 한다. 그리고 [⑦]자도 [⑧]자도 유리하나, 도중역의 이용자에게는 불편하다.

48 전동열차의 운전이 전기 기관차에 비해 1왕복에 걸리는 시간이 짧아지는 것은 종단역에 있어서의 열차의 되돌리기가 간단하고, [②] 및 [①]가 커지기 때문이다.

49 신호현시는 열차가 운행해야 할 진로를 소정의 속도로 운전하도록 지시하는 [①] 신호법과, 단지 운전 속도를 지시하는 [②] 신호법으로 나눠진다. 최근 채용되고 있는 [③] 신호나 [④] 신호는 뒤에 것에 속한다.

50 자동신호는 [①]이 짧고 [②]가 없어 고속도의 전기철도를 [③]하게 운전하는데 [④]가 절대적으로 필요하다.

51 전차는 [①]이 짧은 것이 장점의 하나이다. 그것이 짧으면 전차와 전차의 [②]가 접근되어 [③]의 단축과 [④]의 보안장치를 완비하여야 한다. 이렇게 하자면 [⑤]나 [⑥] 등이 유효한 장치이다.

52 단상교류식 전기철도가 큰 단상부하를 3상의 일반 전력계통에서 수전하면 전력계통에 대하여 [①]을 주므로, 이것을 경감하기 위하여 급전용 변압기의 접속은 일반적으로 ②결선으로 한다. 일본에서는 전기철도용 변전소의 수전점에서 ③률의 한도는 연속 2시간 평균 ④에 대하여 ⑤[%]로 정하고 있다.

53 곡선반지름이 짧은 [①]도 열차의 속도에 적합하게 [②]를 설정하면, 곡선반지름의 대소의 불구하고 항상 고속도를 유지하여 운전할 수 있을 것 같으나, 실제에는 여러 사정으로 곡선 궤도상에도 정차하지 않으면 안 될 때가 일어나 [③]는 정지하고 있는 차량에 대하여 [④]을 잃지 않게 설정할 필요가 있다.
그러므로 곡선상을 통과하는 열차의 [⑤]는 설정된 [⑥]에 [⑦]되어 직선 구간에서 곡선 구간으로 갈 때 열차는 그 속도를 저하시키지 않으면 안 된다.

54 전기철도가 증기철도보다 떨어지는 점은 [①], [②] 등의 고정 설비비의 증가와 [③]이나 [④]가 있어 전자의 총경비는 수송량이 많으면 [⑤]의 저하로 보상할 수 있고, 후자는 기술적으로 해결되고 있다.

종합문제 답

1. ② 2. ② 3. ① 4. ④

5. ④ 6. ④ 7. ③ 8. ②

9. ③ 10. ③ 11. ③ 12. ④

13. ④ 14. ③ 15. ③ 16. ②

17. ③ 18. ③ 19. ② 20. ④

21. ③ 22. ③ 23. ④ 24. ③

25. ④ 26. ① 27. ② 28. ③

29. ④ 30. ④ 31. ② 32. ①

33. ① 2승, ② 반비례, ③ 원심력, ④ 높이, ⑤ 고도

34. ① 귀선, ② 단선, ③ 직접현, ④ compound catenary, ⑤ double catenary

35. ① 강하, ② 보상, ③ 집중, ④ 분산

36. ① 승압, ② 단축, ③ 보조귀선 혹은 부급전선, ④ 장척, ⑤ 접합부

37 ① 전기저항, ② 낮게, ③ 누설, ④ 높게, ⑤ 배류

38 ① 계자전선, ② 병렬, ③ 인덕턴스, ④ 분류계자, ⑤ 플래시 오우버

39 ① 반, ② 넓게, ③ 계자코일, ④ 분류계자, ⑤ 후

40 ① 발전기, ② 저항기, ③ 열, ④ 발전, ⑤ 재생

41. ① 발전 브레이크(제동), ② 재생 브레이크, ③ 제륜자, ④ 차륜

42. ① 적게, ② 빠르게, ③ 크게, ④ 크게

43. ① 전압력, ② 마찰계수, ③ 적, ④ 점착력, ⑤ 크게

44. ① 단락, ② 부하, ③ 선택, ④ 고속도

45. ① 전압 강하, ② 전력 손실, ③ 전기적 보호, ④ 제어, ⑤ 증대

46 ① 마찰, ② 공기, ③ 열차속도, ④ 열차의 단면적, ⑤ 열차중량

47 ① 정차, ② 발차, ③ 감소, ④ 전기량, ⑤ 감속, ⑥ 정차, ⑦ 경영, ⑧ 이용

48 ① 가속도, ② 감속도

49 ① 진로, ② 속도, ③ 경계, ④ 감속

50 ① 동작시간, ② 인위적 착오, ③ 신속, ④ 자동신호

51 ① 운전시격, ② 거리(간격), ③ 폐쇄구간, ④ 충돌방지, ⑤ 자동폐쇄 신호기, ⑥ 자동열차 정지 장치

52. ① 전압 불평형, ② 스코트, ③ 전압 불평형, ④ 최대부하, ⑤ 3

53. ① 곡선궤도, ② 고도, ③ 고도, ④ 안전, ⑤ 속도, ⑥ 고도, ⑦ 제한

54. ① 변전소, ② 전차 선로, ③ 전식, ④ 유도장해, ⑤ 운전비

저 자 약 력

신백균

인하대학교 전기공학과	학사
인하대학교 전기공학과	석사
일본 구마모도대	객원연구원
인하대 IT공대	부학장
인하대 IT공대	교수

이붕주

인하대학교 전기공학과	학사
인하대학교 대학원 전기공학과	공학석사
인하대학교 대학원 전기공학과	공학박사
전)LG전자 디지털디스플레이	연구소 선임연구원
전)남서울대학교 전자공학과	학과장
현)남서울대학교 전자공학과	교수(07.9~현재)

※ 관심분야 : 유기/무기전자소자,
차세대디스플레이,
센서, 전기응용

이선우

인하대공대전기과	학사, 석사
일본. 동경대학대학원	박사
삼성전자 반도체연구소	책임연구원
인하공업대학전기과	교수

지승한

인하대학교공대전기과	박사
일본,야마가타대학	객원연구원
일본,동경공업대학	객원연구원
가천대공대전자공학과	연구교수
현)대림대학교 메카트로닉스과	교수

최충석

인하대공대전기과	학사
인하대대학원전기과	석・박사
일본. 구마모도대학	객원연구원
한국전기안전연구원	부원장
전주대공학기술종합연구소	소장
전주대공대소방안전공학과	교수

감수 이덕출

인하대공대전기과	학사, 석사
일본.나고야대대학원	박사
인하대학	학장, 부총장
대한전기학회	회장
대한민국한림원	종신회원
인하대학	명예교수

대학 전기응용(하)

발　　행 / 2021년 6월 15일

저　　자 / 신백균, 이붕주, 이선우,
지승한, 최충석

감　　수 / 이덕출

펴 낸 이 / 정창희

펴 낸 곳 / 동일출판사

주　　소 / 서울시 강서구 곰달래로31길7 (2층)

전　　화 / (02) 2608-8250

팩　　스 / (02) 2608-8265

등록번호 / 109-90-92166

ISBN 978-89-381-1420-4 93560

값 / 15,000원